과학을 읽다

과학을 읽다

누구나 과학을 통찰하는 법

2016년 9월 05일 초판 1쇄 발행
2021년 10월 12일 초판 6쇄 발행

지은이 | 정인경
펴낸곳 | 여문책
펴낸이 | 소은주
등록 | 제406-251002014000042호
주소 | (10911) 경기도 파주시 운정역길 116-3, 101동 401호
전화 | (070) 8808-0750
팩스 | (031) 946-0750
전자우편 | yeomoonchaek@gmail.com
페이스북 | www.facebook.com/yeomoonchaek

ⓒ 정인경, 2016

ISBN 979-11-956511-8-4 (03400)

이 책은 한국출판문화산업진흥원 2016년 우수출판콘텐츠 제작지원사업 선정작입니다.

여문책은 잘 익은 가을벼처럼 속이 알찬 책을 만듭니다.

과학을 읽다

누구나 과학을 통찰하는 법

정인경 지음

YUVAL NOAH HARARI
RICHARD DAWKINS
CHARLES DARWIN
STEPHEN HAWKING
CARL SAGAN
GALILEO GALILEI
ISAAC NEWTON
JARED DIAMOND
DONALD JOHANSON
ROLAND BARTHES
SAM HARRIS

여문책

차례

코끼리와 시인

인생은 살 만한 가치가 있는가? 삶의 가치는 무엇인가? 당신은 왜 자살하지 않고 사는가? "참으로 진지한 철학적 문제는 오직 하나뿐이다. 그것은 바로 자살이다." 알제리 태생의 프랑스 소설가 알베르 카뮈Albert Camus, 1913~1960는 『시시포스 신화The Myth of Sisyphus』에서 이렇게 충격적인 첫 문장을 던졌다. 삶의 가치를 못 느끼는 사람들, 인생이 살 만한 가치가 없다고 생각하는 사람들은 자살을 선택할 수밖에 없다고. 그만큼 인간에게는 자신의 삶에 부여하는 가치가 중요하다고 카뮈는 주장하고 있다. 나아가 그는 삶에서 가치와 사실, 둘 중 하나를 고른다면 당연히 가치가 더 절박한 문제라고 단언했다. 역사적으로 수많은 사람이 종교적 가치나 정치적 신념을 위해 목숨 걸고 죽어갔지만 과학적 사실을 증명하기 위해 목숨 던진 사람은 없다는 것이다.

카뮈는 『시시포스 신화』에서 근대 과학의 영웅인 갈릴레오를 대놓고 비웃었다. "중대한 과학적 진리를 주장한 갈릴레오는 그 진리의 주장 때문에 생명이 위태로워지자 자신이 주장한 진리를 너무도 쉽게 부인해버렸다. 어떤 의미에서는 잘한 일이다. 그것은 화형을 감수해야 할 정도의 진리는 아니었던 것이다. 지구와 태양 중 어느 것이 다른 것의 주위를 회전하느냐 하는 문제는 아무래도 상관없는 일이다. 말하자면 하찮은 문제인 것이다." 카뮈에 의해 과학은 순식간에 삶에서 사소하고 하찮은 문제가 되어버렸다.

과학자들 입장에서는 이러한 카뮈의 태도가 탐탁할 리 없다. 미국의 물리학자 브라이언 그린Brian Greene, 1963~은 『우주의 구조The Fabric of the Cosmos』에서 카뮈의 『시시포스 신화』를 언급한다. "카뮈는 물리적 질문을 인간의 삶과 분리하여 부차적인 문제로 간주했지만, 지금의 나는 물리적 질문이야말로 인간의 삶에 가장 중요한 요소라고 생각한다." 브라이언 그린은 카뮈와 대척점에 서서 우리가 살고 있는 우주와 시간, 공간 등을 이해하는 것이야말로 삶을 이해하는 지름길이며 삶의 가치를 높이는 일이라고 항변한다.

그런데 과학의 탐구가 삶의 가치를 높인다는 브라이언 그린의 말은 과학 교과서에서나 나올 법한 물리학자의 주장으로 들린다. 솔직히 우리는 과학이 미치는 삶의 가치를 체감하지 못하고 산다. 카뮈의 말대로 지구가 태양 주위를 돌든, 태양이 지구 주위를 돌든 무슨 상관이 있느냐고 반문할 수 있다. 아침에 해가 뜨면 바쁘게 일하러 나가는 우리에게 우주의 구조가 어찌 돌아가든 일상생활에 미치는 영향은 거의 없는 듯하다. 우리에게 중요한 것은 당장 시험을 잘 보고 월급이 오르는 일과 같은 삶의 문제지 과학의 문제는 아니다. 누구든 과학은 많이 알면 그저 좋은 정도의 지식이지 살면서 꼭 필요한 지식이라고 말하지 않는다.

과학은 정말 우리 삶에서 하찮은 것인가? 그런 것 같지는 않은데 막상 과학과 삶이 긴밀하게 연결되는지를 보여주려면 쉽지 않은 것이 사실이다. 나는 카뮈의 도발적인 말과 그린의 교과서적인 말 사이에서 방황하다가 좋은 시를 하나 발견했다. 소설가 최인훈의 『바다의 편지』에 나오는 시「코끼리와 시인」이다. 우리에게『광장』이라는 소설로 유명한 최인훈은 발표하는 작품마다 역사와 세계에 대한 탁월한 통찰을 보여주었다. 소설가라기보다 사상가로 불려도 될 만큼 그의 역사의식과 철학 세계는 깊고 포괄적이다. 최인훈은 최근작『바다의 편지』곳곳에서 놀라운 과학적 식견을 보여주는데 그중 하나가 바로 이 시다.

코끼리와 시인

장님들이 코끼리를 만져보았다.
한 장님은 코끼리는 기둥같이 생겼다고 말했다.
다른 장님은 코끼리는 큰 배처럼 생겼다고 말했다.
나머지 장님은 코끼리는 가는 뱀처럼 생겼다고 말했다.
이 장님들은 저마다 코끼리의 다리·배·꼬리를 만져보고 그렇게 말한 것이다.
우리가 잘 아는 이야기다.

만일, 이 코끼리를 '삶'이라 부르기로 하자.

개별 과학이란 것은 저마다 자기가 택한 테두리 안에서 삶을 본다.

모든 것을 보지 않는다는 것이 개별 과학의 본질이다.

아무리 정밀할망정, 과학은 전체적인 접근을 스스로 삼간 데서 오는 부분성을 벗어나지 못한다. 만일 과학이 이 사실을 잊어버리고 그것 자체가 전체적인 인식인 것처럼 생각한다면 그 과학은 이 이야기의 장님들과 마찬가지로 지나친 것을 주장하는 것이 된다.

철학자라고 하는 사람을 코끼리 앞에 데려왔다고 하자.

그는 뜬눈으로 코끼리를 보는 사람에다 비유할 수 있다.

그는 덩치 큰 짐승이라고 볼 것이다.

철학자는 '삶'을 전체적으로 관련시켜서 본다.

그런데 또 한 사람이 와서 코끼리를 보았다고 하자.

그는 코끼리가 먼 나라에서 와서 먹이를 먹지 못하여 병들어 있고 눈물을 흘리고 있는 것을 보고 자기도 눈물을 흘렸다고 하자.

이 사람을 우리는 시인이라 부른다.

그는 코끼리를 관찰하거나 생각한 것이 아니고 느낀 것이다.

그는 코끼리가 되었던 것이다.

이것이 이 세상에서 시인이라 불리는 사람들이 하는 일이다.[1]

이 시를 곱씹어 읽어보면 한 구절 한 구절이 가슴에 와 닿는다. 우리 삶에서 과학과 철학, 문학의 역할이 무엇인지를 통찰할 수 있는 좋은 시다. 예컨대 과학자는 코끼리를 사실적으로 설명하지만 시인은 병든 코끼리를 불쌍히 여기고 눈물을 흘린다. "그는 코끼리를 관찰하거나 생각한 것이 아니고 느낀 것이다. 그는 코끼리가 되었던 것이다." 이 시에서 시인이 했던 것처럼 과학이 시인의 마음을 갖는다면, 다시 말해 과학과 인문학의 거리를 좁혀 과학기술이 인간적인 방향으로 발전한다면 우리는 더 좋은 세상에서 살게 될 것이다. 그런 만큼 과학의 가치를 알고 과학기술의 방향성을 찾는 것은 매우 중요한 작업이다. 이제 과학은 과학자들의 연구실에서 나와 세계의 고통에 눈물을 흘리고 응답해야 한다. 그래야 과학이 우리 삶에서 하찮은 것이 아니라 꼭 알아야 할 중요한 지식이 된다.

　이 책은 나의 전작 『뉴턴의 무정한 세계』의 후속작이다. 『뉴턴의 무정한 세계』는 '왜 과학이 어려운가?'라는 질문을 던지고 과학을 우리의 것으로 만들지 못했던 역사를 비판적으로 살펴보았다. 한국에서 과학은 앎이 아니라 근대화를 이루기 위한 도구였고, 우리가 과학을 느끼고 배울 수 있는 인문학적 토양이 부족했음을 지적했다. 한마디로 과학은 우리에게 무정했다는 것이다. 그런데 『뉴턴의 무정한 세계』를 쓰면서 후속작이 필요하다는 생각이 자꾸 들었다. 『뉴턴의 무정한 세계』에서 '과학이 어떻게 우리에게 무정해졌나'를 말했다면 그다음에는 '어떻게 하면 과학이 무정하지 않을까'를 제시해야 할 것 같았다. 다시 말해 과학을 우리 것으로 소화하지 못했다고 비판만 할 것이 아니라 과학을 우리 것으로 소화할 수 있는 방법을 보여주는 것이 필요하다고 느꼈다.

　어느 날 출판사 편집자들을 만나는 자리에서 과학 베스트셀러에 대한 이야기가 나왔다. 재레드 다이아몬드의 『총, 균, 쇠』, 칼 세이건의 『코스모스』, 리처드 도킨스의 『이기적 유전자』 등등은 좋은 책이지만 처음부터 끝까지 완독하기는 어려운 책들이라고 입을 모았다. 편집자들이 말하는 과학 베스트셀러는 '절대로 읽지 않을(못할) 책'이지만 집 책꽂이에 꽂아두는 책들이었다. 과학책을 읽어야 한다는 의무감에서 사두지만 정작 과학책을 즐기지는 못한다는 것이다.

왜 이러한 문제가 생기는 것일까? 우선, 과학 베스트셀러들은 한국 독자들의 눈높이에 맞춘 책이 아니라는 사실을 염두에 두어야 할 것 같다. 과학의 문화적·역사적 맥락을 잘 모르는 우리로서는 과학책들이 어렵고 지루하고 불친절하게 느껴지는 것이 당연하다. 그뿐만 아니라 과학책을 읽는 방식에도 문제가 있다. 우리의 과학 공부는 지식을 아는 것에 치중하고 있다. 지식을 많이 알면 알수록 좋다는 생각을 가지고 무조건 파고드는데, 이것은 과학을 사전식으로 공부하는 나쁜 방식이다. 사전의 ㄱ부터 ㅎ까지 모든 항목을 다 읽고 외우려고 드는 셈이다. 막연하게 공부하다 보면 뭔가 재미가 있겠지 하면서 시작했다가는 백발백중 좌절하고 만다. 지식을 많이 아는 것보다 더 의미 있는 것은 그 지식이 왜 중요한지를 깨닫는 것인데, 우리는 이것을 놓치고 있다.

우리가 과학 공부를 하는 목표는 지식 그 자체에 있는 것이 아니다. 그 지식이 왜 중요한지를 알고 자신의 삶과 연결해서 생각하는 법을 터득하는 것, 예컨대 우주와 지구에서 인간이라는 존재를 이해하고 지속 가능한 세계를 위해 어떻게 살아야 할지를 고민하는 것, 이런 것이 과학 공부의 목표다. 나는 '인간은 진화했다'나 '마음은 뇌의 활동이다'와 같은 과학적 사실은 지식이 아니라 통찰이라고 생각한다. 최근 작고한 의사이며 과학저술가였던 올리버 색스 Oliver Sacks, 1933~2015는 이런 말을 남겼다. "이 아름다운 행성에서 지적인 존재이자 생각하는 동물로 살았고, 이는 엄청난 특권이고 모험이었다." 감동적인 과학적 통찰이라고 할 수 있다.

나는 가끔 강연장에서 어떻게 하면 과학을 쉽게 공부할 수 있는지, 실용적 팁을 요구하는 독자들을 만난다. 실용적 팁은 아니지만 '자전거 타는 법'이나 '수영하는 법'처럼 과학을 쉽게 이해하는 지름길이 뭐가 있을까 생각하다가 내가 찾은 것은 '과학을 통찰하는 법'이었다. 그래서 역사, 철학, 우주, 인간, 마음이라는 폭넓은 관점에서 과학책을 읽고, 과학의 가치를 확인할 수 있는 책을 구상했다. 역사적으로 중요한 과학의 고전들, 예컨대 뉴턴의 『프린키피아』, 다윈의 『인간의 유래』, 프랜시스 크릭의 『놀라운 가설』 등을 비롯해 과학 베스트셀러인 『총, 균, 쇠』, 『코스모스』, 『이기적 유전자』 같은 책을 읽어가면서 큰 그림에서 과학을 인문학적으로 이해하고 통찰하는 것이다.

이 책을 쓰면서 많은 고민을 했다. 과학책을 어떻게 읽는 것이 '제대로' 읽는 것인가? 과학책 읽기가 독자들에게 어떤 도움을 줄 것인가? 『과학을 읽다』는 꼭 필요한 책인가? 이런 질문들을 스스로에게 던지면서 초고를 거의 완성해갈 무렵, 고려대 과학기술학 협동과정 대학원생들과 수업을 할 기회를 가졌다. 학생들과 함께 책을 읽어가면서 내 고민의 많은 부분을 덜어낼 수 있었다. 전공이 다른 학생들에게는 과학책이 어렵고 부담스럽다는 사실을 확인했고, 과학에서 정말 궁금한 것이 무엇인지도 체감할 수 있었다. 그리고 왜 과학 공부를 해야 하는지, 그 의미를 깨닫는 과정이 무엇보다 중요하다는 것을 알 수 있었다. 수업이 끝나고 나서 '누구나' 과학을 통찰할 수 있도록 미흡한 원고를 다시 쉽게 고쳐 썼다.

이 책의 구성은 역사, 철학, 우주, 인간, 마음의 다섯 가지 주제로 되어 있다.

1장 '역사'에서는 인간의 삶의 문제에 주목한다. 철학자 비트겐슈타인은 "삶이 없으면 문제도 없다"는 말을 했다. 세계의 모든 문제는 인간이 지구에서 출현하고 생존하는 과정에서 생겨났다는 것이다. 『총, 균, 쇠』와 같이 빅히스토리의 관점에서 인류의 출현부터 지금에 이르기까지 우리에게 직면한 세계의 문제가 무엇인지를 살펴본다. 세계는 불평등하고 지속 불가능하다! 이렇게 삶의 문제에 주목하는 것은 문제의식이 분명해야 과학 공부의 뚜렷한 목표가 생기기 때문이다.

2장 '철학'에서는 역사적으로 지식의 가치가 무엇인지를 발견한다. 철학의 중요한 문제는 두 가지다. 세계는 무엇이고, 우리는 어떻게 살아야 하는가? 인류가 출현해서 지금까지 탐구했던 모든 지식은 이 철학적 문제에 포괄된다고 할 수 있다. 세계는 무엇인가? 실재하는 세계를 밝히고 사실을 아는 것은 인간에게 매우 중요한 문제다. 사실을 아는 앎이 어떻게 살 것인가 하는 삶에 영향을 미치기 때문이다. 과학혁명으로 태양계의 운동이 밝혀졌을 때 세계관이 바뀌고 근대 사회로 변혁이 일어났다. 앎은 삶을 바꾼다! 우리가 실재하는 세계를 탐구하는 이유가 바로 이것이다.

3장 '우주'에서는 우리가 우주를 어떻게 객관적으로 이해하기 시작했는지를 탐색한다. 그리고 그것이 갖는 의미가 무엇인지를 알아본다. 지구에서 살도록 진화한 인간은 지구 밖의 광활한 우주를 볼 수 없으며, 우주에서 보편적으로 작용하는 중력을 일상생활에서 느낄 수 없다. 인간의 감각과 직관으로는 우주의 실체와 작용이 무엇인지 파악할 수 없다는 것이다. 지금은 지구가 태양 주위를 도는 지동설이 당연하지만 과거에 우리 눈에는 태양이 도는 것처럼 보였기에 천동설이 옳다고 생각했다. 그렇기 때문에 천동설이 틀리고 지동설이 옳다는 것을 증명하려면 인간의 생물학적 한계를 극복해야 한다. 과학자들은 망원경과 같은 도구를 만들어 관찰, 실험하고 수학적으로 추론해서 우주의 기원을 밝혀냈다. 드디어 우리는 인간 중심적인 세계관에서 벗어나 실재하는 우주와 마주하게 된 것이다.

4장 '인간'에서는 우리가 왜 자신을 이해해야 하는지를 살펴본다. 우리는 인간답게 사는 세상을 만들어야 한다고 생각하는데 그 '인간답다'는 것은 무엇인가? 솔직히 우리는 인간다움이 무엇인지 정확히 모른다. 우리는 누구인가? 우리는 우리 자신에 대해 얼마나 이해하고 있는가? 우리가 우주를 이해하는 것보다 인간을 객관적으로 이해하기가 더 어렵다고 할 수 있다. 물리학자 리처드 파인만은 여러 나라가 핵무기 개발에 몰두하는 것을 보고 "왜 우리는 우리 자신을 다스리지 못하는 걸까?" 하고 한탄했는데, 만약 인간의 본성이 폭력적이라면 과학기술이 아무리 발전해도 언제든 폭력을 위한 도구로 변질되고 말 것이다. 그래서 생물학적 인간을 탐구하고 인간의 본성을 아는 것이 중요한 것이다. 우리는 진화론과 같은 과학을 통해 스스로 자신에 대한 개념을 수정하고 확장시켜왔다는 사실에 주목해야 한다.

　5장 '마음'에서는 마음이 뇌의 활동이라는 사실을 조목조목 짚어본다. 오늘날 과학의 핵심 주제는 우주와 마음이다. 과학자들은 코페르니쿠스의 지동설과 다윈의 진화론, 그다음 뇌혁명의 시대가 올 것이라고 전망한다. 하지만 뇌는 머리뼈 속에 꽁꽁 숨어 있어서 어떻게 작동하는지 보여주지 않는다. 마음이 뇌의 활동이라는 엄연한 과학적 사실이 선뜻 받아들여지지 않는 것도 이 때문이라고 할 수 있다. 그런데 지금껏 우리가 세계와 인간의 존재를 인식한 것은 모두 마음에서 나온 철학, 도덕, 과학 등을 통해서였다. 무엇이 합리적이고 올바르고 타당한가? 그것을 알고 있는 것은 인간의 뇌다. 뇌과학을 탐구하면 우리의 삶에서 과학적 사실을 아는 앎이 얼마나 중요한지 저절로 깨닫게 된다. 누구나 가치 있는 삶을 원하는데 삶의 가치는 자신의 뇌에서 작동하는 앎에서부터 시작한다는 것을 말이다. 과학적 사실을 하찮게 여긴 카뮈의 주장이 틀렸음을 확인할 수 있을 것이다.

　과학을 느끼는가? 과학책을 읽으면서 마음이 움직인다면 그보다 더 좋은 '배움'은 없을 것이다. 이 책은 과학의 전문성이라는 높은 벽을 허물고 인문학적 감성으로 다가서려고 노력했다. 각 장을 시작할 때 과학책이 아닌 문학작품을 배치한 것도 그런 이유에서다. 롤랑 바르트, 이탈로 칼비노, 조지 오웰, 프리모 레비의 작품을 통해 인간의 삶에서 끌어낸 문제의식에서 과학을 바라볼 수 있도록 했다. 나는 이 책에서 시험 공부할 때 달달 외웠다가 다 잊어버리는 과학이 아니라 마음으로 진지하게 느끼고 생각하는 과학을 이야기하고 싶었다. 누구든 마음을 열면 역사(삶), 철학(앎), 우주, 인간, 마음이라는 큰 그림에서 자신이 서 있는 위치가 어디인지 충분히 보일 것이다. 나에게 이런 확신을 심어준 김영미, 김윤정, 김재은, 김진하, 남경민, 서윤교, 안승현, 이윤하, 전미현에게 고마운 마음을 전한다.

재레드 다이아몬드는 『총, 균, 쇠』에서 인류의 역사를 진화의 과정에서부터
그려냈다. 생물학적 종으로 인간이 되기까지의 역사와 문명을 건설하고
인간적인 삶을 추구한 역사를 하나로 연결해서 살펴보았다. 우리는 생물학적
인간에서 철학적 인간, 문명적 인간으로 성장했지만 인간의 생물학적 멸종은
얼마든지 일어날 수 있는 일이다. 과학자들은 현재까지 지구에 존재했던
모든 생물종의 99.9퍼센트가 멸종했다고 추정한다. 이 지구에서는 멸종하기보다
살아남기가 훨씬 더 어려운 숙제인 것이다.

01
—

역사
절박한 삶의 현장

—

HISTORY

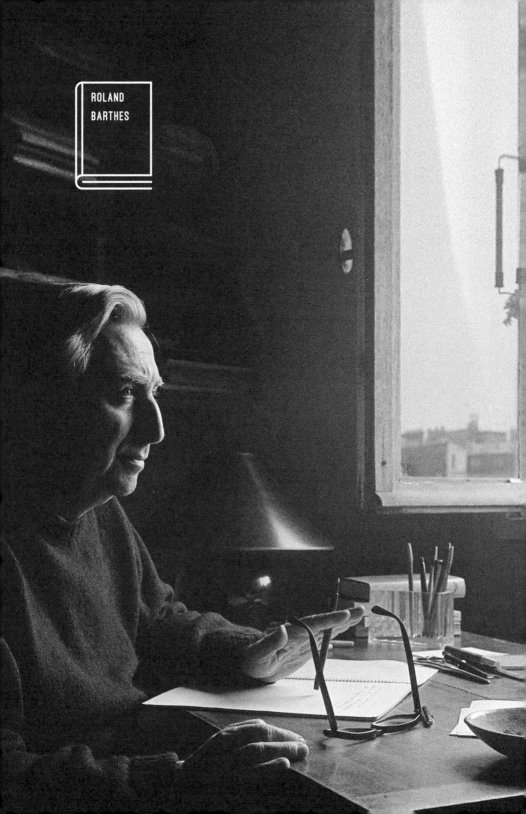

ROLAND
BARTHES

나는 그 사람이 아프다

"나는 그 사람이 아프다." 프랑스의 철학자이며 비평가인 롤랑 바르트Roland Barthes, 1915~1980가 『사랑의 단상』이라는 책에서 한 말이다. 어느 가수의 노랫말로도 쓰인 것을 보면 많은 사람이 사랑의 아픔에 공감했던 문장인 것 같다. "나는 그 사람이 아프다"는 '나는 그 사람을 사랑해서 그 사람 때문에 아프다'라는 뜻일 것이다. 사랑하지 않았으면 아프지 않았을 텐데 말이다. 그러면 이 사랑의 고통은 어디서 나온 것일까? 나는 사랑 때문에 아플 때마다 내가 인간이어서 고통스럽다는 생각을 했다.

롤랑 바르트의 어머니는 1977년 10월 25일에 세상을 떠났다. 그는 어머니를 잃은 슬픔을 매일매일 작은 쪽지에 기록해놓았다. "1977년 11월 6일, 솜처럼 안개가 짙은 일요일 아침. 혼자다. 한 주 한 주가 이런 식으로 돌아가게 되리라는 걸 느낀다. 그러니까 이제

나는 그녀 없이 흘러가게 될 긴 날들의 행렬 앞에 서 있는 것이다. (……) 내 슬픔은 삶을 새로 꾸미지 못해서 생기는 게 아니다. 내 슬픔은 사랑의 끈이 끊어졌기 때문이다." 롤랑 바르트와 그의 어머니는 서로 사랑했다. 하지만 그녀는 지금 없다. "1978년 2월 12일. 눈이 내렸다. 파리에 폭설이 내렸다. 참 드문 일이다. 나는 그렇게 혼잣말을 한다. 그리고 그 혼잣말이 나를 아프게 한다: 그녀는 결코 지금 여기에 있을 수 없으리라, 이 눈을 보기 위해서, 이 눈 소식을 나로부터 듣기 위해서."

롤랑 바르트의 어머니는 스무 살에 결혼해서 스물두 살에 아들 바르트를 낳았다. 그리고 그다음 해에 전쟁미망인이 되었다. 여든네 살에 세상을 떠날 때까지 독신이었던 바르트와 60여 년을 함께 살았다. 바르트는 그런 어머니가 곁을 떠나자 글을 쓸 수 없을 정도로 상심했다. "1978년 4월 2일. 내가 더 잃어버릴 것이 무엇인가, 지금 이렇게 내 삶의 이유를 잃어버리고 말았는데—그러니까 그 누군가의 삶을 걱정스러워한다는 그 살아가는 이유를." 그는 깊은 상실감과 공허감에 절망하고 또 절망했다. "1979년 5월 1일. 나는 그녀와 하나가 아니었다. 나는 그녀와 함께 (동시에) 죽지 못했다."[2]

1980년 2월 25일 바르트는 작은 트럭에 치이는 교통사고를 당했다. 병원에 입원한 그는 치료를 거부하고 4주 후에 사망했다. 바르트의 죽음은 교통사고사로 알려졌지만 사람들은 그의 죽음이 자살이라고 말한다. 어머니를 잃고 2년여 동안 썼던 쪽지는 바르트가 죽은 후 책상 위 상자에서 발견되었다. 그해에 프랑스의 쇠유 출판사는 바르트의 쪽지 글들을 모아서 『애도일기』라는 책을 출간했다.

나는 『애도일기』를 읽으며 몇 번
이고 눈물을 흘렸다. "내 슬픔은 사랑의
끈이 끊어졌기 때문이다." 이런 문장에
서 사랑하는 사람을 잃은 상실감이 전
해져 내 상처까지 덧나게 했다. 어머니
를 그리워하는 아들의 모습에서 돌아가
신 부모님을 잊지 못하는 자식들이 떠올
랐다. 미국의 문화비평가 수전 손택Susan

Sontag, 1933~2004이 세상을 떠나자 그의 아들이 쓴 『어머니의 죽음』
이 기억났고, 프랑스 소설가 마르셀 프루스트Marcel Proust, 1871~1922가
쓴 『잃어버린 기억을 찾아서』에 얽힌 일화도 생각났다. 이때 문득
우리와 같은 인간은 아니지만 어머니와 아들의 관계였던 제인 구
달Jane Goodall, 1934~의 침팬지 플로와 플린트가 떠올랐다.

　　제인 구달은 1960년부터 탄자니아의 곰비에서 침팬지를 연구
한 것으로 유명하다. 구달은 침팬지 하나하나에 이름까지 붙여가며
오랫동안 그들의 성격과 행동을 관찰했다. 그중에는 구달이 개인적
으로 아끼던 침팬지 플로가 있었다. 플로는 수컷 침팬지에게 인기
가 많은 매력적인 암컷이었고, 자식을 훌륭하게 키워내는 좋은 어
미였다. 구달은 플로가 따뜻하고 너그러운 품성으로 자식을 돌보는
모습에 큰 감동을 받았다. 1972년 플로가 죽었을 때 구달은 이렇게
말했다. "플로의 시신을 내려다보는 순간, 그 북받쳐오는 슬픔은 좀
처럼 가라앉질 않았다. 11년을 알아온 사이였고, 내가 사랑하는 플
로였다."

그런데 플로의 아들 플린트도 슬픔의 충격에서 헤어나질 못했다. 플린트는 여덟 살짜리 수컷 침팬지였으나 아직도 어미에게 의지하는 응석받이 아들이었다. 매일 어미와 함께 잠자기를 청했고 어딜 가나 붙어 다니며 털을 골라달라고 칭얼거렸다. 이런 플린트에게 어미의 죽음은 받아들이기 힘든 현실이었다. 플린트는 오래도록 플로의 주검이 있는 냇가를 떠나지 못했다. 필사적으로 어미가 살아 있다는 증거를 찾으려는 듯, 죽은 어미 곁에 다가가 팔을 잡아당겼다. 해가 지자 어미가 죽은 곳을 맴돌다 잠들고, 일어나서는 나무 위로 올라가 어미와 함께 지냈던 텅 빈 둥우리를 온종일 바라보고만 있었다. 며칠이 지나도 플린트는 혼자 지냈고 거의 움직이지도 않고 먹지도 않았다. 어미가 죽은 지 3주 후, 급속히 쇠약해진 플린트는 주검으로 발견되었다. 부검 결과 사인은 위장염과 복막염으로 나왔지만 누구나 알다시피 플린트가 죽은 원인은 다른 것이었다. 죽은 어미를 사무치게 그리워하다가 슬픔에 겨워 죽은 것이다.

『애도일기』의 롤랑 바르트와 침팬지 플린트를 비교하는 것이 불경스러울 수도 있겠지만 어미를 잃은 슬픔 앞에 인간이나 침팬지나 똑같이 무력하고 절망에 빠질 뿐이었다. 생명의 진화에서 인간과 침팬지 모두 포유류의 뇌를 가진 것을 어찌하겠는가! 과학에서는 이렇게 말한다. 포유류인 인간과 침팬지는 애착관계를 가진 어미와 자식의 죽음에 말로 형용할 수 없는 고통을 느낀다고. 포유류는 진화하는 과정에서 파충류와는 다른, 완전히 새로운 일을 하도록 뇌가 조직화되었다. 바로 자식을 적게 낳고 잘 돌보고 잘 키우는 일이었다. 그래서 포유류의 어미와 자식은 늘 함께 있고 싶어하

플로의 시신을 내려다보는 순간,
그 북받쳐오는 슬픔은 좀처럼 가라앉질 않았다.
11년을 알아온 사이였고, 내가 사랑하는 플로였다.

고, 떨어져 있으면 불안감에 휩싸인다. 저 멀리 진화의 역사까지 거슬러 올라가면 우리가 사랑하는 이들의 죽음과 이별로 겪는 고통은 포유류이기 때문에 피할 수 없는 숙명이다. 다시 말해 인간의 뇌가 포유류에서 진화했기 때문에 롤랑 바르트의 말대로 사랑하는 관계가 찢어지고 끊어지는 그 지점에 어찌할 도리가 없는 '인간의 비참함'이 놓이게 된다.

이 장에서는 인간의 역사에 대한 이야기를 하려고 한다. 그런데 뜬금없이 롤랑 바르트의 『애도일기』로 시작했다. 눈치 챘겠지만 인간의 사랑과 고통을 말하면서 우리의 존재를 다시 확인하기 위해서였다. 인간의 삶에서 사랑만큼 중요한 문제가 없는데 그 사랑도 인간의 몸이라는 형식form을 빌려서 한다. 알츠하이머병에 걸려 뇌가 손상되면 아무리 사랑했던 자식이지만 얼굴조차 기억하지 못한다. 우리는 인간의 몸이라는 형식을 갖고 태어난 생물학적 존재이기 때문이다. 생물학적 종으로서 인간은 오랜 시간에 걸쳐 진화했다. 우리는 처음부터 호모 사피엔스라는 존재적 형식을 가진 인간이 아니었다. 영장류의 한 무리로부터 인간이 되었던becoming 것이다. 거시적인 관점에서는 인간의 역사를 둘로 나눠 설명한다. 생물학적 종으로 '인간이 되기까지의 역사'가 있고, 그 이후에 문명을 세워 인간적인 삶을 추구한 역사가 있다고 말이다.

지금까지 우리는 주로 인간 문명의 역사를 배웠다. 세계사, 한국사, 과학사 등등은 신석기시대 이후 인간이 건설한 문명의 역사를 다뤘다. 그런데 최근 빅히스토리에서는 생물학적 인간이 출현한 '인간되기까지의 역사'에 주목하고 있다. 두 발로 걷기 시작한 인간종은 지금부터 약 700만 년 전에 출현했고, 인간종이 완성된 호모 사피엔스는 약 10만 년 전에 나타났다. 그 후 농업혁명이 일어나 인간이 문명을 건설한 것은 약 1만 년 전의 일이다. 인간의 역사에서 99퍼센트가 '인간되기까지의 역사'였다. 다시 말해 우리는 헤아리기조차 어려운 700만 년이라는 기나긴 시간 동안 혹독한 시련을 거쳐 인간이 된 것이다. 이때 우리가 흔히 말하는 인간의 본성, 인간의 가치, 인간다움, 인간의 마음이 생겨났다.

인간의 본성은 무엇인가? 우리는 누구인가? 수천 년 동안 우리가 품어왔던 궁극적인 질문이다. 철학, 역사, 문학, 예술, 종교, 과학 등 전 분야에서 이 질문에 답을 찾고자 했다. 우리는 왜 이 질문들이 궁금했을까? 그것은 우리가 지적인 존재이기 때문이다. 지구에서 인간으로 태어난 우리는 자신의 가치와 삶의 방향성을 알려는 지적인 욕구를 가지고 있다. 그러면 왜 이러한 질문들이 중요한가? 만약에 누군가 삶의 위기에 직면했다고 생각해보자. 아마 그는 이 상황을 극복하기 위해 자신이 할 수 있는 일을 찾으려고 애쓸 것이다. 이때 자신의 가치와 장점을 인식하고 있다면 자신감을 가지고 훨씬 수월하게 문제를 해결할 수 있다. 바로 이러한 점에서 우리는 끊임없이 인간의 가치와 본성을 묻고 재발견하려고 했던 것이다. 우리가 누구인지를 아는 것은 이 지구에서 살아남기 위한, 우리의 생존과 직결된 중요한 문제이기 때문이다.

이러한 의미에서 우리가 알고 있는 인간의 역사를 더 확장할 필요가 있다. 문자 기록물이 없는 선사시대에 수백만 년 동안 우리는 인간이 되기 위해 고군분투했다. 그 고난의 과정에서 인간의 몸이라는 형식이 완성되고, 그 몸에 인간의 본성과 마음이 깃들었다. 인간 문명의 역사가 고난의 기록이자 치열한 삶의 현장이었다면 인간이 되기까지의 역사도 그러했을 것이다. 그런데 우리는 인간이 되는 과정이 어떠했는지, 어떤 고통을 겪었는지 잘 알지 못한다. 흔히 우리를 두고 "아프리카 초원에서 맹수에 쫓기던 영장류에 불과했다"고 말한다. 한낱 영장류였던 우리가 훗날 지구를 지배하게 되었다는 것을 강조하기 위해서다. 그런데 한번쯤 인간이라는 성취감과 안도감을 내려놓고 맹수에게 쫓기던 영장류의 삶이 얼마나 고통스러웠을지 상상해본 적은 있는가?

1924년에 남아프리카에서 발굴된 '타웅 아이Taung Baby'라는 화석 이야기를 해보자. 오스트랄로피테쿠스로 밝혀진 타웅 아이는 3~4세쯤 된 어린아이의 머리뼈로 추정되고 있다. 그런데 타웅 아이의 뼈에서 끔찍하게도 독수리의 발톱과 부리 자국이 발견되었다. 약 230만 년 전쯤 독수리 한 마리가 오스트랄로피테쿠스 아이를 낚아채서 먹이로 삼았다는 얘기다. 이 화석을 보고 우리 마음에 전해지는 것은 아이 어머니가 겪었을 슬픔과 고통이다. 자식을 잃은 어머니는 비탄에 빠져 괴로운 나날을 보냈을 것이다. 그녀는 슬픔을 말로 표현하는 방법은 몰랐지만 슬픔을 느끼고 있었다. 그러면 언제부터, 어떻게 슬픔을 말하고 위로할 수 있었을까? "나는 그 사람이 아프다"라는 한 문장을 말하기까지 인간의 몸과 마음에 어떤 변화가 일어났는지, 솔직히 우리는 잘 모른다. 아직까지 과학이 밝혀낸 것으로는 정확히 설명할 수가 없다. 우리가 누구인가라는 질문에 방향성 정도를 찾았을 뿐이다.

그 첫 번째 발걸음을 내딛게 한 것은 다윈Charles Darwin, 1809~1882
의 진화론이다. 다윈이 1859년에 출간한『종의 기원』초판 서문에
"인간의 기원과 역사에 한 줄기 빛이 비칠 것이다"라고 선언한 것
에서부터 인간에 대한 과학적 탐구가 시작되었다. 인간은 진화했
고, 그 진화의 동력은 새로운 종이 출현하고 멸종하는 자연선택의
과정이었다. 다시 말해 지금까지 인간종은 호모 사피엔스 하나가
아니었다는 것이다. 우리가 모르는 수많은 인간종이 있었고 그들이
멸종하는 과정에서 우리가 출현한 것이다. 이렇듯 다윈의 진화론에
서 핵심 키워드는 멸종이다. 다윈은 종의 멸종과 변이를 지닌 새로
운 종의 탄생에서 진화의 메커니즘을 찾았다.『종의 기원』4장에서
멸종과 탄생의 과정을 '생명의 큰 나무'로 설명했다. 나무의 어린
줄기들은 큰 줄기에서 갈라져 가지를 치고 움트기 시작한다. 반면
에 나무가 자라기 시작할 때부터 몇몇의 크고 작은 가지는 시들어
떨어졌다. 새로 피어나기 시작한 가지는 현재의 종이고, 이미 없어
져버린 가지들은 어떤 후손도 남기지 못하고 화석으로만 볼 수 있
는 생물이다. 우리가 알기로는 과거에 존재했던 종의 99.9퍼센트가
멸종했다.

생명의 나무에서 주목해야 할 부분은 가지가 갈라지는 지점이
다. 나뭇가지가 갈라져 나간다는 것은 하나의 공통조상으로부터 서
로 다른 방향으로 진화가 일어난다는 뜻이다. 인간과 원숭이도 약
2,500만 년 전에 공통조상으로부터 갈라져 나왔다. 아직 그 공통조
상이 누구인지는 밝혀지지 않았지만 아마 인간보다는 원숭이를 닮
았을 것이다. 다윈의 진화론을 이해하면 현생 인류인 우리가 진화

하기까지 수많은 인간의 조상이 출현하고 멸종했다는 것을 알 수 있다. 다윈의 『종의 기원』과 『인간의 유래』가 출간되지 않았다면 멸종된 인간종을 찾는 작업도 시작되지 않았을 것이다. 다윈의 지지자였던 토머스 헉슬리Thomas Huxley, 1825~1895는 이런 의미심장한 말을 남겼다. "더 오래된 지층 속에 지금까지 알려진 그 어떤 것보다 사람에 가까운 유인원 혹은 유인원에 가까운 사람의 화석 뼈가 묻힌 채 아직 태어나지 않은 고인류학자의 손길을 기다리고 있지는 않을까?"

　20세기 고인류학자들은 다윈과 헉슬리의 후계자가 되길 원했다. 모든 고인류학자의 꿈은 무엇일까? 인간의 화석, 그것도 아주 오래된 최초의 인간을 찾는 일이다. 그런데 다윈이 말했듯 유인원

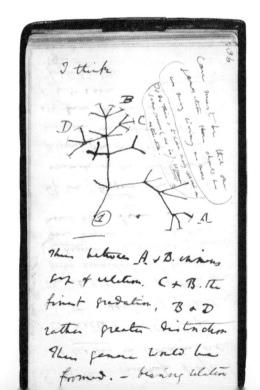

다윈이 1837년 7월경 공책에
처음으로 스케치한 진화의 나무

에서 인간으로 진화하는 과정은 아주 조금씩 점진적으로 이뤄졌다. 따라서 어느 지점을 딱 꼬집어서 여기까지는 유인원이고, 여기서부터는 인간이라고 말할 수가 없다. 한마디로 최초의 인간이란 없었다. 고인류학자들의 과제는 누가 되든 우리하고 가장 가까운 인간의 조상을 찾는 일이다. 고릴라와 침팬지가 살고 있는 드넓은 아프리카 땅에 멸종된 인간의 조상이 살고 있었다는 가정 아래서 말이다. 그 미스터리의 인물을 찾는 화석 발굴 탐사는 당연히 외롭고 지루한 작업이며 논란거리가 많을 수밖에 없었다.

멸종된 인간종이 누구인지도 모르는 채, 고인류학자들은 아주 오래된 인간의 삶을 복원하기 위해 화석을 찾아 나섰다. 화석은 그냥 돌처럼 보이지만 그 앙상한 뼈대에는 개체 각각이 소유한 비밀이 있다. 바로 인간이든 동물이든 '과거의 시간'을 간직하고 있는 것이다. 아마 사랑하는 이들의 죽음이 그토록 아픈 이유는 더는 함께할 수 있는 시간이 없다는 데 있다. 주검에서 떠나버린 과거의 시간은 살아남은 이들에게 기억으로 남고 마침내 그 기억마저도 소멸하고 만다. 이렇게 과거의 시간과 기억은 흩어져버리고 사멸과 멸종을 반복하지만, 운 좋은 몇몇 화석은 발굴되어 역사적 기념비가 되고 불멸하기도 한다.

화석 발굴은 주검에서 떠나버린 시간을 되찾는 일이다. 화석이 만들어질 수 있는 확률은 10억분의 1 정도라고 한다. 현재 지구에서 살고 있는 70억 인구 중에 일곱 명만이 화석이 될 수 있다는 말이다. 또한 소멸되지 않고 화석으로 남겨졌다고 해도 누군가의 눈에 띄려면 기적과 같은 행운을 기대해야 한다. 지금 우리 눈앞에 있는 화석은 잃어버린 시간을 환생시킬 수 있는 타임머신이다. 박물관의 화석들은 미술관의 명화 속 인물들처럼 실존했던 존재였다. 1974년에 발굴된 오스트랄로피테쿠스 '루시'도 레오나르도 다빈치의 모나리자처럼 한때는 살아 있었다. 수백만 년 전 인간 삶을 보여주는 화석은 그 가치를 따질 수 없을 만큼 귀한 것들이다.

드디어 고인류학이 성과를 보이기 시작한 것은 1959년 루이스 리키Louis Leakey, 1903~1972와 그의 아내 메리 리키Mary Leakey, 1913~1996가 탄자니아 올두바이 골짜기에서 '호모 하빌리스'를 발견하면서부터였다. 이후에 리키 부부는 케냐의 투르카나 호수 근처에서 2,700여 점의 석기와 100여 명의 머리뼈 파편을 동시에 발굴했다. 오스트랄로피테쿠스에서 진화한 호모는 약 200만 년 전 석기와 같은 도구를 제작한 것이다. 리키 부부는 이들에게 '솜씨 좋은 인간', '손 쓴 인간'이라는 뜻에서 호모 하빌리스라는 이름을 붙여주었다. 호모 하빌리스는 유인원이나 오스트랄로피테쿠스가 하지 못했던 도구를 제작했고 최초의 인간이 되었다. 인간을 인간답게 만든 것이 바로 석기였던 것이다.

루이스 리키의 아들이었던 리처드 리키Richard Leakey, 1944~가 쓴 『오리진Origin』의 첫 페이지는 "과거와 현재를 잇는 돌"이라는 감동적인 이야기로 시작한다.

석기는 우리를 우리의 조상들과 이어주는 끊을 수 없는 고리로서 현존하고 있으며 다른 많은 석기들과 함께 나이로비에 위치한 케냐 국립박물관에 보존되어 있다. 그 도구를 만들었던 손, 그 도구를 만들고

작은 돌덩이 하나가 인간의 본성을
밝힌다는 것이 실로 놀라운 일이다.
그 도구를 만들었던 손, 그 도구를 만들고자
생각했던 마음은 우리를 향하고 있었다.

호모 하빌리스 3

자 생각했던 마음이 우리에게 유전적으로 전해져 있음을 생각할 때 참으로 가슴 설레임을 금할 수 없다. 우리는 지금도 그 도구를 우리 손으로 가질 수 있으며, 그 마음을 더듬어 볼 수 있다.[4]

작은 돌덩이 하나가 인간의 본성을 밝힌다는 것이 실로 놀라운 일이다. "그 도구를 만들었던 손, 그 도구를 만들고자 생각했던 마음"은 우리를 향하고 있었다. 호모 하빌리스가 버린 돌칼, 돌망치로부터 그들의 발자취를 찾아가보자. 먼저 그들은 어떻게 석기를 만들 것인지 머릿속으로 그려보며 구상을 했을 것이다. 또한 석기의 재료를 채취하기 위해 주변을 돌아다니며 서로 정보를 교환했을 것이다. 올두바이 골짜기나 투르카나 호수 근처에서 발견된 돌칼은 주로 입자가 가는 화성 응회암이었다. 멀리 떨어지지 않은 곳에는 돌칼의 재료가 된 암석이 있는 장소가 있었고, 호모 하빌리스는 암석의 성질을 미리 알고 채취했던 것으로 보인다.

적당한 조약돌을 골라온 호모 하빌리스는 한 손에는 돌망치를 들고 다른 손에는 조약돌을 쥔 채 어떻게 깨질지 예상하면서 돌망치를 내리쳤다. 이렇게 도구를 만들기 위해 또 다른 도구를 이용한 것은 오직 인간만이 할 수 있는 일이다. 또한 호모 하빌리스는 똑같은 작업을 반복해서 비슷한 모양의 석기를 여러 점 만들기도 했다. 나중에 쓸 목적으로 돌칼과 돌도끼를 대량으로 제작한 것이다. 사냥에 성공한 뒤 호모 하빌리스는 돌칼과 돌도끼로 뼈를 부수고 고기를 잘라내 그 자리에서 먹기보다 집단 거주지로 옮겨서 다른 사람들과 나눠 먹었던 것으로 보인다. 드디어 돌칼 하나하나에 인간의 따뜻한 마음과 정교한 손놀림이 깃들기 시작했다. 인간은 세상에 없는 상상 속의 도구를 스스로 만들고, 그것도 공동체의 다른 사람들을 위해 썼던 것이다.

이렇게 고인류학자들은 인간이란 무엇인가를 고민하면서 인간의 계통도, 계보를 그려나갔다. 그런데 인간의 계보에서 나오는 학술용어와 분류체계는 일반인인 우리가 이해하기에 복잡하고 어렵기 그지없다. 고인류학 책에는 인간의 조상들을 호미니드Hominidae, 호미닌hominin, 인류 화석, 인간종 등으로 다양하게 부른다. 나는 이 책에서 호미니드나 호미닌이라는 학술용어를 쓰지 않고 인간에 가까운 모든 종을 통틀어 인간종이라고 부를 생각이다. 현생 인류인 호모 사피엔스는 동물계의 문, 강, 목, 과, 속, 종에서 척추동물문, 포유류강, 영장류목, 사람과, 호모속, 호모 사피엔스종으로 분류된다. 이런 학명과 분류체계는 과학자들이 편의를 위해 만들어낸 방법이라는 것을 염두에 두어야 한다. 자연세계의 생물들은 우리가 만든 학명이나 분류체계대로 진화하지 않았을 것이다. 인간의 기원을 찾아가는 길은 복잡한 분류체계만큼이나 얽혀 있고 우리는 아는 것보다 모르는 것이 더 많다. 내일 어느 곳에서 새로운 화석이 하나 발굴되면 인간의 계보는 또다시 수정될 것이다. 하지만 한 가지 사실만큼은 확실하다. 지금은 우리 빼고 모든 인간종이 멸종했다는 것! 대체 그 수많은 인간의 조상은 누구였을까? 그들은 왜 멸종하고 우리만 살아남은 것일까?

인간에게 에덴동산은 없었다

"1974년 11월 30일, 느낌이 좋았다." 도널드 조핸슨Donald Johanson, 1943~은 고인류학자로서 누릴 수 있는 최고의 행운을 얻었다. 머리에서 가슴, 엉덩이, 팔다리까지 전체 골격 40퍼센트의 뼛조각이 있는 인간의 화석을 발견했던 것이다. 에티오피아의 아파르 사막 지대에서 탐사활동을 벌였던 지난 몇 년간의 고생을 한순간에 보상받았다. 캠프 전체는 흥분과 기쁨에 들떠 비틀스의 노래 〈루시 인 더 스카이 위드 다이아몬드Lucy in the Sky with Diamonds〉를 들으며 밤을 지새웠다. 이렇게 루시는 밤하늘에 빛나는 별처럼 우리 곁으로 다가왔다. 그것도 당당하게 걸어서. 놀랍게도 루시의 다리뼈는 침팬지처럼 구부정하지 않고 곧게 뻗어 있었다. 호모 하빌리스보다 훨씬 더 오래된 오스트랄로피테쿠스가 직립보행을 하며 눈앞에 나타난 것이다. 우리는 루시를 만나는 순간, 350만 년 전으로 돌아가 인간이 어떤 모습이었는지 그려볼 수 있게 되었다. 도널드 조핸슨은 1981년에 출간한 『루시, 최초의 인류』에서 흥분에 들뜬 목소리로 이렇게 말했다.

"루시라고요?"

그 화석을 처음 보는 사람은 누구나 이렇게 묻는다. 그때마다 나는 설명한다. "예, 그 화석은 여자예요. 그리고 비틀스의 노래처럼 그녀를 발견했을 때, 우리는 하늘 높이 올라간 기분이었어요."

그다음에는 으레 "그 화석이 여자라는 것을 어떻게 알았나요?"란 질문이 뒤따른다.

"골반을 보고 알았죠. 우리는 완전한 골반과 엉치뼈(천골)를 발견했습니다. 호미니드의 경우, 여자는 전체 골격에 대한 골반 둘레의 비율이 남자보다 큽니다. 뇌가 큰 아이를 낳으려고 진화한 것이지요. 그래서 골반을 보면 남녀를 구별할 수 있죠."

그다음에는 이런 질문들이 이어진다.

"루시는 호미니드인가요?"

"네, 루시는 똑바로 서서 걸었어요. 여러분만큼 잘 걸을 수 있었지요."

"호미니드는 모두 직립보행을 했나요?"

"그렇습니다."[5]

루시가 발굴될 당시, 최대 화제는 인간종의 직립보행이었다. 350만 년 전 인간이 걷고 있었다는 사실이 왜 그렇게 놀랄 일이었을까? 앞서 말했듯 유인원에서 인간으로 진화하는 과정은 서서히 이뤄졌다. 다시 말해 유인원과 인간이 구분되는 지점을 찾기가 무척 어렵다는 말이다. 그런데 우리가 누구인가? 인간이다. 우리야말로 유인원과 인간의 경계를 가르고 싶어서 안달 난 존재다. 고인류학의 목표도 인간과 유인원의 차이를 분명히 나누고 인간의 특징을 찾아내서 '인간이란 무엇인가'를 정의하는 것이다. 지

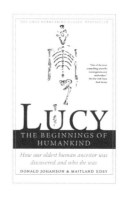

금 지구에서 직립보행하는 생물종은 인간뿐이다. 드디어 직립보행하는 인간종을 발견했으니 감개무량할 수밖에! 지난 수천 년 동안 인간이란 무엇인가에 대한 수많은 사색이 있었는데 루시가 발견된 1974년, 지금부터 약 40년 전쯤에 인간의 실체가 드러났고 그 철학적 사색들을 무용지물로 만든 사건이 일어난 것이다.

조핸슨의 『루시, 최초의 인류』는 루시의 흥미진진한 발굴 이야기다. 당시 조핸슨은 『오리진』을 쓴 리처드 리키와 경쟁하는 30대의 혈기 넘치는 고인류학자였다. 진중하기보다 가볍고, 때로는 너무나 솔직하게 고인류학계의 속사정을 있는 그대로 묘사하고 있다. 1981년에 출판된 책이라서 내용상 오류가 많지만 그 부분들을 상쇄하고 남을 만큼 이야기가 생생하게 살아 있다.

이 책은 현재와 과거를 교차 편집한 한 편의 드라마와 같다. 현재는 20세기의 고인류학계이고, 과거는 수백만 년 전 인간종들이 살았던 아프리카와 유럽 대륙이다. 현재의 우리는 화석이라는 과거의 퍼즐 조각들을 발견했다. 그리고 그 퍼즐 조각을 맞추기 위해 여

러 가지 이야기를 지어낸다. 과거의 퍼즐 조각 하나가 일으킨 파장은 현재 우리의 모습을 보여준다. 선입견과 편견, 그리고 내면의 갈등까지 인간의 맨얼굴이 드러난다. 우리는 정작 인간을 이해하고 있기는 한 것인가? 그동안 우리는 자신에 대해 많은 것을 알고 있다고 착각하고 있었던 것은 아닐까? 과거의 실체가 드러나는 순간, 현재의 우리는 당혹감을 감추지 못한다. 이러한 점에서『루시, 최초의 인류』는 우리가 끊임없이 욕망하고 자신을 미화하는 존재라는 사실을 깨닫게 한다.

무엇보다 우리는 두뇌에 집착했다. 제국주의자나 인종주의자들이 두뇌가 크면 우월한 민족이나 인종으로 간주했던 것처럼 두뇌는 우월한 인간의 상징이었다. 두뇌인가? 직립보행인가? 인간은 머리부터 진화했을까, 아니면 몸부터 진화했을까? 당연히 인간은 두뇌부터 진화했을 것이라고 생각했다. 그런데 진화는 다른 양상으로 전개되었던 것이다. 필트다운인Piltdown man 사건이라는 과학계의 스캔들이 터지고 나서야 우리의 생각이 잘못되었다는 것이 감지되기 시작했다. 1912년 영국의 필트다운에서 아마추어 과학자 찰스 도슨Charles Dawson은 뇌가 크고 턱은 유인원을 닮은 유골 하나를 발견했다. 영국 인류학연구소의 회장이었던 아서 키스Arthur Keith, 1866~1955에게 감정을 의뢰했는데 아서 키스는 필트다운인을 인간의 화석이라고 공표했다. 반면에 남아프리카에서 레이몬트 다트Raymond Dart, 1893~1988가 발굴한 오스트랄로피테쿠스는 인간의 조상이 될 수 없다고 못 박았다. 왜냐하면 오스트랄로피테쿠스는 두뇌가 작았기 때문이다.『루시, 최초의 인류』는 필트다운인 사건의 전말을 이렇게 소개한다.

간단히 말해서, 필트다운인 화석은 다른 화석들의 증거를 부정하는 것이었다. 이것은 꼭 나쁜 소식은 아니었다. 우리는 오랫동안 지적 능력을 내세워 자신이 어떤 동물보다 우월하다고 자부하며 가장 영광스럽고 독보적인 존재라고 생각해왔다. 필트다운인은 그러한 편견이 옳다는 것을 뒷받침해주는 증거로 보였다. 큰 뇌를 가진 필트다운인은 다른 화석들보다 우리의 자부심을 만족시켜주었다. 얼굴은 유인원처럼 생겼더라도 뇌가 큰 쪽이, 사람처럼 생겼으면서 뇌가 작은 것보다 훨씬 나아 보였기 때문이다. 더군다나 필트다운인은 런던에서 불과 수십 킬로미터밖에 떨어지지 않은 영국 땅에서 발견된 화석이고, 영국 과학계의 두 거장인 우드워드와 키스가 진짜라고 보증까지 했다.[6]

그런데 필트다운인은 40년이 지난 1953년에 완전히 위조품이라는 사실이 밝혀졌다. 불소연대측정법으로 확인한 결과, 13~14세기에 살았던 중세인의 머리뼈와 오랑우탄의 턱뼈를 갈아서 만든 가짜 화석이었다. 영국 과학계는 창피해서 몸 둘 바를 몰랐는데 더욱 기막힌 일은 누가 범인인지 찾지도 못한 일이다. 40년 동안 범행 흔적은 말끔히 사라지고 필트다운인 사건은 영원히 미궁 속에 빠지고 말았다. 그렇지만 이 사건을 통해 한 가지 확실히 드러난 것이 있다. 우리가 멸종한 인간종을 필트다운인처럼 생긴 것으로 예상했다는 사실이다. 유인원처럼 입이 튀어나왔지만 여전히 큰 머리뼈를 가진 화석이 우리가 상상하던 인간의 조상이었다. 필트다운인이 고인류학자들은 물론 고생물학자, 해부학자, 일반인들에게까지 폭넓은 지지를 받았다는 사실이 이를 증명한다.

그런데 필트다운인 사건 이후에도 두뇌에 대한 집착은 쉽사리 떨쳐지지 않았다. 1959년에 리키 부부가 호모 하빌리스를 발견하자, 돌도끼 같은 도구는 두뇌 발달을 입증하는 증거가 되었다. 또다시 직립보행은 두뇌 다음으로 밀려났다. 두뇌가 발달해서 도구를 만들고, 손을 자유롭게 쓰기 위해 직립보행을 하게 됐다는 것이다. 다시 말해 도구 이용과 두뇌 확대는 직립보행 이전에 시작되었고, 이것이 직립보행을 촉진하는 계기가 되었다는 것이다. 이러한 추측과 가설들이 1960년대에 널리 퍼져 있었다. 그런데 도널드 조핸슨이 발굴한 루시는 이것을 확실히 뒤엎었다. 뇌의 용량이 오늘날 침팬지와 비슷한 450세제곱센티미터밖에 안 되었던 루시가 두 발로 서 있었기 때문이다.

그러면 우리는 언제부터 직립보행을 했을까? 최근에 밝혀진 바로는 직립하기 시작한 최초의 인간종은 약 700만 년 전에 나타났다고 한다. 350만 년 전 루시는 해부학적으로 걷기보다 서 있기에 적합했다. 두 발로 걷기는 했지만 나무 위에서 더 많은 시간을 보냈다는 것이다. 완전히 두 발로 걸었던 인간종은 180만 년 전에 살았던 호모 에르가스테르였다. 1984년 케냐의 나리오코토메에서 뇌용량 880세제곱센티미터인 소년이 발굴되었는데 그 소년이 오늘날 우리처럼 걷고 뛰고 달릴 수 있는 신체조건을 갖추고 있었다. 그렇다면 700만 년 전 최초의 인간종에서 350만 년 전의 루시까지 인간은 똑바로 서서 걷는 데 350만 년이 걸렸고 완전히 걷고 달리는 데만도

땅 위에서 살아간 유인원
오스트랄로피테쿠스는
인간이면서 아직 인간이 아닌,
인간-유인원이라고 할 수 있다.

500만 년이 넘는 시간을 투자한 셈이다.

두 발로 설 수 있었던 루시가 직립보행에 완전히 적응하기까지 약 170만 년이 경과했는데 이때 뇌의 용량은 두 배로 커졌다. 두 다리로 걷기가 쉽지 않았다는 뜻이다. 침팬지나 고릴라는 두 다리로 섰다가 이내 비틀거리고 몇 발자국 떼는 것도 힘들어한다. 두 다리로 걷기 위해서는 해부학적으로 팔다리 길이, 엉덩이, 무릎, 발목관절, 발가락 모양이 모두 진화해야 한다. 또한 다리 근육과 팔, 몸통의 움직임을 유기적으로 연결하고, 자유로워진 손과 팔을 다리와 따로 쓰려면 큰 뇌와 복잡한 신경계가 필요했다. 어떤 인류학자들은 인간의 지능이 단지 두 발로 걷다 보니 생긴 부산물에 지나지 않는다고 말한다. 우리가 생각했던 것처럼 두뇌의 발달이 직립보행을 하도록 만든 것이 아니었다. 직립보행이 두뇌를 키운 것이 맞다.

그렇다면 왜 직립보행을 했을까? 아프리카의 환경, 즉 기후가 변했기 때문이다. 아프리카 대륙은 약 2,000만 년 전 원숭이의 천국이었다. 대륙 대부분은 열대우림의 밀림지대였고 과일과 열매가 지천에 널려 있었다. 그런데 동쪽 아프리카에서부터 기후가 점점 건조해지고 서늘해졌다. 울창했던 열대우림은 사라지고 덤불 사이로 나무가 몇 그루 서 있는 사바나 지역으로 변했다. 텔레비전 프로그램 〈동물의 왕국〉에서 자주 보는, 사방이 탁 트인 아프리카 대초원이 펼쳐졌다. 이제 과일이나 열매 같은 먹을거리를 얻기가 어려워졌고 빽빽한 나무 사이로 몸을 숨길 수도 없게 되었다. 한마디로 바나나 나무로 가는 길이 멀고 위험해졌다. 대초원에 넘쳐나는 포식자들을 피해 살아남기 위해 인간종은 뒷다리를 이용해 똑바로 서서 걷기 시작한 것이다.

직립보행은 사바나의 환경에 적응한 진화의 방식이다. 우선 뒷다리로 딛고 서면 시야가 넓어져 포식자들을 피해 도망치기 좋다. 너클보행(등을 앞으로 구부린 자세에서 두 팔로 땅을 짚으면서 걷는 것)보다 최대 에너지를 35퍼센트 정도 덜 소모한다. 사바나는 뜨거운 적도의 태양이 내리쬐는 한낮에 섭씨 40도를 웃도는 더운 날씨다. 나무가 줄어든 땅에서 햇빛에 노출되는 시간이 늘어나 열 스트레스가 극심했다. 너클보행을 하면 등 전체가 햇빛을 받지만, 직립보행을 하면 정수리와 어깨만 햇빛을 받는다. 또한 지열에서 멀리 떨어져서 걸으면 훨씬 시원하다. 이윽고 인간종들의 몸에 난 털은 서서히 줄어들었다. 피부에 털이 없으면 걸을 때 땀을 더 많이 배출하고 증발시켜 몸을 식힐 수 있다. 두 발로 걷는 인간종들은 육식동물들이 뜨거운 태양을 피해 한낮에 쉬는 동안 사바나를 유유히 누빌 수 있었다.

루시 화석은 워낙 유명해서 그림으로 한번쯤 본 적이 있을 것이다. 머리뼈와 갈비뼈, 정강이뼈 등이 나란히 정돈된 모습을 봤을 때는 잘 느끼지 못했겠지만 이 골격에 피부와 근육을 입혀 복원한 모습은 매우 충격적이다. 오스트랄로피테쿠스는 인간이기보다는 '서 있는 유인원'에 가까웠다. 아서 키스가 끝까지 오스트랄로피테쿠스를 인간으로 인정하지 않은 그 심정을 이해할 수 있을 것 같다. 아서 키스는 오스트랄로피테쿠스에 대해 "사람과 같은 자세, 걸음걸이, 치아구조를 가졌지만 얼굴 생김새나 뇌 크기는 여전히 유인원과 비슷했던, 땅 위에서 살아간 유인원"이라고 주장했다. 인간종이라고 하지 않았을 뿐이지, 오스트랄로피테쿠스를 정확하게 묘사한 말이다. 즉 오스트랄로피테쿠스는 인간이면서 아직 인간이 아닌, 인간-유인원이라고 할 수 있다. 아서 키스처럼 인간에 대한 환상을 갖고 있으면 오스트랄로피테쿠스에 대한 저항감이 클 수밖에 없다.

『루시, 최초의 인류』에는 오스트랄로피테쿠스에 관한 가상 스케치가 한 장 있다.[8] 표범 한 마리가 오스트랄로피테쿠스를 동굴 주위 나무 위로 끌고 올라가는 그림이다. 나무 아래에서 두 명의 동료가 안타깝게 소리치지만 이미 오스트랄로피테쿠스는 표범에게 허리를 물린 채 축 늘어져 있다. 오스트랄로피테쿠스가 이렇게 맹수들의 먹잇감이었던 것은 1947년 남아프리카 마카판스가트 동굴 탐사과정에서 밝혀졌다. 동굴에서 포유류의 뼈가 15만 점이나 발견되었는데 그중에 오스트랄로피테쿠스의 화석이 섞여 있었다. 어떻게 오스트랄로피테쿠스가 동굴 속으로 들어간 것일까? 고인류학자들은 화석에서 표범 송곳니 자국을 발견하고 그림과 같은 가설을 세웠다. 표범이 오스트랄로피테쿠스를 나무 위에서 먹어치우고 뼈들을 동굴에 떨어뜨렸다고 말이다.

이 가설이 맞고 틀리고를 떠나서, 인간종이 맹수들에게 쫓기던 영장류였던 것은 확실한 사실이다. 350만 년 전 아프리카 초원의 밤은 칠흑같이 어두웠을 것이다. 아직 불을 이용할 줄 몰랐던 오스트랄로피테쿠스는 필경 밤마다 공포에 떨었을 것이다. 사자와 표범의 소름끼치는 울음소리를 들으면서 서로의 체온에 의지해 잠을 청했을 테니까. 인간에게 에덴동산은 없었다! 700만 년 전 두 발로

700만 년 전 두 발로 서기 시작한 인간종들은
점차 유인원의 모습을 버리고 인간에 가깝게 진화했다.
한마디로 그 과정은 "피투성이 이빨과 발톱"을 드러낸
자연과의 생존투쟁이었다.

오스트랄로피테쿠스를 나무 위로 물고 올라가는 표범

서기 시작한 인간종들은 점차 유인원의 모습을 버리고 인간에 가깝게 진화했다. 한마디로 그 과정은 "피투성이 이빨과 발톱"을 드러낸 자연과의 생존투쟁이었다. 인간이라고 해서 냉혹한 자연의 법칙은 비켜가지 않았다. 다윈이 말했듯 자연에서 살아남는 것은 유전적 변이와 환경이라는 우연적 요소에 의존할 수밖에 없었던 과정이었다. 700만 년이라는 기나긴 세월 동안 유전적 변이에 의해 새로운 인간종들이 출현했고, 다시 그 인간종들은 환경에 적응하지 못하고 멸종하기를 수차례 반복했다. 우리가 화석으로 발굴한 오스트랄로피테쿠스나 호모 하빌리스도 이렇게 탄생하고 멸종한 인간종들이다.

오스트랄로피테쿠스와 호모 하빌리스, 호모 에렉투스는 동시대에 지구에서 살았던 적이 있었다. 마찬가지로 호모 사피엔스와 네안데르탈인도 한때 유럽 대륙에서 공존했다. 이렇게 과거 지구에 여러 인간종이 함께 살았다는 것은 한 종이 또 다른 종을 멸종시키며 살아남았음을 뜻하기도 한다. 인간되기까지의 역사는 우리가 짐작하는 그런 낭만적이고 목가적인 상황이 아니었다. 과연 700만 년 동안 인간종이 몇 종이나 출현했을까? 『사람의 아버지*Last Ape Standing*』에서는 지금까지 발견된 인간종이 27종에 이른다고 한다. 27종이나 되는 인간종 중에서 호모 사피엔스 한 종만 살아남고 26종이 멸종한 것이다. 그 과정에 대해 이 책의 저자 칩 월터Chip Walter는 이렇게 말한다.

인류의 진화과정에 대해서는 새로운 근거가 끊임없이 발견되기 때문에, 우리의 조상에 관한 가설도 수시로 변경되기 일쑤이다. 실은 이 책을 쓰는 동안에도 수차례 변화가 있었다. 하지만 세부 사항이 어떻게 바뀌든 간에 우리가 아는 한 가지 확고부동한 사실이 있다. 우리의 직계 조상으로 추정되는 종을 비롯해 지금껏 나타났다가 사라진 모든 인간종에게는 지난 700만 년이 죽을 만큼 힘겨운 시간이었다는 것이다. 생존은 언제나 전력투구를 요하는 과제였고, 가장 이루기 힘든 목표였다(이것은 현재 지구상에 살고 있는 대부분의 인간에게도 마찬가지다. 전체 인류의 3분의 2에 가까운 40억 명 이상이 매일 2달러 이하로 연명하고 있다).[9]

"모든 인간종에게는 지난 700만 년이 죽을 만큼 힘겨운 시간이었다." 인간 삶의 역사는 하루하루 전력투구의 나날이었고 지금도 생존의 문제가 지상최대의 과제다. 오스트랄로피테쿠스나 호모 네안데르탈렌시스(네안데르탈인)와 같은 멸종한 인간종들이 힘겹게 지켜온 유전적 생존전략은 차곡차곡 쌓여서 우리 DNA에 전해졌다. 우리는 그들로부터 활 모양으로 구부러져 다른 손가락들과 마주 잡을 수 있는 엄지손가락, 똑바로 서기에 용이한 곧은 엄지발가락, 큰 뇌, 넓은 이마, 언어, 음악까지 물려받았다. 그들의 생존을 위한 사투가 없었다면 우리는 존재할 수 없었던 것이다.

일례로 우리는 어떻게 큰 뇌를 갖게 되었을까? 인간의 뇌는 오늘날 침팬지와 비슷한 350~500세제곱센티미터에서 시작해서 거의 3~4배 증가한 1,500세제곱센티미터에 이르렀다. 엄청나게 커지고 복잡해진 뇌를 소유하게 되었는데 그 이유는 '굶주림'이었다고 한다. 350만 년 전 루시와 동시대에 살았던 인간종들은 하루하루의 삶이 굶주림의 나날이었다. 수백만 년 동안 굶주린 삶을 상상해보라. 아프리카 초원에서 필사적으로 먹이를 찾아 헤매며 주린 배를 채우기 위해 무슨 일도 마다하지 않았을 것이다. 하지만 굶주림의 고통에서 벗어나기는커녕 맹수들의 먹잇감이 되기 일쑤였다. 오직 죽지 않고 살기 위해 인간종들은 최후의 사투를 벌였고 급기야 자신의 몸을 변화시켰다.

굶주린 동물들에게는 어떤 일이 벌어지는가? 모든 생명체들은 굶주린 상황에서 신진대사에 최소의 에너지를 쓰고 최악의 상황에 대비한다. 분자 단위의 세포까지 맹렬하게 살아남기 위해 분투한다. 세포가 더 강해지고 더 신중하게 자라나 성장 속도를 늦추는 것이다. 그런데 인간종들에게는 이상한 일이 벌어졌다. 만성적인 결핍으로 세포의 성장은 멈추는데 오히려 뇌에서는 그 반대의 현상이 일어났다. 새로운 뇌세포는 더 빨리 만들어지고 뇌 전체가 급속히 활성화되었던 것이다. 빈익빈 부익부와 같이 몸의 영양분을 쥐어짜서 뇌에 투자하는 시스템이 가동된 것이다.

식량 부족은 굶주림에 시달리는 생물에게는 끔찍한 상황이지만, 진화론적 관점에서 보자면 비범하고 새로운 자질이 생겨날 가능성을 수반한다. 영양분의 결핍은 동물의 생명을 연장할 뿐만 아니라, 자손 개체수를 줄여 종 전체가 이 진화의 레이스에서 살아남을 가능성을 높인다. 또 자손 수가 줄어들면 심각한 식량난을 가중시킬 여지도 줄어든다. 생명의 전 과정이 폭풍우가 지나갈 때까지 숨죽이고 기다리려는 태세를 취한다. 이처럼 모든 차원에서 세포의 성장이 느려지지만 단한 가지, 핵심적이고 주목할 만한 예외가 있다. 뇌세포의 성장은 가속화되는 것이다. (……) 살아남기 위해 몸과 머리가 서로 합심을 한다고도 말할 수 있다. 새로운 뉴런의 공격적인 성장을 지원하기 위해, 몸의 나머지 부분이 영양분 섭취를 줄여 가뜩이나 부족한 영양 자원을 뇌로 보내는 것이다. 달리 말하자면 몸이 노화를 늦추고 지능 발달을 촉진하는 셈이다. 이렇게 보면 350만 년 전, 루시와 동시대의 인간종들이 예측불허의 땅에서 필사적으로 식량을 찾아 헤매던 시절에, 그들이 겪은 만성적인 결핍이 뇌의 성장을 맹렬히 촉진했으리란 의미가 된다.[10]

　　인간종은 굶주림을 해결하기 위해 뇌를 키웠다. 살아남기 위한 최후의 생존전략으로 뇌를 선택한 것이다. 뇌가 커진 인간은 포식자들이 넘쳐나는 위험천만한 환경에서 대처하는 능력이 커졌다. 위험을 예측하고 먹이를 잘 찾고, 동료의 마음을 읽고 서로 협력해서 사냥을 했다. 또한 불을 발견했는데 이것은 인간의 뇌에 결정적인 영향을 미쳤다. 불로 음식을 익혀 먹으면서 먹을거리도 풍부해지고 소화력도 크게 향상되었다. 적은 양을 먹고도 충분한 단백질을 보충할 수 있어서 200만 년 동안 뇌의 크기를 두 배나 키울 수 있었다. 호리호리하고 가냘픈 인간종들은 뇌와 위장의 갈림길에서 뇌를 키우는 쪽으로 진화한 것이다. 이렇게 진화는 힘든 난관에 부딪힐 때마다 놀라운 해결책을 찾아내며 우리를 인간으로 만들었다.

　　『사람의 아버지』의 핵심 질문은 "700만 년 동안 진화한 27가지 인간종 중에서 왜 오직 우리 한 종만이 살아남았는가?"이다. 아마 대다수의 사람은 이런 질문을 하거나 궁금하게 생각해본 적조차 없었을 것이다. 인간의 진화과정에서 우리가 살아남은 것을 당연하게 여겼을 테니까. 그동안 우리가 어떤 종보다도 똑똑하고 강인하며 생물학적으로 우월하다고 믿었다면 이 책을 읽고 충격을 받을 것이다. 지구에 출현했던 27종 가운데 그다지 특별할 것 없었던 우리가 지구의 주인이 되었기 때문이다.

우리가 어떻게 출현하게 되었는지는 여전히 미스터리다. 우리 종이 직립보행을 했고 큰 뇌를 가졌다는 것은 누구나 알고 있다. 하지만 진화의 수수께끼는 거기에서 끝나는 것이 아니다. 인간은 다른 동물과 차별되는 지적인 능력을 타고났다. 우리는 눈에 보이지 않는 원인과 결과를 예측하고 추론할 수 있다. 언어를 활용하고 추상적인 사고를 하고, 스스로 행동을 지시하고 계획한다. 그뿐만 아니라 다른 사람들의 마음을 읽고 설득하며, 자신을 희생하면서까지 어려움에 처한 동료를 돕는다. 이러한 인간의 고유한 능력은 어떻게 갖게 된 것일까? 다음 책 『노래하는 네안데르탈인』에서 그 궁금증을 풀어보자.

사랑에 빠진 네안데르탈인

우리는 가끔씩 혼자라는 외로움을 느낀다. 텅 빈 교실에 홀로 남아 있을 때, 낯선 여행지에 도착해서 갈 곳을 잃었을 때, 아니면 지하철이나 카페와 같이 인파로 북적거리는 곳에서 원인 모를 외로움에 휩싸이기도 한다. 그러면 인간은 언제부터 외로움을 느꼈을까? 로렌 아이슬리Loren Corey Eiseley, 1907~1977의 『광대한 여행The Immense Journey』에는 이러한 구절이 나온다. "40억 년 만에 처음으로 한 생명체가 자신에 대해 사색하고 깊은 밤 갈대에서 바람이 속삭이는 소리를 듣고는 갑자기 설명할 수 없는 고독을 느끼게 되었다." 지구에서 40억 년 만에 자신에 대해 사색하는 특별한 생물종이 출현했다는 것이다. 깊은 밤 갈대밭에서 외로움을 느끼고 누군가를 그리워하고 지난날의 일들을 뉘우치고 회한에 젖는 그런 존재가 바로 우리다.

동물은 일기를 쓰지 않는다. 그런데 우리는 일기라는 것을 쓴다. 오늘 하루는 어떠했는지, 마음속에서 일어나는 생각들을 적어놓고 간직한다. 누구나 어린 시절에 그림일기를 썼던 추억이 있을 것이다. 오늘의 날씨를 적는 칸에는 해가 웃고 있는 맑음, 구름이 그려진 흐림, 우산에 빗방울이 흩날리는 비 오는 날이 있었다. 다 자란 지금, 그 날씨만큼 자신의 감정도 맑고 흐리고 축축했던 날들이 있었던 것을 기억한다. 어느 날 엄마에게 혼나고 홀로 외톨이가 된 것 같은 날들도 있었고, 캄캄한 밤에 일어나 그날의 잘못을 일기장에 털어놓으며 슬피 울었던 적도 있었을 것이다. 이렇게 내 마음의 소리를 듣기 시작한 날은 언제부터였을까? 앞날을 걱정하고 잘못을 뉘우치고 반성했던 그날이 언제였을까? 어렴풋이 떠오르는 날들이 있겠지만 정확히 기억하기는 어려울 것이다.

하지만 어린 시절의 일기장에 나의 자아가 싹트고 있었다는 것은 분명하다. 나는 누구인가? 나란 무엇인가? 나는 무슨 생각을 하고 있나? "비가 온다! 기분이 우울하다. 그런데 우산 가져가는 것을 깜박 잊고 나갔다가 집에 다시 돌아오고 말았다." 만약 일기장에 이렇게 적었다면 우리는 자신이 본 것이 무엇인지 설명하고, 자신의 느낌을 묻고 스스로 일을 처리하고 있다는 것을 알 수 있다. 우리의 머릿속에 자신이 어떻게 느끼고 생각하는지를 생중계하는 목소리가 있는 것이다. 바로 그 목소리가 자신의 마음을 읽는 '자의식'이고 '자아'다. 언제부터인지 우리의 뇌 속에서 '내 마음'이라고 부르는 목소리가 흘러나오고 있었다.

이렇게 내 마음을 읽으려면 다른 사람의 마음도 읽을 줄 알아야 한다. 다른 사람의 마음을 읽는 것은 일상에서 매일같이 일어나는 일이다. 일기는 다시 이어진다. "우산을 가지러 집에 오니, 엄마가 인상을 쓰신다. 화가 나신 모양이다. 지난번 내 우산을 잃어버린 것을 아시면 더 화를 내실 텐데. 난 몰래 누나 우산을 집어 들고 집을 나왔다." 나는 엄마의 굳은 표정을 보고 화가 난 마음을 읽었고, 엄마가 어떤 행동을 할지 예측했다. 그러고는 엄마에게 혼나는 것을 피하기 위해 엄마를 속이려고 한다. 이렇게 다른 사람의 마음을 읽고 앞날을 예측하고 속임수까지 쓰는 것은 우리가 '마음 읽기mind reading'를 할 수 있기 때문이다.

마음 읽기는 인간 지능의 특별한 능력이다. 마음 읽기 능력을 '마음 이론theory of mind'이라고도 하는데, 마음 이론은 다른 사람에게도 나와 같이 느끼고 생각하는 마음이 있다고 추론하는 능력이다. 만약에 "내가 속인 것을 아시면 엄마가 얼마나 마음이 아프실까. 집에 가서 우산을 잃어버렸다고 솔직하게 말씀드려야지"라고 뉘우칠 수 있는 것도 우리에게 마음 읽기 능력이 있어서다. "엄마가 마음이 아프실 것이다. 그래서 내 마음도 아프다." 이렇게 우리는 다른 사람의 마음에 공감하고 자기 마음을 읽는 능력이 있는데 이러한 마음 읽기 능력을 표현하기 위해서는 언어가 필요하다.

'나는 마음이 아프다'라고 느끼는 상황을 한번 생각해보자. 내 마음이 어떠한지를 의식하는 데는 그것과 일치하는 언어가 있어야 한다. 만약 언어가 없다면 스스로 느끼는 것을 이해할 수도 없고 다른 사람에게 표현할 수도 없다. 일기장에 적혀 있는 나의 느낌과 생각, 통찰 등은 모두 언어로 나타낸 것이다. 자신의 의식을 느끼는 자의식, 다른 사람의 마음을 읽는 마음 이론은 언어가 있기에 가능하다. '나', '마음', '아프다'와 같은 언어는 인간이 만들어낸 대표적인 상징체계다. '나'라는 단어는 자음 'ㄴ'과 모음 'ㅏ'로 되어 있는데 이것이 바로 우리가 만든 상징기호다.

우리의 뇌는 상징적인 형상을 지닌 물체를 보면 다른 어떤 것을 떠올리는 능력이 있다. 예를 들어 아이들은 나무 막대기를 휘두르면서 칼싸움을 한다. 아이들은 나무 막대기를 칼로 '상징추론'한 것이다. 아이들이 다가와서 나무 막대기로 찌르면 얼른 죽는 시늉을 해야 한다. 이 나무 막대기는 다음 날이면 칼에서 지팡이로 변신하기도 하고, 두 개가 겹쳐져 십자가가 되기도 한다. 나무 막대기에는 없는 특성과 의미들이 상상을 통해 만들어진 것이다. 나무 막대기를 칼이라고 상상할 수 있는 것이 바로 인간만의 지적 능력이다.

더 나아가 우리는 실제로 존재하지 않는 사물을 창조할 수도 있다. 1, 2, 3, 4, 5와 같은 숫자나 ㄱ, ㄴ, ㄷ, ㄹ과 같은 문자는 모두 상징기호다. 우리는 직선과 곡선을 이용해서 문자나 도형을 만들고 어떤 의미를 부여한다. 'ㄴ'이나 'ㅏ'에는 실제로 아무런 뜻도 없지만 우리는 'ㄴ'과 'ㅏ'를 조합해서 '나'라는 의미가 있다고 약속했다. 어떤 상징이 무엇을 뜻하는지 모두가 동의하기만 하면 얼마든지 새로운 상징기호가 탄생할 수 있다. '나는 마음이 아프다'라는 말은 이러한 상징들을 결합해서 여러 겹의 의미를 쌓아올린 언어다. 말하고 글을 쓰고 그림을 그리고 계산하는 우리의 능력은 모두 상징추론에서 비롯된 것이다.

자의식과 마음 읽기, 상징추론, 언어는 우리에게 당연한 것 같지만 지구상의 어떤 생물도 이러한 능력을 지니지 못했다. 우리는 언제부터 이런 능력을 지니게 된 것일까? 물론 오스트랄로피테쿠스는 이러한 능력이 없었고 호모 하빌리스나 호모 하이델베르겐시스도 마음 읽기는 하지 못했다. 그렇다면 호모 사피엔스만 마음 읽기를 할 수 있었나? 그렇지는 않다. 약 20만 년 전 호모 사피엔스와 호모 네안데르탈렌시스(네안데르탈인)가 살았던 지구에는 자의식을 가진 지적인 인간종이 적어도 네 종류 이상 있었다고 한다. 우리와는 사촌뻘인 네안데르탈인은 마음을 읽었을 뿐만 아니라 노래를 부르고 자기들만의 언어도 가지고 있었다고 최근 연구에서 밝혀졌다.

네안데르탈인 화석이 최초로 알려진 것은 다윈의 『종의 기원』이 출간된 1859년보다 3년이나 이른 1856년이었다. 독일 뒤셀도르프에서 동쪽으로 13킬로미터 떨어진 네안데르Neander 계곡에서 발견되어 '네안데르탈'('탈Thal'은 계곡이라는 뜻) 사람이라는 이름이 붙여졌다. 그 후 수십 년이 지난 1908년에 프랑스 남서부 라샤펠오생La Chapelle aux-Saints 동굴에서 네안데르탈인이 발견되었는데 당시 프랑스 고인류학자 마슬랭 부울Marcellin Boule은 그 모습을 몸집이 거대한 괴물처럼 복원시켰다. 다시 말해 덩치가 크고 우둔하고 힘이 센 야만인으로 묘사했는데 현대적인 크로마뇽인과 대비되는 모습이었다. 우리가 지금까지 알고 있는 우락부락한 인상은 그때 만들어진 것이다. 지난 150년 동안 네안데르탈인은 400여 개가 넘는 유골이 발견되었고, 최근에 이르러 네안데르탈인의 수수께끼가 조금씩 풀리고 있다.

네안데르탈인이 살았던 유럽 대륙은 빙하로 뒤덮인 추운 지역이었다. 20만 년 전부터 3만 년 전까지 네안데르탈인은 유럽 대륙을 가로질러 전진과 후퇴를 반복했다. 날씨가 추워지면 남쪽의 아라비아 반도까지 이동했고 빙하가 녹고 날씨가 풀리면 북유럽 산맥까지 올라갔다. 그들은 '추위 전문가'로 불릴 만큼 신체적 특징이 추운 기후에 최적화되었다. 목은 굵고 머리는 컸으며, 구부정한 어깨에 두툼한 가슴과 짧은 팔다리를 가졌다. 추운 지방의 동물들이 땅딸막하고 둥근 체형을 가진 것과 같이 몸에서 열을 빼앗기지 않도록 적응한 것이다. 눈 위의 눈썹뼈가 돌출되었고 코가 넓게 퍼져 있는 것도 차가운 공기를 덥히는 데 유리했기 때문이다. 언뜻 보았을 때 네안데르탈인은 육중한 몸집에 험악한 인상을 풍기는 생김새를 지녔다.

네안데르탈인은 추위 전문가이면서 사냥 전문가이기도 했다. 자신들보다 훨씬 몸집이 큰 들소와 매머드, 곰, 코뿔소를 거꾸러뜨려서 사냥했다. 분명 일대일 대결로는 어려웠을 것이다. 수십 명씩 무리를 지어 다녔던 네안데르탈인은 영리하게 큰 사냥감을 포획했다. 다친 동물들을 절벽으로 몰고 가서 떨어뜨리거나, 매복하고 있다가 기습적으로 동물의 등에 창을 꽂는 방식으로 사냥했다. 이러한 사냥 수법을 보면 네안데르탈인이 서로 의사소통을 하고 협력했으며 창과 같은 도구를 활용했다는 것을 알 수 있다. 이들은 인간종 사이의 마음 읽기는 물론 다친 동물들이 어떻게 반응할지 정확하게 추측할 수 있는 지능을 갖고 있었다.

공동체 생활에서 마음 읽기는 필수적인 요소다. 덩치가 큰 동

네안데르탈인은
추위 전문가이면서
사냥 전문가이기도 했다.
수십 명씩 무리를 지어 다녔던
이들은 영리하게 큰 사냥감을
포획했다.

물들을 상대하기 위해 인간종들이 힘을 키운 방법은 '관계 맺기'였다. 관계 맺기를 잘 활용한 네안데르탈인은 공동의 목표를 향해 함께 도우며 춥고 거친 빙하시대에도 살아남을 수 있었다. 다른 이들의 마음을 예측하고 살피는 것은 엄청난 지능과 두뇌활동을 요구하는 일이다. 흔히 '눈치 있다'고 할 때의 마음 읽기와 감정의 공유는 생존의 문제가 걸린 중요한 능력이었다. 과학자들은 네안데르탈인에게 마음 읽기의 유전자가 있었고, 그 유전자가 호모 사피엔스에게 전달되었다고 추측한다.

네안데르탈인은 호모 사피엔스보다 앞서서 이미 10만 년 전부터 죽은 자를 매장했다. 이라크의 샤니다르Shanidar 동굴에서 한 남자의 무덤이 발견되었다. 죽은 자는 거칠고 험난한 삶을 산 듯하다. 뼈가 부러진 곳이 여러 군데 있었고 퇴행성관절염을 앓고 있었으며 한쪽 눈도 완전히 망가진 상태였다. 그렇지만 그가 살아 있을 때는 누군가로부터 극진히 사랑받았던 사람이었음이 분명하다. 죽기 전에 움직이지 못하는 그를 돌봐주는 동료들이 있었고 그의 죽음을 애통해하며 꽃다발을 바치고 시신의 곁에서 눈물을 흘렸던 이들이 있었다. 식물학자들은 그곳에서 일곱 가지의 꽃가루를 채취했다. 무덤의 꽃은 마지막으로 사랑하는 이를 떠나보내며 애도하는 마음으로 놓인 것이다. 맹수들에게 잡아먹히지 않는 따뜻하고 살기 좋은 곳에 가서 행복한 삶을 살기를 염원하면서 말이다.

스티븐 미슨Steven Mithen의 『노래하는 네안데르탈인』은 이러한 네안데르탈인의 마음과 삶을 복원한 책이다. 그는 전작『마음의 역사』에서 오스트랄로피테쿠스에서 호모 하빌리스, 호모 네안데르탈렌시스, 호모 사피엔스까지 차례차례 마음이 어떻게 진화했는지를 설명했다. "창조론자들은 갑자기 완성된 형태로 마음이 나타났다고 믿는다. 그들의 시각에 따르면 마음은 신의 창조물이다. 하지만 그들은 틀렸다. 마음은 긴 진화의 역사를 갖고 있으며 초자연적인 힘에 기대지 않고도 설명할 수 있기 때문이다."[11] 미슨

의 이러한 주장을 더욱 심화, 발전시킨 것이 『노래하는 네안데르탈인』이다. 네안데르탈인은 호모 사피엔스처럼 언어로 의사소통하기 이전에 자신의 감정을 표현하기 위해 노래를 불렀다는 것이다.

　　이 책을 읽다 보면 삶이 있고 인간관계가 있으니 마음과 생각, 감정, 노래가 생겨나고 언어와 같은 고도의 상징추론이 나왔다는 것을 알 수 있다. 네안데르탈인을 비롯한 우리의 조상이었던 인간 종들은 혼자가 아니었다. 사랑하는 이들과 함께할 수 있어서 추위와 굶주림을 견뎌내며 삶의 의지를 불태울 수 있었다. 스티븐 미슨은 인간의 마음이 어떻게 진화했는지 연구하며, 여러 인간종의 삶을 음악과 연결해서 묘사했다.

- J. S. 바흐의 〈전주곡 C장조〉: 나무꼭대기 둥지에서 잠을 깨는 오스트랄로피테쿠스
- 데이브 브루벡의 〈언스퀘어 댄스Unsquare Dance〉: 막대기를 들고 춤을 추기 시작하는 호모 에르가스테르

- 허비 행콕의 〈워터멜론 맨Watermelon Man〉: 성공리에 사냥을 마치고 야영지로 돌아가는 호모 하이델베르겐시스 집단
- 비발디의 〈트럼펫과 오케스트라를 위한 협주곡 B플랫 장조〉: 자신이 만든 주먹도끼를 뽐내는 호모 하이델베르겐시스
- 마일즈 데이비스의 〈카인드 오브 블루〉: 해질녘에 말고기를 먹은 후 나무 아래서 쉬는 호모 하이델베르겐시스
- 베토벤의 〈코랄 판타지〉: 어느 봄날 강물의 얼음이 녹는 모습을 지켜보는 네안데르탈인
- 마누엘 데 파야의 스페인 민속음악 〈나나Nana〉(파블로 카잘스 연주): 아무드 동굴에서 아기를 매장하는 호모 네안데르탈렌시스
- 니나 사이먼이 부르는 〈필링 굿Feeling Good〉: 조개껍데기 목걸이를 걸고 몸에 색칠을 한, 블롬보스 동굴의 기분 끝내주는 호모 사피엔스[12]

스티븐 미슨이 예로 든 노래와 인간종의 모습은 모두 의미가 있는 묘사다. '나무꼭대기 둥지에서 잠을 깨는 오스트랄로피테쿠스'는 오스트랄로피테쿠스가 땅보다는 나무에서 생활했고, '막대기를 들고 춤을 추기 시작하는 호모 에르가스테르'는 호모 에르가스테르부터 뛰고 달리고 춤을 출 수 있었으며, '자신이 만든 주먹도끼를 뽐내는 호모 하이델베르겐시스'는 주먹도끼와 같은 석기를 자유자재로 만들었고, '아무드 동굴에서 아기를 매장하는 호모 네안데르탈렌시스'는 네안데르탈인이 죽은 자를 매장하기 시작했으며, '조개껍데기 목걸이를 걸고 몸에 색칠을 한 호모 사피엔스'는 목걸이와 같은 상징물을 만들어 치장했음을 시사하고 있는 것이다.

니나 사이먼의 〈필링 굿〉이나 베토벤의 〈코랄 판타지〉 등의 노래들을 하나하나 들어보면 머릿속에서 그들의 모습이 그려진다. 하루 일과를 무사히 마치고 돌아가는 발걸음, 사냥에 성공하고 함께 모여서 춤추고 노래하는 광경, 겨울이 지나고 봄이 오는 길목에서 느끼는 벅찬 감동, 사랑하는 이의 죽음을 슬퍼하고 위로하는 모습, 정말로 기분이 끝내주게 좋아서 목걸이를 목에 걸고 우쭐거리는 모습까지 떠올릴 수 있다. 인간은 특정한 리듬에 맞춰 발을 구르고 몸을 흔들 수 있는 유일한 영장류다. 춤과 노래, 주먹도끼, 위로의 꽃다발, 목걸이는 인간이 되기까지 굉장히 의미 있는 상징들이다. 이 과정을 통해 우리는 인간의 마음을 갖게 된 것이다.『노래하는 네안데르탈인』에서 인상적이었던 부분은 아래와 같은 감정에 대한 설명 부분이다.

행복한 네안데르탈인, 슬픈 네안데르탈인, 화난 네안데르탈인, 역겨움을 느끼는 네안데르탈인, 누군가가 부러운 네안데르탈인, 죄책감에 시달리는 네안데르탈인, 비통한 네안데르탈인, 사랑에 빠진 네안데르탈인. 그러한 감정들이 존재했던 것은 네안데르탈인이 지혜로운 의사결정과 폭넓은 사회협력을 필요로 하는 생활양식을 영위했기 때문이다. 13

네안데르탈인은 행복하고 죄책감에 시달리고 비통하고 사랑에 빠졌다. 이러한 감정은 누군가 타인의 존재를 전제한 것이다. 다음의 그림에서 보는 것과 같이 네안데르탈인은 여럿이 모여서 이

네안데르탈인은 메시지가 담긴 어구를
통째로 말하고 이해했던 것으로 보인다.
여기에 다양한 제스처와 표정, 리듬, 음높이까지
폭넓게 활용하면서 자신의 생각과 마음을 표현했다.

네안데르탈인이 모여서 이야기하는 모습

야기를 나누며 자유로이 의사소통을 했다. 그런데 그들의 언어는 우리가 쓰는 것처럼 단어가 하나하나 분절되어서 구성된 것이 아니었다. 예를 들어 '불 가져와', '나랑 호수에서 만나자'에서 '불', '호수', '만나자'의 단어가 나뉘지 않은 채, 전체 문장이 하나의 소리 단위를 이루고 있었다. 네안데르탈인은 메시지가 담긴 어구를 통째로 말하고 이해했던 것으로 보인다. 여기에 다양한 제스처와 표정, 리듬, 음높이까지 폭넓게 활용하면서 자신의 생각과 마음을 표현했다.[14]

그런데 안타깝게도 2만 4,000년 전쯤에 네안데르탈인은 지구에서 자취를 감추었다. 따스한 온정이 흐르는 인간의 마음을 호모 사피엔스에게 물려주고 멸종해버린 것이다. 아직까지 멸종 이유는 수수께끼로 남아 있다. 한 가지 분명한 것은 20만 년 동안 네안데르탈인의 문화와 기술이 정체되어 있었다는 사실이다. 네안데르탈인은 인간의 감정을 갖기 시작했으나 지능적으로는 아직 미숙했다. 그들의 마음에 구체적인 언어가 구성되지 못했고, 호모 사피엔스와 같은 창조적이고 상징적인 사고에 도달하지 못했다. 마지막 네안데르탈인은 빙하기가 맹위를 떨치던 무렵 유럽 대륙의 맨 끄트머리 지브롤터 해협까지 내려와 최후를 맞이했던 것으로 추측된다.

한편 6만 년 전에서 3만 년 전 사이에 호모 사피엔스의 문화는 폭발적으로 성장했다. 이렇게 성장할 수 있었던 가장 큰 요인은 호모 사피엔스가 상징추론을 할 수 있었다는 점이다. 유럽에서 발견된 동굴벽화, 조각, 무덤, 석기, 뼛조각 등에 상징적 사고의 증거들이 남아 있다. 호모 사피엔스가 조개껍데기 목걸이를 목에 걸었을 때 그 목걸이는 상징의 의미를 갖는다. 어느 집단에서 서열이 높다는 의미도 될 수 있고, 너와 내가 결혼한 사이라는 약속의 의미도 가질 수 있다. 상징물들은 호모 사피엔스의 뇌에서 실재하지 않는 것을 상상할 수 있는 능력을 키웠다. 예컨대 얼굴은 사자이면서 몸은 인간인 '사자인간 입상'은 인간과 동물에 대한 지식을 결합해 반인반수의 존재를 상상했다는 증거다. '사람과 같은 생각을 지닌 사자'라는 비유와 상징은 인간의 마음에 엄청난 도약이 일어났음을 보여준다. 호모 사피엔스는 단단한 바위를 보면서 영원히 변치 않는 존재를 생각했고, 물 위에 떠 있는 나뭇잎을 보면서 물 위를 걷는 존재를 떠올릴 수 있었다. 나아가 인간도 동물도 아닌, 눈에 보이지 않는 초자연적인 존재까지 상상했다. 이러한 초자연적인 존재가 바로 종교의 기원이 되었던 것이다.

호모 사피엔스의 마음은 그 이전의 다른 인간종들과 확연히 달라졌다. 스티븐 미슨은 이러한 마음의 변화를 '인지 유동성'이라고 부른다. 인지 유동성이란 "개별 지능에서 유래한 사고방식과 각 지능에 저장된 지식을 통합하는 능력"이다. 현생 인류가 1만 년 전에 농사를 지을 수 있었던 것도 지식을 통합, 응용하는 인지 유동성이 있었기 때문이다. 가축을 길들이고 야생 보리와 밀을 키우며 절구와 공이, 맷돌을 이용해 식량 자원을 생산하는 것은 네안데르탈인에게는 상상조차 할 수 없는 일이었다. 신체적 적응, 도구 제작, 마음 읽기, 감정, 언어, 상징추론으로 발달했던 지적 능력이 호모 사피엔스에 이르러 완벽히 융합되었던 것이다. 마침내 호모 사피엔스는 자기 자신을 상징화하는 경지에 도달했다. 강물에 비쳐 보이는 '나'

는 뇌에서 '나라는 상징'을 만들 수 있기 때문에 나타난 표상이다. 이렇게 '자의식'을 가진 호모 사피엔스는 앞으로 일어날 일들을 상상하며 자신의 행동과 삶을 계획하면서 살 수 있게 되었다.

그러면 호모 사피엔스의 삶에서 가장 절박한 문제는 무엇이었을까? 우리와 똑같이 먹고사는 문제였을 것이다. 네안데르탈인처럼 멸종하지 않기 위해서는 냉혹한 자연환경에 맞서 살아남아야 했다. 그리고 호모 사피엔스는 '생존적 고투'에 이어 인간이면 피할 수 없는 '실존적 고뇌'를 느꼈을 것이다. 그들은 어떻게 살아야 할 것인지를 생각하면서, 이렇게 고통스러운 삶을 살아야 하는 이유가 무엇인지를 찾았을 것이다. 다시 말해 두 가지를 궁리했다. 하나는 시급히 생존의 고통을 해소할 수 있는 구체적인 문제해결의 방법을 찾는 것이고, 또 하나는 삶의 가치와 목적에 대한 궁극적인 질문을 했다. 그래서 먹고사는 문제가 어느 정도 해결되었을 때, 외로움과 허무함을 느낄 수 있었던 호모 사피엔스는 삶의 가치를 구현하는 예술과 종교를 창조했다. 지구에서 40억 년 만에 출현한 사색하는 생물종인 우리는 배가 부른 후에도 자신의 존재의미를 찾고 싶어하는 특별한 생명체였던 것이다.

JARED
DIAMOND

과학자가 쓴 역사책,
인간의 거대 서사

최근 빅히스토리가 주목받고 있다. 드디어 빅뱅부터 인간이 출현하기까지 138억 년의 역사를 하나의 흐름으로 보기 시작한 것이다. 천문학, 지질학, 생물학 등 과학의 발전은 우주의 역사, 지구의 역사, 인간의 역사가 서로 유기적으로 연결되어 있다는 것을 밝혀주었다. 우주의 기원과 지구 생명체의 탄생이 오늘날 우리의 삶에까지 이어진다는 사실을 말이다. 죽은 것이라고 생각했던 운석이나 화석은 과거 생명체의 비밀과 진화의 역사를 말해주고 있었다. 살아 있는 생명의 이야기는 모두가 역사학인 것이다. 과학적 사실을 토대로 다시 쓰인 빅히스토리는 아주 큰 그림에서 우리 자신을 객관적으로 바라보게 한다. 우주에서 우리가 얼마나 보잘것없이 작은 존재인지, 그동안 우리가 쓴 역사가 얼마나 인간 중심적이었는지를 깨닫게 해준다.

재레드 다이아몬드Jared Diamond, 1937~의 『총, 균, 쇠』는 이러한 빅히스토리의 관점에서 인간의 역사를 재구성했다. 생리학자이며 진화생물학자, 환경지리학자, 문화인류학자인 재레드 다이아몬드가 왜 인간의 역사를 쓴 것일까? 지금까지 우리가 배운 역사는 5,000년 전 문자가 생겨난 이후 인류 문명사에 집중되어 있었다. 다이아몬드가 지적했듯 그 유명한 토인비의 12권짜리 『역사연구』도 문자가 없었던 선사시대는 다루지 않았다. 당연히 남태평양 오지의 작은 섬들이나 콜럼버스 이전의 아메리카 대륙에 살았던 원주민과 같이 '미개한' 문명에 대해 거의 관심을 기울이지 않았다. 그런데 다이아몬드는 700만 년 전 인간이 유인원에서 분기한 시점부터 진화의 역사를 인류 문명사에 포함시켰다. "책의 소재는 역사지만 접근방법은 자연과학, 특히 진화생물학이나 지질학 같은 역사적 과학의 접근방법"을 활용했다고 다이아몬드는 밝히고 있다.

　　이러한 『총, 균, 쇠』의 역사적 관점은 기존의 역사학과는 분명히 달랐다. 근대 이후 서양의 역사학에서 주요 쟁점이 되었던 질문들을 생각해보자. '역사는 진보하는가, 퇴보하는가? 역사를 움직이는 힘은 무엇인가? 역사의 법칙은 무엇인가? 인류 역사의 궁극적인 목적은 무엇인가?' 등이다. 예를 들어 『자본론』을 쓴 마르크스는 역사에 과학적 법칙이 있고, 인류 역사가 원시공동체 사회에서 고대 노예제, 중세 봉건제, 근대 자본주의를 거쳐 사회주의나 공산주의 사회로 진보한다고 보았다. 18세기 계몽주의 이후 서양의 역사학은 인간의 이성으로 역사를 진보시킬 수 있다고 생각했다. 뉴턴 과학과 계몽주의가 유럽을 근대 사회로 변혁시키자 과학과 이성,

진보, 계몽의 개념은 보편적 가치가 되었다. 서양의 철학자나 역사학자들은 뉴턴 과학이 자연의 운동법칙을 밝힌 것처럼 사회와 역사를 움직이는 역사적 법칙을 찾으려고 했던 것이다. 그런데 재레드 다이아몬드의 『총, 균, 쇠』는 '진보사관'이라고 불리는 이러한 역사적 관점에 정면으로 반대했다.

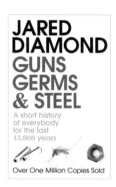

'문명'과 같은 낱말이나 '문명의 발흥' 따위의 구절들은 은연중에 문명이란 좋은 것이고, 수렵 채집민의 부족 사회는 비참하고, 결국 지난 13000년의 역사는 인류의 더 큰 행복을 향한 진보 과정이었다는 식의 그릇된 인상을 주는 것이 아닐까?

그러나 사실 나에게는 산업화된 국가는 수렵 채집민 부족보다 '낫다'든지, 수렵 채집민의 생활 방식을 버리고 철 중심의 국가로 전환하는 것이 '진보'라든지, 또 그와 같은 변화가 인류의 행복을 증대시켰다든지 하는 따위의 생각은 전혀 없다. [15]

무엇이 인류의 행복을 증대시켰고 무엇이 역사의 진보인가? 재레드 다이아몬드는 진지하게 다시 묻고 있는 것이다. 그의 역사책은 역사가 진보한다거나 역사에 법칙이 있다는 말을 하지 않는다. 지금껏 세계사에서 알렉산더나 나폴레옹과 같은 인간이 아니라 총과 병원균, 쇠가 주목받기는 처음이었다. 어떤 이는 총, 균, 쇠가 역사를 움직이는 힘이라고 오해하기도 한다. 그런데 다이아몬드가 말하는 총, 균, 쇠는 세계 불평등의 원인이 된, 대륙 사이에 격차를 일으킨 요소들일 뿐이다. 인류의 역사에서 역사의 법칙이나 역사를 움직이는 힘 같은 것은 없었다. 왜 이러한 관점의 차이가 나타나는가? 그것은 다이아몬드가 다윈주의자이기 때문이다.

지구에는 인간종 혼자만 살고 있는 것이 아니다. 우리는 나무와 새, 강물, 벌레, 개, 고양이 등등 수많은 동식물과 자연환경에 둘러싸여 있다. 우리의 삶은 이러한 생태계와 연결되어 있고 인간의 역사도 자연과 함께 어우러져왔다. 그동안 역사가들은 자연의 역사를 인간의 역사에 종속시켰지만 다윈주의적 관점의 역사는 자연과 인간을 동등하게 바라본다. 그리고 인간의 목적성을 최대한 배제하고 사실을 있는 그대로 서술하려고 노력한다. 지금까지 서양 역사학이 '그래야 한다'는 당위와 목적을 추구했다면 『총, 균, 쇠』는 '그래왔다'는 사실을 말하고 있다. 다이아몬드는 진화생물학자로서 자연세계에서 진화가 일어나는 우연적 과정처럼 가축, 작물, 병원균, 기후, 인간 등이 공존하는 인류의 역사를 서술했다. 이는 역사학에서 굉장히 새로운 시도라고 할 수 있다.

이렇게 역사적 관점을 바꾸면 농업혁명과 같은 역사적 사실을 다르게 보게 된다. 인간은 왜 농사를 짓게 되었는가? 특별한 재능이 있는 진취적인 인간이 농사짓기를 발견한 것인가? 수렵채집생활보다 농경생활이 인간의 삶을 질적으로 향상시켰는가? 농사짓기가 수렵채집보다 수월하고 환경친화적인가? 구석기시대에서 신석기시대로의 이행을 역사적 진보라고 할 수 있는가? 이러한 질문에 대해 대부분의 역사책은 긍정적으로 평가한다. 농업혁명을 인간이 이뤄낸 대단한 성취로 보는 것이다.

그러나 『총, 균, 쇠』는 우리의 기대에 어긋난 이야기를 하고 있다. 신석기시대의 농부들은 수렵채집생활로는 먹고살 수가 없어서 어쩔 수 없이 농사를 짓게 되었다는 것이다. 농경생활은 진화적 압력을 받아 주변 환경에 적응하는 과정이었고, 결코 수렵채집생활에서 농경생활로 이행하는 과정이 자발적이거나 자연스러운 것은 아니었다. 또한 야생의 동식물을 길들이고 집요하게 자연환경을 변화시키는 농작물의 재배는 엄청나게 생태계를 파괴시켰으며, 밤낮으로 농사일에 매달리는 농부들의 삶 또한 수렵채집인들보다 낫다고 말할 수 없었다.

전 세계에서 실제 식량 생산자의 대다수를 차지하고 있는 대부분의 농경민이나 목축민들은 수렵 채집민들보다 잘 산다고 말하기 어렵다. 시간의 효율성에 대한 연구들을 보더라도 하루 중 노동시간이 수렵 채집민들보다 오히려 길면 길었지 짧지는 않다. 고고학자들이 밝혀낸 바에 따르면 많은 지역에서 최초의 농경민들이 수렵 채집민을 교체했지만 그들은 수렵 채집민보다 체격도 작고 영양상태도 좋지 않았으며, 심각한 질병을 더 많이 앓았고 평균적으로 더 젊은 나이에 죽었다. 만약 그 최초의 농경민들이 식량 생산을 시작하는 데 따르는 결과를 미리 예상할 수 있었다면 그런 선택을 하지 않았을지도 모른다.[16]

농부들은 농작물의 경작이 가져올 결과를 예상하지 못했다.

농경을 본 적도 없었던 그들은 야생 동식물의 번식을 통제하고 수확하면서 자기 자신도 모르게 자연환경에 깊숙이 개입하게 되었다. 이 과정에서 동식물뿐만 아니라 인간까지도 되돌아갈 수 없는 상황으로 치달았다. 농업 생산으로 잉여생산물이라는 부가 축적되었지만 인구가 폭발적으로 늘어났다. 우리가 알다시피 농업혁명은 국가와 도시문명, 종교를 발전시켰는데 이것이 인류에게 축복인 것만은 아니었다. 인구 증가에 따라 끊임없이 식량 생산의 압박에 시달렸고 전쟁과 굶주림, 전염병이 인구를 조절하는 고통스러운 상황에 놓이게 되었던 것이다.

또한 농업혁명은 전 세계적으로 고르게 퍼져나가지 않았다. 흔히 '비옥한 초승달'이라고 하는 중동 지역과 중국 등지에 길들일 수 있는 야생 동식물이 집중되어 있었다. 밀과 쌀, 옥수수, 콩, 감자, 사과 같은 작물 식물이나 소, 양, 염소, 말, 돼지 등의 가축은 일부 지역에서만 발견되는 것들이었다. 환경지리적으로 동식물 자원이 풍부한 곳에 사는 사람들이 역사적으로 모든 면에서 유리할 수밖에 없었다. 그곳에서부터 중앙정부, 상업, 문자, 교육 등 사회제도가 먼저 정착되기 시작했다. 결국 생태적으로 식량생산이 적합한 곳과 그렇지 못한 곳의 차이는 세계의 불평등을 초래하고 말았다. 자연환경과 상호작용하는 인간의 역사는 출발점에서부터 기울기가 있었던 것이다.

이렇게 재레드 다이아몬드는 『총, 균, 쇠』에서 우리가 살고 있는 세계가 정의롭거나 올바르지 않다는 불편한 진실을 드러냈다. "유럽과 동아시아에 살고 있는 사람들과 북아메리카로 이주한 사람들이 현대 세계의 부와 힘을 독점하고 있다. 반면에 대부분의 아프리카인을 포함한 다른 민족들은 비록 유럽의 식민 통치에서 벗어나기는 했지만 부와 힘에 있어서는 여전히 훨씬 뒤처져 있는 상태다. 또 다른 민족들, 가령 오스트레일리아, 남북아메리카, 아프리카 남단 등의 원주민들은 자기들의 땅을 모조리 빼앗기고 백인 이주민들의 손에 살해되거나 예속되고 심한 경우에는 아예 몰살당하기까지 했다."

세계는 왜 이렇게 불평등한가? 왜 어떤 나라는 잘살고 어떤 나라는 못사는 것일까? 유럽과 북아메리카 대륙의 제1세계 사람들이 선천적으로 잘났기 때문인가? 세계의 불평등은 생물학적이고 유전적인 능력의 차이에서 비롯된 것인가? 다이아몬드는 『총, 균, 쇠』의 프롤로그에서 이러한 질문을 하고 답을 했다. "민족마다 역사가 다르게 진행된 것은 각 민족의 생물학적 차이 때문이 아니라 환경적 차이 때문"이다. "최종 빙하기가 끝나던 B.C. 11000년경까지는 아직 모든 대륙의 모든 인간이 수렵 채집민이었다. 결국 그 B.C. 11000년~A.D. 1500년에 각 대륙의 발전 속도가 제각기 달랐던 것이 곧 1500년의 기술적 정치적 불평등을 낳은 것이다." 선사시대 농업혁명에서부터 싹튼 지역적 불균등 발전이 세계 불평등의 뿌리가 되었다는 얘기다.

그런데 누가 인간의 역사를 1만 3,000년까지 거슬러 올라가 살펴보려고 하는가! 최근 몇백 년 사이에 벌어진 역사적 사건은 유럽과 북미 대륙의 서양인들이 우월한 인종이라는 것을 입증하는 듯하다. 16세기 이후 유럽의 탐험가들은 세계 오지에서 마주친 원주민들을 극히 야만적으로 보았다. 유럽의 제국주의 국가들은 인종차별주의를 바탕으로 백인이 다른 인종들을 수탈하고 착취하는 것을 정당화했다. 이러한 인종차별주의가 오늘날 사라졌다고 말할 수 없는데, 다이아몬드는 이 문제가 『총, 균, 쇠』를 쓴 직접적인 동기라고 밝히고 있다. "유럽인들은 유전적으로 아프리카인보다 지능이 높고, 특히 오스트레일리아 원주민보다는 더욱더 높다고 생각했다. 오늘날 서양 사회에서는 인종차별주의를 공식적으로 배격하고 있다. 그러나 많은 (어쩌면 대부분의!) 서양인들은 여전히 개인적으로 은밀하게 또는 무의식적으로 인종차별적 설명을 받아들인다."세계가 왜 불평등한지를 물으면 "대부분의 사람들은 아마 인종차별적인 생물학적 설명이 정확할지도 모른다고 생각할 것이다. 그것이야말로 내가 이 책을 쓰는 가장 중요한 이유다."

　『총, 균, 쇠』는 인종차별주의라는 통설에 대한 도전이었다. 누구나 암묵적으로 인정하는 인종차별주의를 깨기 위해 다이아몬드는 진화생물학, 지리학, 생태학, 언어학, 문화인류학을 연구하고 엄청난 자료를 제시했다. 선사시대부터 인간의 역사를 조망하고 지금껏 역사학에서 다루지 않았던 유럽 이외의 다른 민족들까지 살펴보았다. 사하라 사막 이남 아프리카, 동남아시아, 인도네시아, 뉴기니 등지의 토착민들까지 연구하면서 "유럽 중심주의적 접근법, 서유럽인들에 대한 미화, 그리고 현대 세계에서의 서유럽 및 유럽화된 아메리카의 우수성에 대한 망상 등을" 파헤치고 깨부수려고 노력했다. 인종차별주의가 내포하고 있는 유치한 발상은 '우리는 본래 잘났어', '너희들이 못나서 못사는 거야', '너희 탓이야'와 같은 사고

방식이다. 『총, 균, 쇠』는 세계의 불평등이 환경지리적 차이가 낳은 역사적 우연이라고 밝힘으로써 지금 잘사는 나라들이 그저 운이 좋았을 뿐이라는 사실을 확인시켰다.

진화생물학자인 다이아몬드는 인간의 역사를 우연적으로 본다. 역사가들은 인간의 역사에 목표와 방향성이 있고 역사에 정의가 있는 것처럼 서술하는데, 역사는 인간이 예측하고 계획한 대로 진행되지 않았다. 이러한 우연적인 역사가 지금까지 이어져오고 세계의 문제를 일으키고 있는 것이다. 유럽 중심주의의 역사학에서는 산업화와 근대화가 역사의 진보이고 인류의 목표인 것처럼 주장하지만 이러한 전망은 개발도상국들에 잘못된 환상을 심어주고 있다. 지금 지구는 산업화에 따른 환경오염을 감당하지 못하며, 전 세계의 산업화는 불가능한 꿈이다. 다이아몬드는 『총, 균, 쇠』에서 산업화와 근대화를 비판적으로 바라보면서 진정 인류의 목표가 무엇이냐는 문제를 제기하고 있다. 그동안 인류의 목표에는 방향성이 없었고 세계의 불평등과 같은 문제에 직면하게 되었는데 어떻게 해결할지 그 방안을 찾아보자는 것이다.

인종차별주의와 같은 편견을 뒤엎는 『총, 균, 쇠』는 정치적으로 올바른 책이다. 다이아몬드는 『총, 균, 쇠』에서 지식의 올바른 목표가 무엇인지를 제시하고 있다. 인종차별주의나 세계의 불평등과 같은 문제를 해결하는 것이 바로 지식이 추구해야 할 목표라는 것. 그리고 진화생물학이나 지질학, 기후학과 같은 과학을 통해 세계에 대한 확실한 지식을 획득할 수 있음을 보여주고 있다. 이제 인간의 역사는 과학적으로 탐구해야 할 분야라는 것을 말이다. 이러한 다이아몬드의 연구는 그의 삶을 비춰보았을 때 그 가치가 더욱 빛난다고 할 수 있다. 『총, 균, 쇠』를 비롯한 그의 저작에는 세계의 불평등과 같은 문제의식을 어떻게 갖게 되었는지 자신의 삶을 통해 말하고 있다.

1972년 다이아몬드는 남태평양의 작은 섬나라 파푸아뉴기니에서 조류를 연구하고 있었다. 이때 그곳의 청년 지도자였던 얄리를 만나서 대화하던 중에 이런 질문을 받았다. "당신네 백인들은 그렇게 많은 화물들을 발전시켜 뉴기니까지 가져왔는데 어째서 우리 흑인들은 그런 화물들을 만들지 못한 겁니까?" 다이아몬드는 이 질문이 "간단한 질문이지만 그것은 얄리가 경험한 삶의 핵심을 꿰뚫고 있다"는 것을 간파했다. 오늘날 부유한 백인과 가난한 흑인의 차이는 어디에서 기인한 것일까? 무엇이 뉴기니 흑인의 삶을 이토록 곤궁하게 만든 것일까? 다이아몬드는 대개의 과학자들이라면 지나쳤을 질문을 진지하게 생각하며 평생 연구 주제로 삼았다. 그 배경에는 자신의 삶에서 나온 경험과 깨달음이 있었다. 다이아몬드는 감수성이 예민했던 20대 초반에 인생의 전환점이 된 일을 겪었다. 제2차 세계대전 직후 유럽에 살면서 폴란드 여자를 만나 사랑에 빠져 결혼한 일이다. 이러한 개인사가 다이아몬드의 내면에 비판적인 역사의식을 싹트게 했다.

1958년부터 1962년까지 유럽에서 살면서 나는 20세기의 유럽 역사로 인해 크나큰 정신적 상처를 입은 유럽인 친구들을 만나게 되었다. 그 때문에 나는 역사의 전개에 작용하는 인과 관계의 사슬에 대해

더욱 진지하게 생각하기 시작했다.[17]

　　나는 제2차 세계대전이 끝난 직후 유럽에서 5년을 보냈고, 그 후 일본계 분가分家를 가진 폴란드계 여자와 결혼했다. 그때 나는 부모가 친자식들만을 돌보고 자식 세대의 미래 세계에 관심을 두지 않는다면 어떤 일이 벌어질 수 있는지 직접 보다. (……) 그들은 자식 세대의 세계에는 관심을 기울이지 않았고, 제2차 세계대전이란 큰 실수를 저질렀다. 그 때문에 나와 같은 해에 태어난 유럽과 일본의 친구들은 어린 시절을 힘들게 보냈다. 어린 시절에 고아가 되거나 부모와 헤어져 살아야 했으며, 집이 폭격당하는 슬픔을 겪었고 학교에 다닐 기회마저 박탈당했다. 가족의 재산을 빼앗기고, 전쟁이나 강제수용소의 기억에 짓눌린 부모의 손에서 커야 했다.[18]

　　알려진 바로는 다이아몬드의 장인은 독일 나치가 자행한 유대인 대학살(홀로코스트)의 희생자였다. 유대인 대학살은 유럽 역사에 지울 수 없는 상처를 남겼다. 이후 수많은 지식인이 유럽의 문명에 대한 자부심을 버리고, 유럽인들이 저지른 만행에 대해 반성적 사고를 하기 시작했다. 다이아몬드도 그의 아내와 가족들을 통해 진지하게 세계가 겪고 있는 고통을 생각하게 되었다. 전쟁이 일어나면 사랑하는 가족과 일상의 평온한 삶 모두를 잃어버린다. 자식을 위해 유산과 생명보험을 남겨준다 한들, 사회 전체가 파괴되는 상황을 피할 수는 없다. "나는 부모가 친자식들만 돌보고 자식 세대의 미래 세계에 관심을 두지 않는다면 어떤 일이 벌어질 수 있는지 직

유대인 대학살은 유럽 역사에 지울 수 없는 상처를 남겼다.
이후 수많은 지식인이 유럽의 문명에 대한 자부심을 버리고,
유럽인들이 저지른 만행에 대해 반성적 사고를 하기 시작했다.

다카우 화물차에서 발견된 굶주려 죽은 포로들의 모습
1945년 4월 30일 미군 부대는 강제수용소에서 다카우로 가는 50여 대의 화물차를 발견했는데 거기에
는 굶어 죽은 2,500여 구의 시신이 있었다.

접 보았다.”

　이러한 각성이 다이아몬드의 삶과 연구를 이끌었다. 학자가 단
순히 공부만 해서는『총, 균, 쇠』나『문명의 붕괴』같은 좋은 책을 쓰
기는 어렵다고 본다. 좋은 연구는 지식을 넘어서 삶의 문제를 꿰뚫
는 통찰력과 올바른 사회에 대한 열망이 있었기에 가능한 일이다.
다이아몬드는 앎과 삶이 일치하는 지식인의 좋은 모델이다.『문명
의 붕괴』에 나온 그의 말을 읽어보자. 나는 솔직히 자기 책에 이렇
게 당당하게 쓸 수 있는 과학자가 얼마나 될까 경탄스러울 뿐이다.

　나는 세상 사람들에게 우리한테 닥친 문제들을 진지하게 받아들
여야 하고, 그렇지 않으면 그 문제들을 결코 해결하지 못할 것이라고
설득하는 데 남은 삶을 바치기로 결심했다. 우리가 결심만 한다면 그
문제들을 얼마든지 해결할 수 있으리라 믿는다. 그렇게 믿었고, 희망
을 가질 수 있는 증거를 보았기 때문에 아내와 나는 17년 전에 자식을
낳기로 결심했다.[19]

　1937년에 태어난 다이아몬드는 100년 후인 2037년의 미래를
그려보았다고 한다. 2037년에 닥칠 지구온난화나 환경파괴가 현재
우리의 삶과 무관한가? 결코 그렇지 않다. 다이아몬드는 자신의 이
야기를 하며 이렇게 말한다. “1987년 쌍둥이 아들이 태어났을 때,
아내와 내가 여느 부모와 마찬가지로 교육, 생명보험, 유언 등을 챙
겨야 했을 때 나는 문득 깨달았다. 2037년이면 내 자식들이 나처럼
쉰 살이 되는 해라고! 그때부터 2037년은 더 이상 나와 무관한 해

가 아니었다! 그때 세상이 혼란에 빠진다면 녀석들에게 우리 재산을 물려준다고 해도 무슨 소용이 있겠는가?" 『총, 균, 쇠』 이후 최근에 나온 『재레드 다이아몬드의 나와 세계』까지 다이아몬드는 한결같은 주장을 펼친다. 우리에게 닥친 세계의 문제를 진지하게 받아들일 것, 인류에게 주어진 시간은 50년밖에 남지 않았다는 것, 하지만 우리가 올바른 선택을 할 때 인류에게 희망이 있다는 것. 그는 자신이 밝힌 대로 더 좋은 세계를 만들기 위해 남은 삶을 바치고 있다.

다이아몬드는 『총, 균, 쇠』의 에필로그에서 역사학의 과학화를 강조하고 있다. 왜 과학이 인간의 역사를 말해야 하는가? 이 질문에 답하기 전에 인간 존재에게 가장 절박한 문제가 무엇인지를 상기해보자. 앞서 말했듯 지구에서 살아남는 것이 인간에게 가장 절박한 문제다. 그런데 세계에는 끊임없이 우리의 생존을 위협하는 수많은 문제가 일어나고 있다. 핵확산, 에너지 안보, 기후변화, 인구 증가, 전염병, 생태계 파괴 등등. 이러한 문제야말로 과학이 나서서 해결해야 할 문제들이다. 다이아몬드는 『총, 균, 쇠』의 후속작으로 『문명의 붕괴』를 내놓았다. 『총, 균, 쇠』에서 과학으로 인간의 역사를 살펴봤던 그 관점을 가지고, 현재 우리가 처한 절박한 상황에 대해 문제를 제기했다. 세계는 불평등할 뿐만 아니라 지속 불가능하다! 과학은 세계의 이러한 문제를 해결하는 데 적극적으로 동참하고 기여해야 한다!

재레드 다이아몬드의 『문명의 붕괴』

세계는 불평등하고
지속 불가능하다!

다이아몬드의 TED Technology, Entertainment, Design 강연을 본 적이 있다. 나이 든 노학자가 차분한 어조로 '문명의 붕괴'가 구체적으로 어떻게 일어날지를 이야기한다. 실제 문명의 붕괴나 멸망은 우리 모두가 두려워하는 끔찍한 일이다.

장밋빛 환상이나 해피앤드를 원하는 사람들에게 붕괴의 전조를 알린다는 것은 결코 유쾌한 작업이 아니다. 그렇지 않아도 다이아몬드는 주변 사람들로부터 '두려움을 조장하는 사람', '암울한 최후의 심판을 설교하는 사람', '위험을 과장하는 허풍쟁이'라는 비난을 받고 있다. 그런데 그는 그렇게 욕을 먹어가면서까지 왜 우리에게 멸망이라는 암울한 카드를 꺼내들었을까?

TED 강연이 막바지에 이르자 다이아몬드는 의미심장한 질문을 던진다. 과거 이스터 섬이 환경을 파괴하고 자멸하게 된 사례에 대해 수업시간에 토론했던 학생들의 반응을 언급한 것이다. "과거의 이스터 섬 사람들은 어떻게 그토록 어리석을 수 있지요?" "너무나 분명하게 보이는 위험을 그들이 보지 못한 이유가 뭘까요?" "도대체 마지막 나무를 베었던 사람은 무슨 생각을 한 걸까요?" "어떻게 한 사회가 전적으로 의지하고 있던 나무들을 모조리 베어내는 재앙과 같은 결정을 내릴 수 있느냐는 말이에요?"

여기에서 다이아몬드가 하고 싶었던 말은 과거 이스터 섬 사람들이 했던 어리석은 짓을 지금 우리가 하고 있다는 것이다. 오늘날 세계는 자멸의 길로 가고 있는데 우리는 아무 생각 없이 나쁜 결정들을 내리고 있다. 다이아몬드는 "다음 세기에 살게 될 사람들이 오늘날 우리가 가진 무지함에 대해 마치 지금의 우리가 이스터 섬 사람들의 무지함에 대해 놀라듯이 똑같이 놀라게" 될 것이라고 말한다. 우리의 후세들이 지구 환경을 망쳐놓고 있는 우리를 보고 경악할 것이라는 말이다. 15분짜리 TED 강연에서 다이아몬드는 최선을 다해 우리에게 '지적 협박'을 했다. 우리가 얼마나 어리석은 짓을 하고 있는지 스스로 깨닫도록 인류 문명의 붕괴가 멀지 않았음을 경고하고 있었다.

다이아몬드는 문명의 붕괴에 대한 치밀한 시나리오를 제시했다. 종말론자들처럼 공포 분위기를 조성하면서 세상은 멸망할 것이라고 무조건 외치는 것이 아니라, 풍부한 과학적 분석과 자료를 조목조목 제시하면서 인류의 절멸이 피부에 와 닿도록 설득하고 있었다. "사회의 붕괴를 어떻게 '과학적으로' 연구할 수 있을까?" 다이아몬드는 '비교방법론' 혹은 '자연실험 natural experiment'에서 해결책을 찾았다. 예컨대 환경적 취약성, 이웃과의 관계, 정치제도, 사회적 안정성 등 문명의 붕괴와 관련된 요소를 찾고 서로의 영향을 추적했다. 과거 이스터 섬, 핸더슨 섬, 아나사지(북미 애리조나, 뉴멕시코, 콜로라도, 유타 접경 지역에서 발달한 인디언 문명), 마야, 노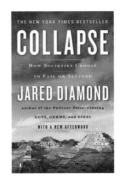

르웨이령 그린란드가 어떻게 붕괴했는지 그 사례를 분석했다. 그리고 현재의 르완다, 도미니카공화국과 아이티, 중국, 오스트레일리아 등을 차례로 검토하면서 문제의 심각성을 인식시켰다.

과거 문명의 붕괴에서 배울 수 있는 교훈은 환경오염과 인구증가, 자원부족, 정치적 문제 등이 서로 얽혀 있다는 것이다. 오늘날 우리는 자연서식지 파괴, 지구온난화, 에너지 부족, 야생 동식물 멸종 등 더욱 복잡한 상황에 처해 있다. 결론은 이 모든 문제가 상호작용하며 지속 가능하지 못한 방향으로 가고 있다는 것이다. "사람들은 종종 '현재 우리 세계가 직면하고 있는 가장 중요한 환경문제, 혹은 인구문제로 하나를 꼽는다면 그것이 무엇인가?'라고 묻는다. '가장 중요한 문제는 우리가 가장 중요한 문제 하나를 찾아내려는 잘못을 범하고 있다는 사실이다!'라고 대답할 수 있다." 지구 생태계는 서로 연결되어 있고 세계 환경문제에서 중요하지 않은 문제는 없다는 것이다.

다이아몬드는 우리가 더는 도망갈 곳이 없다고 말한다. 제아무리 부자이거나 권력을 가진 사람들일지라도 지구에서 살고 있는 이상, 예외적인 경우는 없다. "세계는 하나의 폴더polder(네덜란드 해안 간척지)다." "한 사회가 혼란에 빠지면 다른 대륙에 있는 부유한 사회에도 어떤 형태로든 영향을 미치면서 곤란을 겪게 만든다. 역사상 처음으로 우리는 전 세계의 붕괴라는 가능성에 직면하고 있다." "우리가 지속 가능하지 않은 방향을 계속 고집한다면 세계의 환경문제는 우리 자식들이 세상을 떠나기 전에 어떤 형태로든 결론이 날 것이다. 바람직한 방향으로 해결되느냐, 아니면 전쟁, 대량학살, 아사餓死, 전염병, 사회의 붕괴 등 바람직하지 않은 방향으로 해결되느냐가 문제일 뿐이다."

다이아몬드가 사례로 들고 있는 여러 나라의 이야기는 충격적이다. 세계 곳곳은 환경과 정치문제로 이미 사회적 붕괴가 일어나고 있었다. 먼저 정치에 관심 없는 생태학자에게 환경문제와 인구문제로 고생하는 나라들이 어딘지를 물어보았다. 그들은 "아프가니스탄, 방글라데시, 부룬디, 아이티, 인도네시아, 이라크, 마다가스카르, 몽골, 네팔, 파키스탄, 필리핀, 르완다, 솔로몬제도, 소말리아 등"이라고 대답할 것이다. 그다음에 환경문제를 전혀 모르는 정치인에게 가장 정치적으로 어려운 상황에 처한 나라들을 물어보았다고 한다. 정부가 전복되고 내란으로 반군과 테러리스트들이 활보하는 나라들은 앞서 환경문제로 고통받고 있는 나라들과 똑같다는 것을 확인할 수 있었다. 다음의 그림과 같이, 정치 분규 지역과 환경 훼손 지역을 표시한 세계지도는 환경문제와 정치가 서로 밀접하게 연관되어 있다는 것을 증명하고 있다.[20]

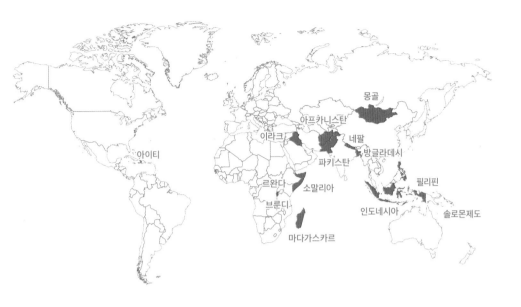

정치 분규 지역

몽골
아프카니스탄
이라크
네팔
아이티
방글라데시
파키스탄
필리핀
르완다   소말리아
브룬디   인도네시아
솔로몬제도
마다가스카르

환경 훼손 지역

몽골
아프카니스탄
이라크
네팔
아이티
방글라데시
파키스탄
필리핀
르완다   소말리아
브룬디   인도네시아
솔로몬제도
마다가스카르

과거에 그랬듯이 오늘날에도 환경적 압박을 받고 인구 과밀로 몸살을 앓고 있는 나라들은 정치적으로도 불안한 나라들이다. 정부가 붕괴되고 있는 나라들이다. 국민이 좌절하고 굶주릴 때, 희망을 잃었을 때 그들은 정부를 원망하고 비난하게 마련이다. (……) 더 이상 잃을 것이 없다는 생각에 스스로 테러리스트가 되거나 테러 집단을 기꺼이 지원한다. 그 결과는 대량학살로 나타난다. (……) '정부 실패state failure', 즉 혁명, 폭력적 체제 변화, 권위의 붕괴, 대량학살을 예측할 수 있는 최적의 지표는 환경 및 인구에 대한 통계적 수치라 할 수 있다. 즉 높은 유아 사망률, 가파른 인구 증가, 인구에 대한 10대 후반과 20대가 차지하는 높은 비율, 일자리를 구할 희망이 없어 혁명군에 가담할 가능성이 높은 청년 실업자 등이다. 이런 압력 요인들은 땅(르완다에서처럼), 물, 숲, 물고기, 석유, 광물의 부족으로 인한 갈등을 불러일으킨다. 이런 요인들은 끝없는 내란으로 발전하기도 하지만 정치·경제적 난민의 대대적인 탈출로 발전하기도 한다. 심지어 권위주의적인 정권이 국민의 관심을 내분에서 다른 곳으로 돌리기 위해서 이웃 나라를 공격하는 전쟁으로 확대되기도 한다. (……) 우리가 진정으로 고민해야 할 문제는 "앞으로 얼마나 많은 사회가 붕괴할 것이냐?"라는 것이다.[21]

세계가 서로 연결되어 있다고 할 때, 이웃 나라의 정치와 환경 문제는 우리에게 직접적으로 영향을 미친다. 세계화라는 현재의 추세는 제1세계와 제3세계의 장벽을 허물고 긍정적이든 부정적이든 서로의 영향력을 가속화하고 있다. 특히 다이아몬드가 『문명의 붕괴』에서 '비틀거리는 거인'이라고 묘사한 중국의 경우는 우리의 경각심을 불러일으킨다. 중국의 환경은 대기오염뿐만 아니라 수질오염과 토양문제, 서식지 파괴, 생물종의 감소, 대규모 개발사업으로 급속하게 파괴되고 있다. 중국의 공기가 나쁜 것은 우리가 일상생활에서 겪고 있는 황사나 미세먼지의 피해로 익히 알고 있다. 국토 면적이나 인구에서 세계 대국인 중국은 세계의 환경에 엄청난 파급력을 가지고 있다. 중국의 산업화가 더욱 확대되고 생활수준이 제1세계 사람들과 비슷해지면 전 세계에 미치는 환경 훼손은 두 배로 늘어날 것이다.

세계는 불평등하다! 천연자원만 하더라도 극히 몇몇 나라에 편중되어 있고, 가난한 제3세계의 사람들은 자원과 에너지 부족으로 고통스러운 삶을 살고 있다. 그런데 "1인당 화석 연료를 비롯한 자원의 소비량과 쓰레기 배출량을 평균적으로 계산하면 미국, 서유럽, 일본의 주민이 제3세계의 주민보다 둘 모두에서 32배가량 높다." 한마디로 제1세계의 사람들은 지구 자원을 더 많이 쓰고, 더 많은 쓰레기를 배출하고 있다. 세계인 모두 미국의 중산층처럼 살면 지구와 같은 행성 여섯 개가 필요하다는 말이 결코 과장이 아니다. 오늘날 지구는 세계의 엄청난 인구를 부양할 수 있는 능력이 없다. 제3세계 사람들은 제1세계의 삶을 동경하지만 이것은 영원히 도달할 수 없는 목표다. 제1세계 사람들은 현재의 생활수준을 포기할 생각이 없으며 제3세계의 자원까지 수입해서 고갈시키고 있는 상황이다.

제1세계가 주도하는 산업화는 세계의 불평등을 더욱 심화시켰다. 오늘날 세계 인구의 20퍼센트를 차지하는 제1세계가 전체 에너지 자원의 70퍼센트 이상을 소비하고 있다. 이러한 제1세계의 물질적 풍요는 제3세계의 식민지 수탈과 희생으로 쌓아올린 것이다. 20세기 제1세계의 산업화 과정은 제국주의 국가들의 침략전쟁에서 전쟁의 산업화가 주도한 것이었다. 이 정도 되면 산업화가 인류에게 지속 가능하고 정의로운 실존양식이 아니라는 것을 인정해야 한다. 『문명의 붕괴』에서 밝히는 르완다 사태는 제1세계가 제3세계에 얼마나 참혹한 만행을 저질렀는지 확인할 수 있다.

다이아몬드는 르완다의 대량학살을 이렇게 진단한다. "나는 비참한 상황에 빠진 사람들을 금방이라도 폭발할 듯한 상태로 몰아넣는 근본 원인으로 인구 압력과 인간으로 인한 환경파괴, 가뭄 등을 생각해왔다. 폭발이 일어나려면 화약에 불을 붙여야 한다. 르완다의 대부분의 지역에서 도화선 역할을 한 것은 권력을 유지할 목적으로 정치가들이 부추긴 '종족 간의 증오'였다." 이렇게 종족 분쟁이 도화선이 된 것은 역사적으로 독일과 벨기에의 식민 지배까지 거슬러 올라간다. 르완다에는 인구의 85퍼센트에 이르는 후투족과 나머지 15퍼센트의 투치족이 살았는데 후투족은 땅딸막한 체구에 피부색이 짙고, 투치족은 키가 크고 호리호리하며 피부색이 옅다고 한다. 그런데 독일과 벨기에가 식민 지배를 할 때 유럽인들은 피부색이 옅은 투치족을 우수한 종족으로 여기고 이들에게 통치권을 맡겼다. 이것이 종족 사이의 정치적 차별과 분쟁을 일으킨 원인이 되었다. 독립한 후에도 지배권을 두고 두 종족 사이에 싸움이 끊이지 않다가 급기야 1994년에 100만 명이 살해된 대량학살이 벌어졌다. 이러한 대량학살에 유럽 국가들의 책임이 없다고 말할 수 있는가!

앞으로 얼마나 많은 사회가 붕괴할 것인가? 학문적으로 인류의 절멸을 다룬다는 것은 위험하고도 도전적인 연구 주제다. 이렇게 다이아몬드가 붕괴와 절멸을 전면에 내세울 수 있었던 것은 진화생물학자이기 때문에 가능했다고 본다. 다이아몬드는 『총, 균, 쇠』에서 인류의 역사를 진화의 과정에서부터 그려냈다. 생물학적 종으로 인간이 되기까지의 역사와 문명을 건설하고 인간적인 삶을 추구한 역사를 하나로 연결해서 살펴보았다. 우리는 생물학적 인간에서 철학적 인간, 문명적 인간으로 성장했지만 인간의 생물학적 멸종은 얼마든지 일어날 수 있는 일이다. 과학자들은 현재까지 지구에 존재했던 모든 생물종의 99.9퍼센트가 멸종했다고 추정한다. 이 지구에서는 멸종하기보다 살아남기가 훨씬 더 어려운 숙제인 것이다.

그런 의미에서 『오리진』을 쓴 리처드 리키는 『제6의 멸종The Sixth Extinction』을 썼다. 지금까지 지구에 다섯 번의 대멸종이 있었고, 그다음 여섯 번째 대멸종으로 우리가 희생될 수 있다는 것을 경고했다. 그런데 다이아몬드는 책 제목에 '멸종'이라는 단어를 쓰지 않고 '문명의 붕괴'라고 했다. 그 이유는 우리가 문명을 세운 장본인으로서 멸종이 아니라 스스로 파괴시킬 수 있는 존재임을 상기시킨 것이다. 책에서 보여준 많은 사례도 자연에 대응하는 인간 문명의 역사였다. 그리고 마지막에 우리가 이 위기에서 살아남기 위해 무엇을 해야 하는지, 그 구체적인 실천 방안을 제시했다. 나는 이 마지막 장을 읽으며 압도되는 느낌을 받았다.

다이아몬드는 과학과 지식을 아는 것에 목표를 두지 않는다.

그는 그저 사실을 아는 것에 그쳐서는 안 된다고 말한다. 인간이 세운 문명이 붕괴되는 절체절명의 상황에서 우리가 무엇을 해야 할지 생각하고 실천해야 한다는 것이다. 우리는 반성적 사고를 하고 문제해결 능력이 있는 인간이다. 다이아몬드는 바로 이 순간 우리 하나하나가 세계에 영향을 미치고 있다는 것을 깨닫고, 우리의 삶을 바꾸고 세계를 바꿔야 한다고 촉구한다. "변화를 끌어내기 위해 우리가 할 수 있는 일은 분명히 있다"로 시작하는 '참고문헌'에는 우리 주변에서 찾을 수 있는 작은 방안까지 세심하게 열거해놓았다. 일례로 유권자로서 투표를 잘 하고, 소비자로서 나쁜 기업을 감시해야 한다는 것까지 말이다.

최근 다이아몬드는 책을 펴내고 한국에 와서 강연을 하기도 했다. 일흔여덟 살의 나이에 세계 곳곳을 돌아다니며 강연활동을 하고 있다. 그는 여전히 인류를 위협하는 문제로 세계의 불평등과 환경파괴를 꼽는다. 이 문제를 해결하지 않고서는 인류의 미래가 없다고 강조한다. 자신이 아니면 누구도 할 수 없는 것처럼, 당장 지금이 아니면 안 될 것처럼 부지런히 뛰어다니며 우리를 설득하고 있다. 다이아몬드는 인간적 감수성의 소유자인 것이 분명하다. 『총, 균, 쇠』의 갈피마다 나오는 뉴기니 원주민들의 사진에서 그들을 사랑하고 그들의 고통에 진심으로 아파하고 있다는 것을 느낄 수 있다. 학자에게는 지적 능력이나 유려한 글쓰기가 재능이 아니라 타인의 고통을 현재 나의 문제로 받아들이고 그 고통을 해결하려고 절박하게 매달리는 것이 재능이다. 그리고 꼭 해야 할 일이라는 확신과 자발적 의지야말로 인간만이 보여줄 수 있는 품격이다.

나는 『총, 균, 쇠』와 『문명의 붕괴』의 문제의식뿐만 아니라 이러한 다이아몬드의 진지하고 절박한 태도를 우리가 배워야 한다고 생각한다.

과학에서 통찰을 얻기 위해서는 인간의 삶과 철학을 폭넓게 살펴볼 필요가 있다.
우리는 지금 이 순간 직면한 세계의 문제를 해결하고 살아남기 위해 무엇이 옳은지
그른지를 판단해야 하고, 그래서 철학과 과학을 탐구한다. 우주론이나 진화론,
윤리학과 같은 진리는 철학자나 과학자들만 하는 것이 아니다. 지금 처한 상황에서
더 나은 선택과 올바른 결정을 하려고 애쓰는 모든 사람이 알아야 할 지식이다.
그동안 우리가 진리를 찾았던 이유는 마음속에 올바른 앎과 삶에 대한
갈망이 있었기 때문이다.

02

철학
앎을 향한 치열한 열망

PHILOSOPHY

LUDWIG WITTGENSTEIN

IMMANUEL KANT

ISAAC NEWTON

ARISTOTELES

KAREN ARMSTRONG

종교, 인간의 문명을 만들다

과학을 말할 때 '진리 탐구'라는 용어를 자주 쓴다. 과학 교과서에 나오는 뉴턴의 만유인력 법칙과 같은 것을 진리라고 한다. 그동안 우리가 초등학교 때부터 과학 시간에 배운 지식들은 모두 위대한 과학자들이 발견한 진리였다. 그런데 아인슈타인은 "종교와 예술과 과학은 모두 같은 나무에서 나온 가지"라고 말한다. 과학뿐만 아니라 종교와 예술이 인간의 공통된 관심사에서 나왔다는 것이다. 세계와 인간에 대한 궁극적인 문제를 탐구하는 지적 활동들은 모두 진리라고 할 수 있다.

그러면 인간은 왜 진리를 찾으려고 한 것일까? 진리가 무엇인지를 알아보기 전에 진리를 왜 찾았는지부터 생각해보자. 인간은 700만 년 전 유인원에서 갈라져 나와 직립보행을 하기 시작했다. 20만 년 전쯤에 이르면 두뇌가 점점 커져서 네안데르탈인이나 호모 사피엔스와 같은 지적인 존재로 진화했다. 네안데르탈인이 10만 년 전에 죽은 이를 애도하고 매장했던 증거에서 알 수 있듯, 인간은 자의식과 감정을 갖고 죽음을 인식하기 시작했다. 인간에게 자의식이 생겼다는 것은 '나는 누구인가?'와 같은 질문을 하게 되었다는 뜻이다. 또한 자신도 언젠가는 죽는다는 것을 알았고 삶과 죽음의 의미와 죽음 이후의 세계가 궁금했을 것이다.

호모 사피엔스, 구석기시대 인간은 다른 동물들과 마찬가지로 살아남기 위해 매우 힘겨운 나날을 보냈다. 하루하루 포식자들의 눈을 피해 먹잇감을 구하고, 동굴에서 추위와 싸워가며 고통스럽게 살았다. 이때 인간은 삶과 죽음을 자각하고 궁극적인 질문을 했을 것이다. 인간은 왜 살아야 하는가? 삶이 이렇게까지 고통스러운데 살아야 할 이유가 무엇인지를 물었을 것이다. 삶에 대한 동기를 부여하지 않으면 하루도 버티기 힘든 상황이었던 것이다. 목적지향적인 뇌를 가진 인간에게 삶의 목적은 중요한 문제였다. 무엇보다도 인간은 자신의 존재와 삶의 고통을 이해하고 싶었다. 그래서 인간은 상상력으로 초자연적인 존재, 신을 그려냈다.

종교와 신화에서 대부분의 신은 목적성을 가지고 세계와 인간을 만든 창조주의 역할을 한다. 그래야 고통스러운 삶을 이겨낼 수 있는 목적을 찾는 인간에게 납득할 만한 설명을 제공할 수 있다. 신에 의해 인간은 동물과 다른 특별한 존재가 되었다. 인간과 동물의 차이는 상상하고 생각하는 지적인 능력, 즉 마음인데 이러한 마음을 신이 주신 영혼이라고 생각했다. 우리는 누구이고 세계는 무엇인가? 기쁨과 슬픔, 외로움과 허무함, 행복과 불행을 느꼈던 인간의 마음에 당연하게 생겨난 의문이다. 우리
는 어디서 왔는가? 우리는 어떻게 살아
야 하는가? 삶의 가치는 무엇인가? 인간
의 실존적 고통은 저절로 이러한 질문들
을 하도록 만들었고, 바로 이 질문에 대
한 답이 신이고 진리였던 것이다.

　체계적으로 말하면 진리는 두 가지
방향으로 탐색되었다. 하나는 '세계는 무
엇인가'를 묻는 자연세계의 '사실'을 이해하는 작업이고, 또 하나는
'인간은 어떻게 살아야 하는가'를 묻는 삶의 '가치'를 부여하는 작업
이었다. 종교에서 신은 대체로 이 두 가지 질문을 다 만족시켰다. 종
교는 세계, 즉 우주가 어떻게 탄생했고 인간은 그 우주에서 어떤 존
재이며 어떻게 살아야 하는지에 대한 기본적인 틀을 제시했다. 이
러한 진리로서의 종교는 인류의 문명을 건설하고 세계사에 새로운
도약을 가져왔다. 대표적으로 중국의 유교, 인도의 힌두교와 불교,
이스라엘의 유일신교, 그리스의 철학이 있다. 세계 곳곳에서 이러
한 종교와 철학이 탄생한 기원전 900년에서 기원전 200년 사이를
독일의 철학자 카를 야스퍼스는 세계사의 기축이 만들어진 '축의
시대'라고 불렀다. 기원전 500년을 전후로 인류의 역사는 새로운
전환점을 맞이했다는 것이다. 영국의 종교학자 카렌 암스트롱Karen
Armstrong은 『축의 시대』를 통해 종교의 탄생을 이렇게 설명했다.

　이런 곤경에서 빠져나오려 할 때, 나는 우리가 독일의 철학자 카를

야스퍼스Karl Jaspers, 1883~1969가 '축의 시대Axial Age'라고 부른 시기에서 영감을 얻을 수 있다고 믿는다. 이 시기가 인류의 정신적 발전에서 중심 축을 이루기 때문이다. 대략 기원전 900년부터 기원전 200년 사이에 세계의 네 지역에서 이후 계속해서 인류의 정신에 자양분이 될 위대한 전통이 탄생했다. 중국의 유교와 도교, 인도의 힌두교와 불교, 이스라엘의 유일신교, 그리스의 철학적 합리주의가 그것이다. 축의 시대는 붓다, 소크라테스, 공자, 예레미야, 『우파니샤드』의 신비주의자들, 맹자, 에우리피데스의 시대였다. 이 뜨거운 창조의 시기에 영적·철학적 천재들은 완전히 새로운 종류의 인간 경험을 개척해 나아갔다. 그들 가운데 다수는 이름을 남기지 않았지만, 어떤 사람들은 인간이 어떻게 살아야 하는가를 보여주어 지금까지도 우리 가슴을 벅차오르게 하는 유명한 인물이 되었다. 축의 시대는 기록된 역사 가운데 지적·심리적·철학적·종교적 변화가 가장 생산적으로 이루어졌던 때로 꼽힌다.[22]

농업혁명 이후 건설된 고대 국가는 청동기와 철기의 금속기술로 무기를 대량생산했다. 정복전쟁을 통해 새로운 왕조가 탄생하고 몰락하는 과정에서 농민들은 병사와 노예로 착취당하는 질곡에서 벗어나지 못했다. 고대 문명은 파괴와 건설을 반복하며 승자독식의 계급사회로 치닫고 있었다. '축의 시대'로 불리는 이때에 붓다, 공자, 소크라테스, 예수 같은 성인들이 나타났다. 이들은 모두 파괴적이고 폭력적인 사회와 인간의 본성이 무관하지 않다는 것을 발견했다. 인간의 본성과 욕망에 내재되어 있는 폭력성을 해소할 수 있는 해법을 제시했는데 그것은 타인의 아픔에 공감하고 자비의 윤리를 내면화하는 것이었다. 바로 '황금률Golden Rule', "네가 당하고 싶지 않은 일을 남에게 하지 마라"였던 것이다.

황금률은 "우리 자신의 마음을 들여다보고, 우리에게 고통을 주는 것을 발견하고, 무슨 일이 있어도 다른 사람들에게 그런 고통을 주는 일을 삼갈 것을 요구한다. 자신을 특별한 별도의 범주에 넣지 말고, 늘 자신의 경험을 타인의 경험과 연결시킬 것을 요구"하는 것이다. 카렌 암스트롱은 이러한 황금률이 중국과 인도, 이스라엘, 그리스 등의 각 문명권마다 공통적으로 나타났다고 말한다. "축의 시대 현자들은 이기심을 버리고 자비의 영성을 계발하는 것을 그들의 의제의 맨 위에 두었다. 그들에게 종교란 황금률이었다. 그들은 사람들이 초월해야 하는 대상—탐욕, 자기중심주의, 증오, 폭력—에 집중했다." 이렇듯 인간이 도덕적으로 각성하고 철학적으로 성찰하며 진리를 발견한 것은 인간의 내면세계였던 것이다.

생물학적 인간은 종교라는 진리를 통해 문명적 인간, 철학적 인간으로 성장했다. 종교는 인간의 도덕적 직관으로 완성된 삶의 안내서이며 매뉴얼이다. 세계는 어떠하고 인간은 어떻게 살아야 하는가의 규범을 담고 있다. "종교적 가르침은 결코 단순한 객관적 사실의 진술이 아니다. 그것은 행동 강령이다." 각 종교마다 '올바른 삶'에 대한 구체적인 내용은 다르지만 종교는 삶의 의미를 일깨우고 좋은 삶을 살고 있다는 확신을 준다. '나는 세상의 진리를 깨달았다', '나는 올바르게 잘 살고 있다'는 믿음은 어떤 시련에 부딪혔을 때 극복할 수 있는 힘을 준다. 진리란 이렇게 인간의 마음을 바꾸게 하고 삶에 영향을 미치는 것이다.

　서양 문명은 이스라엘의 유일신을 믿는 종교적 세계관이 지배
했다. 17세기 근대 과학이 출현하기 전까지 서양의 진리는 기독교
였다. 서양의 고대와 중세시대 수많은 철학자와 그를 따르는 학파
가 있었지만 그 누구도 신의 존재를 부정하지 않았다. 세계와 인간,
삶을 설명하는 데 있어 모든 것이 신으로 귀결되었다. 철학이 논증
해야 할 정점에는 신이 있었다. 그런데 코페르니쿠스의 지동설은
서양의 문명과 종교에 엄청난 충격을 주고 새로운 진리로 부상했
다. 근대 과학은 신이 그려냈던 질서를 무너뜨리고 태양계라는 실
재하는 세계를 보여주었다. 우주의 중심이라고 여겼던 지구가 태양

계의 한낱 행성에 불과한 것으로 밝혀졌다. 종교와 과학의 불편한 동거가 시작된 것이다. 19세기에 다윈의 진화론이 나오자 종교와 철학은 더 큰 타격을 입었다. 세계를 이해하는 중심축이었던 신의 창조를 부정해야 하는 상황에 놓이게 되었던 것이다.

철학자 니체는 "신은 죽었다"고 선언했다. 삶의 목적과 도덕성을 부여했던 신이 죽음으로써 인간은 주체적으로 새로운 도덕을 만들어야 한다고 말한 것이다. 그동안 종교가 옳고 그름을 나누고 선과 악을 개념화했는데 과연 이것이 맞는 것인지 문제제기를 했다. 종교는 세계에 대해, 인간에 대해, 우리는 어떻게 살아야 하는가에 대해 질문하고 답하는 과정에서 훌륭한 기본 틀을 제시했는데, 질문 자체는 좋았지만 답은 틀렸다는 것이다. 다시 말해 과학이 발전하면서 종교 경전에 나오는 내용이 잘못되었음이 드러난 것이다. 우주의 기원은 빅뱅 이론으로, 인간의 기원은 진화론으로 대체되었다. 이렇게 과학을 통해 드러난 사실은 우리가 어떻게 살아야 하는가 하는 가치판단에 영향을 미친다. 마침내 니체는 『반그리스도』, 『도덕의 계보학』, 『선과 악을 넘어서』에서 우리가 관성적으로 받아들인 도덕적 계율과 원리들을 비판했다. 신이 말하는 선과 악, 옳고 그름을 인간이 다시 재정의해야 한다는 것이다. 그러고는 "먼 장래에 보면 종교 전체가 연습이나 서곡으로 보일지도 모른다"고 전망했다.

진리란 무엇인가? 삶의 본질적인 문제를 다루는 종교와 철학, 과학이 각축을 벌이며 서로 옳다고 주장하고 있다. 철학자 비트겐슈타인은 『철학적 탐구』에서 "세계의 문제는 삶이 끝나면 사라진다"고 했다. '삶이 없다면 문제도 없다'는 뜻이다. 단적인 예를 하나 들면 사자들은 영역싸움에서 승리한 뒤 암사자들은 놔두고 그전에 다른 수사자에게서 태어난 새끼들을 다 죽인다. 동물들의 이런 행태를 도덕적으로 문제 삼는 사람은 아무도 없다. 그런데 만약 이 상황이 인간 사회에서 일어난다면, 다시 말해 계부가 의붓자식들을 죽인다면 엄청난 사회적 물의를 일으킬 것이다. 이런 의미에서 비트겐슈타인은 인간의 삶이 없다면 문제도 없다고 말한 것이다. 우리가 인간이고 지구에서 살아야 하기 때문에 세계의 문제가 생긴다고 말이다.

진화과정에서 인간의 뇌는 도덕적이거나 올바른 방향으로 진화하지 않았다. 뇌는 그저 살아남기 위해 진화했고 이러한 뇌가 인간의 마음을 만들었다. 따라서 인간 사회에서 전쟁과 폭력, 갈등과 충돌은 필연적으로 일어났고 이것을 조정할 수 있는 종교와 철학, 과학이 필요했던 것이다. 역사적으로 진리는 인간이 세계에서 살기 위해 부딪히는 문제들을 해결하려고 나온 것이다. 세계는 무엇이고 인간은 어떻게 살아야 하는가? 우리는 아직 이 질문에 대한 답을 찾아가는 과정에 있다. 근대화와 산업화를 이루고 과학기술 문명을 더없이 발전시켰지만 종교분쟁과 테러, 가난, 불평등의 문제는 해소되지 않고 있다. 카렌 암스트롱은 "실제로 우리는 축의 시대의 통찰을 넘어선 적이 없다"고 말했는데 오늘날에도 타인에 대한 공감과 자비는 여전히 중요한 미덕이다.

우리는 과학기술의 시대에 살고 있지만 과학에서 통찰을 얻기는 쉽지 않다. 이것은 과학이 진리를 말하는 방식에서 미흡했기 때문이다. 제일교포 학자 강상중은 『살아야 하는 이유』에서 진화생물학자 리처드 도킨스의 『만들어진 신』을 비판한다. "분명 의문이 드는 것은 과학은 왜 그렇게까지 종교를 내쫓는 데 정열을 불태울까" 반문하면서, 신을 '믿는다'는 것은 '삶의 의미'를 찾을 수 없는 괴로움을 대변하는 것이라고 말한다. 사람들은 강상중의 말대로 어떻게 살아야 할 것인가의 답을 얻고 삶의 의미를 찾기 위해 신을 믿는다는 것이다. 과학자들은 진화론이 사실이다, 아니다를 놓고 논쟁하는데 사람들은 진화론이 삶에 어떤 영향을 미치는지를 알고 싶어한다. 삶의 문제를 다루지 않고 어떤 대안도 제공하지 않는 과학적 논쟁은 사람들의 마음을 움직일 수 없다. 도킨스는 진화론이 옳다는 사실에만 집중할 뿐, 인간의 삶을 간과하고 있다는 것이다.[23]

한편 재레드 다이아몬드는 과학이 종교를 비판할 때 삶의 문제로 접근했다. 그는 『어제까지의 세계』에서 '지금보다 더 나은 삶의 방식을 찾아서'라는 관점에서 종교의 기능을 분석하고 비판했다. 과거 종교는 초자연적인 설명의 기능, 불안감 완화, 고통과 죽음에 대한 위안, 규격화된 조직, 정치적인 순응, 이방인에 대한 행동 규범, 전쟁의 정당화를 제공했지만 그 기능이 현대 사회로 올수록 점점 축소되고 있다는 것이다. 특히 부유한 나라는 가난한 나라에 비해 일상생활에서 종교가 차지하는 비중이 현저히 줄어들고 있다. "오늘날 종교가 일상의 삶에서 중요하다고 말하는 시민의 비율이 일인당 국내총생산GDP이 1만 달러 이하인 대부분의 국가에서는 80~99퍼센트에 이르고, 일인당 국내총생산이 3만 달러 이상인 대부분의 국가에서는 17~43퍼센트에 불과하다"고 밝히고 있다.[24]

다이아몬드의 이러한 분석에 따르면 세계의 대다수 사람은 창조론이 옳아서 신을 믿는 것이 아니었다. 가난과 전쟁의 고통에서 살아야 할 이유를 찾기 위해 종교를 선택한 것이다. 따라서 종교를 없애는 것보다 더 시급한 것은 전쟁을 종식시키고 빈곤의 늪에서 헤어날 수 있는 방법을 강구하는 것이다. 다이아몬드는 종교분쟁이나 테러와 같은 문제를 지적하면서 종교보다 더 올바른 삶의 대안을 찾아보자고 제안한다. 내 기분을 바꿀 것인가? 아니면 세계를 바꿀 것인가? 고통에서 벗어나기 위해 종교를 통해 위안받으려 하지 말고, 현실을 직시하고 세계를 바꾸는 것이 옳은 방법이라는 것이다.

과학에서 통찰을 얻기 위해서는 인간의 삶과 철학을 폭넓게 살펴볼 필요가 있다. 비트겐슈타인이 말한 것처럼 우리는 인간이고 지구에서 살아야 한다. 그것이 세계의 모든 문제를 일으킨다. 우리는 지금 이 순간 직면한 세계의 문제를 해결하고 살아남기 위해 무엇이 옳은지 그른지를 판단해야 하고, 그래서 철학과 과학을 탐구한다. 우주론이나 진화론, 윤리학과 같은 진리는 철학자나 과학자들만 하는 것이 아니다. 지금 처한 상황에서 더 나은 선택과 올바른 결정을 하려고 애쓰는 모든 사람이 알아야 할 지식이다. 그동안 우리가 진리를 찾았던 이유는 마음속에 올바른 앎과 삶에 대한 갈망이 있었기 때문이었다.

모든 인간은
본성적으로 앎을 원한다

철학자들이 말하는 진리는 진정 참일까? 모든 철학자가 진짜 진리real truth를 주장하지만 제아무리 확실한 진리도 어느 정도만 참일 뿐이다. 진짜 진리는 신이라는 개념과 마찬가지로 인간이 만들어낸 것이다. 실재하지 않지만 인간이 도달하고픈 완벽한 그 무엇이다. '세계는 무엇인가? 우주는 무엇으로 이루어졌는가? 우주가 어떻게 작동하는가?' 등 우주의 신비가 궁금했던 2,500년 전의 그리스 철학자들은 '신은 기하학자'라는 생각을 했다. 신은 진리를 의미할 테고, 그러한 신이 기하학으로 우주의 질서를 표현했다는 것이다. 서양 과학사에 큰 족적을 남긴 갈릴레오, 케플러, 뉴턴 같은 과학자들은 우주를 신이 쓴 수학책이라고 생각하고 진리를 탐구했다.

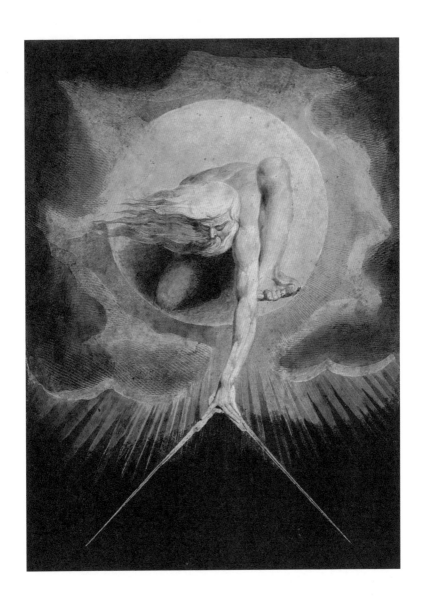

컴퍼스로 세상을 창조하는 신
18세기에 윌리엄 블레이크는 과학적 세계관을 비판하기 위해 이 그림 〈태고의 나날들〉을 그렸다고 하는데 그만큼 서양에서는 '기하학적인 신'에 대한 믿음과 전통이 강했음을 알 수 있다.

수학은 인간의 뇌에서 나온 대표적인 상징추론이다. 호모 사피엔스의 뇌는 상징적인 형상을 지닌 물체를 보면 다른 이미지를 떠올릴 수 있다. 숫자와 기호, 도형 등은 이러한 상징추론 능력 덕에 만들어졌다. 인간의 상상력이 세상에는 없는 '수학'이라는 완전히 새로운 지식을 창조한 것이다. 흔히 우리는 수학을 자연과학의 한 분야라고 알고 있지만 수학은 엄밀히 말해 철학이나 역사와 같은 인문학이다. 수학은 인간의 생각 속에서 그려낸 가상세계를 바탕으로 하고 있기 때문이다.

예컨대 유클리드의 『기하학 원론』에 나오는 점, 선, 면 등을 생각해보자. "점은 쪼갤 수 없는 것" 또는 "점은 위치만 있고 크기가 없는 것"이라고 정의했다. 그런데 현실세계에서 그런 점이 어디에 있는가, 위치만 있고 크기가 없는 점을 어떻게 표시할 수 있는가? "선은 폭이 없이 길이만 있는 것", "면은 길이와 폭만 있는 것"이라고 했는데 이것들도 마찬가지다. 유클리드가 정의하는 점, 선, 면은 실재하는 것이 아니라 우리 머릿속에 있는 것들이다. 그런데도 수학을 과학이라고 자꾸 착각하는 것은 과학이 수학을 아주 중요한 도구로 이용하고 있기 때문이다. 로빈 애리앤로드Robyn Arianrhod의 『물리의 언어로 세상을 읽다』에서는 수학과 과학의 불가분의 관계를 이렇게 말한다.

요즘은 수학이라는 보편적인 언어가 물리적인 우주의 기본적인 본질과 이 우주 안에서 우리가 차지하고 있는 자리를 탐색하고 표현할 수 있는 가장 기본적인 도구이자 가장 객관적인 도구라고 믿는 물리학자들이 많다. 따라서 그들은 수학이야말로 어떤 부족이나 민족을 규정하는 언어가 아니라 인류라는 종 전체를 규정하는 언어라고 주장한다.[25]

수학은 "인류라는 종 전체를 규정하는 언어"이며, 물리학자들은 수학이 우주의 본질을 표현할 수 있는 가장 객관적인 도구라고 생각한다는 것이다. 서양 과학자들은 이렇게 확신을 가지고 말하는데 역사적으로 동양에서도 '신은 기하학자'라는 생각을 했을까? 그렇지 않다. 인류가 출현해서 숫자와 기호를 발명한 뒤 이집트와 바빌로니아, 중국, 그리스 등에서 수학을 발전시키고 실생활에서 응용했다. 그런데 유독 그리스에서만 수학이 진리라는 믿음을 갖고 있었다. 중국에서는 수학을 계산하는 데 이용했을 뿐, 수학에 세상 만물의 이치가 들어 있다고 보지는 않았다. 유럽에서만 수학이 옳다는 믿음을 가지고 우주를 설명하는 데 수학을 활용해야 한다고 생각했다. 이렇게 수학에 대한 생각과 실천이 다른 것은 바로 철학이 달랐기 때문이다. 무엇을 믿고 어떻게 행동할지를 결정하는 가치판단은 곧 철학의 문제였다.

그리스 철학자 플라톤Platon, 기원전 428?~347?은 기하학, 즉 수학을 신봉했다. 그는 자신이 세운 아카데미의 출입구에 "기하학을 모르는 자는 들어오지 말 것"이라는 문구를 적어놓았다. 또 철학자나 정치가에게 가장 필요한 훈련이 있다면 그것은 수학교육이라고 강조했다. 그래서 플라톤은 시라쿠스의 폭군 디오니시우스 2세가 훌륭한 군주가 되기 위해서는 기하학을 배워야 한다고 말했다. 플라톤이 누구인가? 플라톤 이후 서양 철학은 플라톤 철학의 각주에 불과하다는 말이 나올 정도로 2,000년 동안 서양 철학사를 지배했던 인물이다. 이러한 플라톤이 자신의 철학체계에서 수학을 가장 핵심적인 위치에 올려놓았던 것이다. 그러면 플라톤은 왜 그렇게 수학에 빠져들었던 것일까?

플라톤이 살던 그리스는 대량살육과 참혹한 전쟁에 시달리고 있었다. 그리스의 도시국가들은 아시아의 강대국 페르시아와의 전쟁이 끝난 뒤에 심각한 내전 상태로 들어섰다. 아테네와 스파르타의 두 도시국가는 펠로폰네소스 전쟁^{기원전 431~404}을 일으켰고 이 전쟁은 30년 가까이 지속되었다. 증오의 불씨가 남아 싸움이 끊이지 않았고 그리스의 도시국가들은 공멸의 길로 치닫고 있었다. 플라톤은 이러한 전쟁을 온몸으로 겪어내면서 자신의 철학체계를 세웠다. 전쟁에 지친 그리스인들에게 플라톤은 진리를 통해 그리스 사회가 올바른 방향으로 가도록 설득하고자 했다.

플라톤의 『국가』는 올바름이 무엇인지를 밝히고 이러한 올바름을 토대로 새로운 공동체를 실현하기 위해 쓰인 책이다. 그의 철학에서 절실하게 필요한 것은 옳고 그름을 나누고 사회적 합의를 이끌어낼 수 있는 진리였다. 플라톤은 무엇보다 확실하고 누구나 설득할 수 있는 강력한 처방을 제시했는데 이것이 바로 '이데아'였다. 그는 현실세계와 이데아의 세계를 분리시키고, 눈에 보이지 않는 곳에 완벽한 이데아의 세계가 있다고 주장했다. 플라톤에게는 전쟁과 폭력, 속임수가 판을 치는 현실세계는 가짜고 이데아의 세계가 진짜였던 것이다. 다시 말해 지금 우리가 눈으로 보고 있는 우주는 진짜를 모사한 복사본에 불과하고 이데아의 세계가 실재하는 진짜 우주라고 본 것이다.

　이렇게 플라톤은 이데아라는 가상의 것에 사유의 초점을 맞추고 현실세계의 돌파구를 찾았다. 그리고 이데아를 설명하는 데 수학을 활용했다. 피타고라스의 영향을 받은 그는 우주를 공처럼 둥근 구형과 원운동으로 그렸다. 우리가 살고 있는 우주는 신이 선한 목적을 가지고 이데아를 본떠서 만든 최상의 창조물이었다. 이러한 우주는 당연히 기하학적 도형과 수학적 법칙에 따라 운행되는 완벽한 세계였다. 따라서 우주의 신비를 풀고 자연세계를 탐구하기 위해서는 수학적 훈련을 받고 수학으로 설명할 수 있어야 한다. 숫자와 도형, 기호는 어린아이도 이해할 수 있을 만큼 단순하고 명료하다. 또한 피타고라스의 정리처럼 머릿속에서 생각만으로 풀어내는 수학의 논증은 인간의 감각이나 경험과는 무관하게 확실한 답을 도출할 수 있다. 보편적이고 확실한 지식을 추구하는 플라톤은 이러한 수학으로부터 지적 영감을 받았던 것이다.

　"신은 기하학자다"라는 말을 다시 생각해보자. 신은 인간이 생각할 수 있는 가장 올바르고 선하고 완전한 존재다. 이러한 신이 기하학자라면 당연히 수학도 신의 반열에 오르게 된다. 그리스의 철학자들은 수학에서 아름답고 완벽하고 영원하다는 신적인 속성을 느끼고 믿기 시작했다. 서양 지성사에 등장하는 수많은 철학자와 과학자들은 수학에서 진리성을 발견했다. 철학자 버트런드 러셀 Bertrand Russell, 1872~1970은 이렇게 말했다. "영원하고 정확한 진리에 대한 믿음, 초감각적이고 예지적인 세계에 대한 믿음의 주요한 원천이 바로 수학에 있다는 것이 나의 생각이다." 이러한 서양 철학의 전통은 어떤 문명권보다 객관적 사실에 더 가까이 다가설 수 있었다. 수학을 과학의 언어로 만들고 수학과 과학을 결합해서 나중에 신의 자리까지 넘보게 되었던 것이다.

어떻든 플라톤 이후 서양 철학의 목표는 분명해졌다. 철학은 확실성을 추구하고 보편적 원리를 찾는 학문이 되었다. 아리스토텔레스는 『형이상학』에서 "철학은 영원한 존재의 진리와 원리를 탐구하는 학문"이라고 말했다. "우리가 탐구하고 있는 것은 '존재하는 것'의 원리와 원인이다." 여기에서 '존재하는 것'은 세계의 모든 것이다. 지구와 태양, 달, 별뿐만 아니라 지구에 살고 있는 온갖 종류의 생물들 그리고 날씨, 지진, 일식과 월식 같은 자연현상들까지 총망라한 것이다. 아리스토텔레스는 신화나 전설에 의지하지 않고, 합리적이고 체계적인 설명으로 세계가 무엇인지를 근본적으로 밝혀내려고 했다. 중요한 철학적 문제는 '존재하는 것', 즉 실체란 무엇이냐는 물음에서 시작된다는 것이다.

예나 지금이나 변함없이 탐구되지만 항상 난관에 봉착하는 '존재하는 것'이란 무엇이냐는 물음은 실체란 무엇이냐는 물음에 다름 아니다. (……) 그래서 우리 역시 이런 의미로 '존재하는 것'이 무엇인지를 가장 주된 문제로, 제일 먼저, 거의 그것만 다룬다고 할 정도로 탐구해야 한다.[26]

아리스토텔레스는 『자연학Physica』에서 동식물, 천문, 기상 등의 자연세계에 대한 연구를 했다. 예를 들어 동물학의 분류에서 '개미는 무엇인가? 뱀은 무엇인가? 소는 무엇인가? 고래는 무엇인가?' 등을 탐구했다. 그 과정에서 알을 낳는 난생, 새끼를 낳는 태생, 척추가 있는 동물, 척추가 없는 동물을 분류했다. 그리고 나서 동물이란 무엇인가, 생명이란 무엇인가를 묻고, 궁극적으로 인간이란 무엇인가를 질문한다. 처음에 개미나 뱀, 소, 고래가 무엇인지는 쉽게 대답할 수 있다. 그런데 동물이란 무엇인가, 생명이란 무엇인가, 인간이란 무엇인가를 설명하려면 점점 까다로워진다. 엄밀히 말해 개미와 소는 세상에 존재하지만 동물이나 생명은 보편적 개념일 뿐 세상에는 없는 것이다. "보편적인 것은 실체가 아니다"라고 아리스토텔레스가 밝혔듯 보편적 개념은 철학자들이 세계를 이해하는 과정에서 만든 것이다. 이렇듯 '존재하는 것'을 탐구하다 보면 '존재하는 것'의 본질과 보편적 원리로 탐구의 주제가 깊어지고 넓어진다.

아리스토텔레스는 『자연학』을 바탕으로 자연현상의 보편적 원리를 설명하는 『형이상학Metaphysica』을 썼다. 『자연학』의 '피직스physics'는 그리스어로 '자연스럽다'는 뜻이었는데 오늘날 '물리학'이 되었고 '메타피직스metaphysics'는 '형이상학'으로 불린다. 아리스토텔레스의 '메타피직스'는 특별한 역사적 기원을 갖고 있는 책 제목이다. 기원전 100년경 로도스 섬의 안드로니코스Andronicos는 아리스토텔레스의 저작물들을 정리하면서 제목이 없는 책들을 『자연학』 뒤에 놓았다. 그리고 "피직스 이후의 책The Book after the Physics"이라는 뜻에서 '메타피직스'라는 제목을 달았다고 한다. 그 후에 '메타meta'라는 말은 '이후after'라는 뜻과 무엇을 '넘어서다trans', '초월하다'의 뜻을 지니게 되었다.

'메타피직스'는 다시 중국, 한국, 일본에서 '형이상학'으로 번역되었다. 형이상학은 12세기 중국의 유학자 주희朱熹. 1130~1200가 썼던 용어다. 주희는 자연세계를 구성하는 물질적 토대를 '형이하학形而下學'이라고 하고, 그에 대비해 물질의 궁극적인 원인을 탐색하는 학문을 '형이상학形而上學'이라고 불렀다. 형이상학이라는 용어가 좀 어렵기는 하지만 쉽게 생각하면 이렇다. 서양이나 동양에서 철학자들은 세계에서 벌어지는 현상에 대해 '무엇인가?What is?'라는 질문을 했다. 눈에 비친 사물들을 보면서 '개미는 무엇인가? 소는 무엇인가?' 질문한 것처럼 말이다. 그런데 철학자들은 '무엇인가'라는 질문을 할 때는 눈에 보이는 모습에 만족하지 않고 '무엇 너머에 무엇'이 있다고 생각했다. 즉 '개미는 무엇인가?'라는 질문을 하면서 동시에 '개미는 왜 있는가? 개미가 존재하는 목적이 무엇인가?'에 대한 답을 찾으려고 했던 것이다.

만약 개미가 왜 존재하는지를 물어본다고 치자. 대부분의 사람은 개미가 하찮기 때문에 '그냥 있겠지'라고 말할 것이다. 그런데 '생명은 무엇인가? 생명은 왜 존재하는가? 인간은 무엇인가? 인간은 왜 존재하는가?'라는 질문에는 '그냥 있겠지'라는 말을 쉽게 하기는 어렵다. 인간처럼 특별한 존재에는 뭔가 이유가 있을 것 같기 때문이다. 이와 같이 세계에 존재하는 것들을 탐구하는 학문을 철학에서 존재론ontology, '형이상학'이라고 했다. 세계와 인간의 존재, 그 존재의 본질을 탐구하는 형이상학은 '왜 무無가 아니고 유有인가? 왜 세계는 아무것도 없는 것이 아니고 있는가?'와 같은 궁극적인 질문에 이른다. 이 질문에 답하고자 했던 철학자들은 최초의 세계를 있게 한 '제1원인'으로 신을 떠올렸다. 형이상학에서 존재의 원인과 목적을 추구하다 보면 최종점에서 신을 만나게 된다. 결국 형이상학의 정점에는 신이 있었고, 수많은 철학자가 신의 존재를 증명하려고 애썼다.

형이상학이나 존재론 하면 어렵게 생각되지만 존재가 철학의 출발점인 것은 당연하다. 당신은 아침에 눈을 뜨면 무엇을 느끼는 가? 나 자신이 느껴질 것이고 주변 사물들, 집, 하늘, 나무가 보일 것이다. 누구나 한번쯤 '나는 왜 태어났나? 나는 왜 존재하나?' 이런 생각을 해봤을 것이다. 이렇듯 철학은 나 자신과 주변 세계의 실체를 탐구하는 것에서 시작되었다. 철학자들은 평범한 우리보다 조금 더 깊은 생각을 파고들면서 '있는 것이란 무엇이며 있는 것을 있게 하는 것은 무엇인가?', '있는 것의 궁극적 원인은 무엇인가?'를 궁금해했던 것이다. 철학자들은 눈에 보이는 '있는 것'을 설명하기보다 있는 것들 '너머'의 보편적 원리와 원인을 파헤치려고 했다.

"모든 인간은 본성적으로 앎을 원한다." 아리스토텔레스의 『형이상학』에 나오는 첫 문장이다. 앎은 인간의 본성이다. 앎은 먹고 자는 것과 같이 일상생활에서 일어나는 삶의 일부분이라는 뜻이다. 누구나 호기심과 궁금증을 가지고 세계가 무엇인지를 알고자 한다. 그러면 세계를 어떻게 아는가? 인간은 감각기관을 통해 실재하는 세계를 안다. 특히 시각이 제일 중요하다고 아리스토텔레스는 말한다. "보는 것이 믿는 것이다"라는 말이 있듯 인간의 뇌는 눈을 통해 정보의 80~90퍼센트를 받아들인다. 아리스토텔레스는 앎에서 시각의 중요성을 꿰뚫어보고 있었다. 이렇게 철학자들은 인간 존재로부터, 보는 것으로부터, 앎으로부터 세계의 원리를 탐구하고 삶의 지혜를 구하려고 했다. 신이라는 초월적 권위에 의지하지 않고 인간의 감각과 추론으로 세계를 이해하려고 한 것이다.

모든 인간은 본성적으로 앎을 얻기 위해 애쓴다. 그 증거는 우리가 감관(감각기관)을 통해 지각하기를 좋아한다는 것이다. 그 유용성은 차치하고서라도 감각한다는 것만으로도 좋아들 하기 때문이다. 무엇보다도 눈을 통한 감각이 제일 그렇다. 행동을 하기 위해서만이 아니라 행동을 할 생각이 없을 때조차도 보는 것을 다른 모든 감각보다 선호하기 때문이다. 그 이유는 이 감각이 사물을 가장 잘 인식할 수 있게 해주고 또 많은 차이를 드러내 주기 때문이다.[27]

뉴턴은 형이상학을
어떻게 극복했는가?

뉴턴Isaac Newton, 1642~1727의 『프린키피아』는 완벽하고 엄밀했다. 1687년 『프린키피아』가 출간되었을 때 유럽의 지식인들은 지적 충격에 휩싸였다. '프린키피아: 자연철학의 수학적 원리 *The Principia: Mathematical Principles of Natural Philosophy*'라는 책 제목에서부터 뉴턴의 자신감과 포부가 드러난다. 자연세계의 철학적 문제를 수학적으로 증명하고 세계의 보편적 원리를 밝혔다는 뜻이다. 뉴턴은 당당히 자신의 책을 '원리'라고 불렀다. 그리고 위대한 그리스 철학자들의 형이상학을 모두 가설로 간주하며 확실한 지식이 아니면 다루지 않겠다는 의미에서 "나는 가설을 만들지 않는다Hypotheses non fingo"고 선언했다.

세계는 무엇인가? 세계는 왜 존재하는가? 지금 우리가 보는 것과 같이 태양과 지구가 있고 낮과 밤이 있으며 울창한 숲과 푸른 바다가 있는데 이러한 세계는 어떻게 이뤄진 것일까? 철학자들은 우주의 근본 물질이 물이나 불 또는 삼각형이라고도 했는데 뉴턴은 아무도 생각하지 못한 중력이라는 힘을 제시했다. 태양과 지구, 달을 비롯해 우주의 모든 물질에는 중력이라는 힘이 작용하고 있다는 것이다. 그래서 지구가 태양 궤도를 돌고 있고 우리는 지구 표면에 붙어서 생활하고 있다. 이러한 중력의 존재를 증명한 책이『프린키피아』였다.

그러면 뉴턴이 세계의 원리를 어떻게 밝혔는지 살펴보도록 하자. 뉴턴은 이제껏 철학이 해왔던 것과는 전혀 다른 방식으로 접근했다. 철학자들은 이데아와 같은 형이상학적 개념들을 제시하고 설명하는 일에 몰두했는데 뉴턴은 처음부터 오해를 불러일으킬 수 있는 언어의 사용을 자제했다. 명료함과 확실성을 추구하기 위해 숫자나 기호, 도형과 같은 수학적 언어를 활용하고 수학적 증명방식을 채택했다. 바로 유클리드『기하학 원론』의 형식을 차용한 것이다. 알다시피『기하학 원론』은 정의definition와 공리axioms, 정리proposition, 논리적 증명으로 전개된 책이다. 점, 선, 면과 같은 기본 요소를 정의하고 자명한 명제를 공리로 정한 다음, 새로운 법칙을 논리적으로 도출하는 방식이다. 이를 형식논리학이라고 하는데 논리적으로 엄밀하게 증명된 결과는 모두 진리라는 보장을 받는다. 뉴턴은 자신이 발견한 법칙이 진리라는 주장을 하기 위해 유클리드의 공리적 방법을 택한 것이다.

그런데 자연세계는 유클리드가 다루는 기하학의 세계가 아니라는 것을 염두에 두어야 한다. 기하학에서 나오는 점, 선, 면 등은 우리가 만들어낸 이상적인 형태의 도형이나 기호다. 따라서 논리적 증명이나 결론을 깔끔하게 유도할 수 있다. 반면 뉴턴의 『프린키피아』는 실재하는 변화무쌍한 세계를 다루고 있다. 매일매일 자전하고 공전하는 지구의 운동과 태양계의 행성들을 상상해보라. 이러한 천체들의 움직임에서 보편적 원리를 찾아낸다는 것은 유클리드의 기하학과는 비교할 수도 없을 정도로 복잡하고 어려운 작업이다. 실재하는 세계를 가상의 계산공간으로 치환하고 완벽하게 논증하기 위해서는 천재의 아이디어가 필요했다.

먼저 뉴턴은 자연세계에서 일어나는 물체의 운동을 기하학으로 표현할 수 있는 방법을 고안했다. 기하학에서 점과 선, 면 등은 실재하는 세계에서 다른 의미를 갖는다. 가령 쏘아올린 화살은 직선 방향으로 똑바르게 날아가지 않는다. 화살은 휘어지기도 하고 빨라지거나 느려지기도 하면서 날아간다. 이것은 직선이든 곡선이든 물체의 운동을 나타내는 거리는 단순히 점들의 집합이라고 할 수 없음을 의미한다. 뉴턴은 물체의 운동이 점으로 표시되는 매 순간마다 그 점 안에 운동이 들어 있다는 것을 간파했다. 그래서 날아가는 화살은 매 순간마다 속도를 갖고 있고, 그 속도는 방향과 힘으로 나타낼 수 있다고 생각했다. 오늘날 우리가 알고 있는 벡터의 개념을 창안한 것인데, 이렇게 뉴턴은 기하학에 실재성을 불어넣었다.

그리고 과감하게 물질matter, 질량mass, 힘force 등과 같은 물리적 개념을 새롭게 정의했다. 『프린키피아』의 첫 장에서 8개의 '정의'는 이렇게 시작한다. "정의 1. 물질의 양은 그것의 밀도와 부피를 서로 곱한 것으로 측정된다." "나는 앞으로 여러 곳에서 이와 같은 양을 물체 또는 질량이라는 이름으로 쓸 것이다." "정의 2. 운동의 양이란 속도와 물질의 양을 서로 곱한 것으로 측정되는 것이다." 운동이란 속도와 질량의 산물이라는 뜻이다. "정의 3. 물질 고유의 힘이란 정지해 있거나 등속 직선운동을 하는 모든 물체가 가능한 한 그 상태를 계속 유지하려는 저항력이다." 이것이 바로 관성의 법칙으로, 질량을 가진 물체는 현재 상태를 계속 유지하려는 관성력을 가진다는 것을 말한다. 오늘날 우리에게 질량이 물질의 '양'이라는 것은 자명해 보이지만 당시에는 물질의 양이 무엇을 뜻하는지, 물질을 측정할 수 있는 것인지도 생각하지 못했다. 그런데 『프린키피아』에서 뉴턴은 『기하학 원론』에서 정의된 20여 가지보다 훨씬 적은 개념을 가지고 태양계의 운동을 전부 설명하겠다고 시도한 것이다.

다시 그리스 철학자들이 질문했던 것들을 떠올려보자. 있는 것을 있게 하는 것이 무엇인가? 존재의 본질은 무엇인가? 이에 대해 아리스토텔레스는 실체를 "있는 것을 있게 하는, 자신은 변화하지 않으며 생겨남도 사라짐도 없는 것"이라고 정의했다. 실체는 질료와 형상이 결합한 것인데 가능태인 질료는 완전태인 형상이라는 목적에 도달하는 과정에서 변화와 운동이 일어난다고 했다. 도토리 씨앗이 자라나서 도토리나무가 되는 것이 변화고, 무거운 본성을 가지고 있는 돌이 땅에 떨어지는 것이 운동이었다. 아리스토텔레스는 돌의 본성이 땅으로 떨어지길 '열망하고' 돌이 구르다가 '지쳐서' 멈추었다는 식으로 설명했다.

그런데 뉴턴은 실체를 무엇이라고 말했는가? 실체는 측정할 수 있는 물질의 양, 질량이라고 했다. 물질은 실험적으로 측정할 수 있는 질량을 갖고 있으며, 이 질량은 물질의 응집력이라는 힘으로 작용한다는 것이다. 뉴턴은 처음으로 물질에 응집력이 있다는 것을 찾아냈다. 질량을 정확히 말하면 얼마나 많은 물질이 그 안에 포함되어 있는가, 다시 말해 물질 안에 몇 개의 원자가 들어 있는가를 의미한다. 원자까지 밝혀지려면 200년은 더 지나야 하는데 놀랍게도 뉴턴은 물질을 실체적으로 인식하고 질량의 개념을 탄생시켰다. 그러고는 자신이 정의한 새로운 개념을 가지고 운동법칙을 발견했다. 예컨대 운동 제2법칙 F=ma(F: 힘, m: 질량, a: 가속도)는 물체의 질량과 가속도, 그리고 그 물체에 가해지는 힘 사이의 관계를 규명했다. 이러한 운동법칙은 우리가 평소 일상생활에서 충분히 알 수 있다. 힘이 크면 클수록 가속도는 커지고 질량이 크면 클수록 가속도는 작아진다. 투수가 야구공을 힘껏 던지면 빨리 날아가지만 무거운 쇠공을 던지면 얼마 날아가지 못하는 것과 같다.

이렇게 물체의 운동을 질량, 가속도, 힘으로 설명한다는 것은 아리스토텔레스의 형이상학에서는 상상도 할 수 없는 일이었다. 뉴턴은 사물의 본성에서 운동의 원인을 찾았던 형이상학에서 과감히 탈피했다. "나는 여기서 이러한 개념을 순전히 수학적인 것으로 사용하며, 그 힘의 물리적 원인이 무엇이며 어디로부터 나오는 것인지 고려하지 않을 것"이라고 말했다. 뉴턴은 이전의 철학이 했던 연구의 목표와 방법을 따르지 않겠다는 뜻을 분명히 했다. 운동의 원인을 알지 못해도 그 원인의 결과를 명백히 설명할 수 있다고 말이다. 예컨대 중력의 원인은 모르지만 중력의 크기는 알 수 있다. 뉴턴은 중력을 물리적 힘이 아니라 수학적 힘으로 생각하고 질량, 가

속도, 거리 등의 수학적 관계식으로 나타냈다.

　여기에 뉴턴의 위대한 통찰이 있다. 중력의 원인을 찾기보다 중력의 작용을 수학적으로 증명함으로써 중력의 존재를 드러낸 것이다. 중력의 크기는 두 물체 사이 거리의 제곱에 반비례하는 것으로 추정되었다($F \propto 1/R^2$, F: 힘, R: 거리). 멀리 떨어진 물체일수록 중력이 작아진다는 것을 알 수 있다. 이러한 중력의 법칙을 케플러가 발견한 행성의 타원운동에 적용해서 검증했다. 행성들 사이에 거리의 제곱에 반비례하는 중력이 작용한다면 행성들의 궤도는 무엇이 될까? 뉴턴은 『프린키피아』에서 이것이 타원 궤도라는 것을 증명했다. 케플러가 궁금해했던 질문, "행성이 부등속 타원운동을 하는데 그 운동을 하게 하는 힘은 무엇일까?"에 대해 뉴턴은 중력이라고 답한 것이다.

　『프린키피아』는 관찰 자료들과 수학적 도형, 수식, 증명으로 넘쳐난다. 1681년, 1682년 등의 연도가 표시된 천문표, 케플러가 작성한 행성들의 관측 기록, 지구와 달의 반지름과 거리 등 수많은 숫자와 기호들이 나온다. 뉴턴은 직접 운동법칙을 만들었고 이것으로 계산한 결과가 실제 관측 기록들과 일치한다는 것을 증명하는 엄청난 수고를 해냈다. 직접 실험하고 관찰한 자료를 바탕으로 법칙을 만들고, 그 법칙이 옳다는 검증 작업을 거쳤다. 마침내 뉴턴의 법칙은 태양계라는 실재하는 세계를 반영하는 진리가 되었다. 세계가 어떻게 작용하는지를 몇 개의 공식으로 모두 설명하고, 세계가 법칙에 따라 작동한다는 것을 보여주었다.

　뉴턴은 당당하게 이렇게 말했다. "나는 지금까지 중력의 이러

〈아이작 뉴턴 경의 우화적 기념관〉

지혜의 여신 미네르바가 뉴턴의 유골이 담긴 단지를 보고 우는 광경을 묘사하고 있다. 28

한 성질들의 원인을 실제의 현상들로부터 발견할 수 없었다. 그리고 나는 가설을 만들지 않는다. 그 이유는 실제로 현상에서부터 꺼낼 수 없는 것들을 가설이라고 부르기 때문이다." 중력의 원인과 같이 실재에서 발견되지 않은 것은 설명하지 않겠다는 뜻이다. 검증할 수가 없는데 어찌 가설을 만들고 연구할 수 있는가! 철학자들이 끊임없이 존재의 이유를 묻고 중력의 원인을 설명하려고 하는데 이것은 모두 형이상학적 가설일 뿐이다. 뉴턴이 이렇게 형이상학을 비판할 수 있었던 것은 과학적 방법이라는 무기가 있었기 때문이다. 바로 실험과 수학이다.

뉴턴 과학은 실증성positivity에서 형이상학을 압도했다. 실험과 수학은 눈앞에서 직접적으로 보여주는 확실한 증거였다. 갈릴레오의 망원경, 케플러의 관측 자료, 뉴턴의 운동법칙과 수학 공식은 코페르니쿠스의 우주체계가 옳다는 것을 완벽히 입증했다. 지동설을 진리로 인정할 수밖에 없었던 것은 과학의 실증성 때문이다. 형이상학이 아무리 반박하려고 해도 옳고 그름을 명확히 판별할 수 있는 과학을 이길 수는 없었다. 검증할 수 없는 형이상학의 논리는 제자리에서 맴돌고 있지만 과학은 틀린 이론을 폐기하고 새로운 이론을 만들며 진리에 접근해갔다. 뉴턴 과학은 '세계는 무엇인가'에 대해 철학이 밝히지 못한 사실을 설명할 수 있었던 것이다.

세계는 일정한 규칙으로 돌아가는 듯한데 그 규칙은 눈에 보이지 않는다. 과학은 눈에 보이는 현상을 관찰하는 것에서부터 시작한다. 개별적인 관찰을 통해 보이지 않는 자연세계의 규칙을 찾아낸 것이 뉴턴의 법칙들이다. 법칙은 과거에 일어난 사실들을 설명하기도 하지만 미래에 일어날 일들을 예측하게도 해준다. 이렇게 법칙을 통해 예측할 수 있다는 것은 인간에게 크나큰 자신감을 주었다. 우리는 예측 가능한 세계에 살고 있으며 세계는 법칙에 따라 작동한다는 것을 자각하게 된 것이다. 이러한 자각은 세계를 단순히 이해하는 것을 넘어 인간의 삶과 세계를 변화시킬 수 있는 실천적인 힘을 부여했다. 『프린키피아』에서 뉴턴은 중력의 존재를 의심하는 사람들을 향해 '법칙에 따라 작용'하는 것임을 재차 강조한다. "우리에게는 중력이 실제로 존재하며, 또한 우리가 여기까지 설명해온 여러 법칙에 따라 작용하고, 천체와 우리의(지구상의) 바다의 모든 운동을 설명하는 데 도움이 된다면 그것으로 충분하다"고 말이다.

이렇듯 뉴턴은 자신의 법칙들이 세계의 모든 것에 적용된다는 확신을 갖고 있었다. 천체와 지구의 운동을 하나의 원리로 설명한 것처럼 빛, 소리, 열, 전기, 인체 등도 같은 원리로 밝혀질 것이라고 보았다. 후대 과학자들에게 자신이 못 다 한 연구를 남겨둔다는 뜻에서 맨 마지막에 언급한 것은 놀랍게도 인간의 정신에 관한 것이었다. 뉴턴의 의미심장한 글을 한번 읽어보자.

전기적 특성을 띤 물체들은 더 먼 거리에서 서로 작용하고, 주변의 입자들을 끌어당기거나 밀어내기도 한다. 그리고 빛은 분사되고, 반사되고, 굴절되고, 구부러지면서 물체에 열을 내기도 한다. 모든 감각기관은 자극되고 그로 인해 동물의 몸 각 부분이 의지대로 움직이게 된다. 다시 말해 이 정신의 진동은 신경의 견고한 섬유질을 통해 외부의 감각기관으로부터 두뇌에 이르고, 다시 두뇌로부터 근육으로 교대로 전해진다. 그러나 이러한 것들을 단순히 몇 마디로 설명할 수는 없다. 우리는 아직 정신의 작용법칙을 정확하게 결정하고 증명할 수 있는 충분한 실험들을 갖지 못했다.[29]

　　뉴턴은 인간의 정신을 물리적인 관점에서 빛과 입자, 두뇌, 신경세포, 전기, 진동, 법칙, 실험 등의 용어로 설명했다. 인간의 정신은 두뇌에 있는 신경세포들의 전기적 진동 같은데 아직 작용법칙을 물리적으로 밝힐 수 있는 실험과 검증이 뒤따르지 못하고 있다고 말하고 있다. 세계는 법칙에 따라 작동한다는 것을 밝힌 거장으로서 인간의 정신이나 마음도 자연세계의 일부라는 사실을 통찰한 것이다. 최근 뇌과학에서 의식이나 기억, 감정 등을 연구하는 것에 비춰보았을 때 뉴턴의 예측은 탁월했다. 그는 언젠가 과학이 인간 마음의 작동법칙까지 규명할 날이 오리라고 예상했던 것이다.

　　『프린키피아』의 출판 이전과 이후의 세계는 달라졌다. 아니 세계 자체가 달라져 보였다. 뉴턴의 원리와 법칙으로 세계는 신비의 베일을 벗고 실체를 드러냈다. 에드먼드 핼리Edmond Halley, 1656~1742는 『프린키피아』의 초판 서문에서 뉴턴을 "진리의 심장부를 열어젖힌", "신에 가장 가까이 간 사람"이라고 칭송했다. 코페르니쿠스의 지동설에서 시작된 '과학혁명'은 뉴턴에 의해 완성되었다. 『프린키피아』는 철학책이 아니라 근대 과학이라는 새로운 학문을 탄생시킨 책이다. 세계를 보는 관점의 변화가 이후에 인간의 삶을 바꾸고 역사를 바꾸게 된 것이다. 철학자들이 추구했던 보편적 진리, 즉 옳고 그름을 나누는 확실한 지식이 새로운 유토피아를 건설할 수 있다는 꿈을 근대 과학이 실현했다. 과학혁명은 유럽 사회의 한복판에 계몽운동이라는 사회적 변혁을 촉발시켰다. 유럽인들은 지식에 대한 믿음과 올바름에 대한 확신이 인간을 주체적으로 각성하게 만들고 불합리와 맞설 수 있는 힘을 준다는 것을 역사적으로 경험했다. 마침내 중세의 낡은 질서를 무너뜨리고 새로운 시대인 근대를 맞이하게 되었던 것이다.

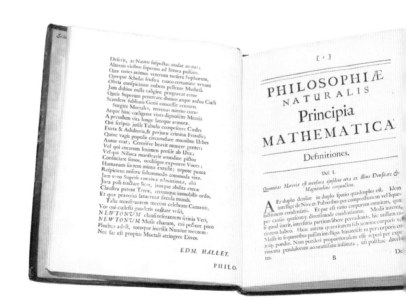

앎이란 무엇인가?

아, 우리가 왜 이것을 몰랐을까! 우리가 진정 무지몽매했구나! 뉴턴의 과학은 유럽인들에게 이러한 탄식을 불러일으켰다. 깜깜했던 세계가 눈앞에서 갑자기 환해지는 느낌을 받은 것이다. "자연과 자연의 법칙들은 어둠 속에 있었네. 그때에 신이 말씀하시길, 뉴턴이 있으라, 하시니 모든 것이 밝아졌네." 알렉산더 포프Alexander Pope, 1688~1744가 감격에 겨워 이렇게 말했듯 유럽인들은 빛을 밝히고 스스로 깨어났다는 뜻에서 '계몽enlightenment'이라는 용어를 썼다. 신의 뜻에 굴종했던 중세는 구태의연하고 어리석고 미개하기 짝이 없는 과거가 되어버렸다. 근대는 신의 도움 없이 스스로 깨어난 인간이 역사를 만들어가는 계몽의 시대였다. 뉴턴 과학은 중세의 사회적 질서뿐만 아니라 철학적 토대까지 뒤흔들어놓았고, 그 여파는 충격적이었다.

유럽인들에게 계몽이란 각성을 의미했다. '나는 누구인가?', '도대체 인간이란 무엇인가?'라는 질문을 진지하게 묻기 시작했다. 사춘기의 미성년이 어른으로 성장하는 과정에서 자기 정체성을 찾고 자기 탐구를 하는 것처럼 말이다. 그런데 어른이 되고 삶의 주인이 된다는 것은 한편으로는 반가운 일이기도 하지만 다른 한편으로는 불안하고 두려운 일이다. 간섭하고 명령하는 누군가가 없어서 자유롭지만 험난한 세상에서 홀로서야 할 의무와 그에 따른 고통이 있다. 모든 일을 스스로 묻고 결정해야 한다는 것. '나는 누구인가'라는 자각은 내 판단이 옳은 것인지, 앞으로 어떻게 살아야 하는지에 대한 각성으로 이어졌다. 근대 철학자들의 문제의식도 이렇게 바뀌게 되었다.

중세 철학의 주제였던 신앙의 문제가 근대 철학에서는 인간으로 옮겨갔다. 철학자들은 신에 의지하지 않고서는 진리를 알 수 없다고 생각했는데 인간이 세계의 보편적 원리를 발견하고 의미 있는 지식을 생산했다. 인간이 세계를 안다! 인간이 앎에 있어서 인식의 주체가 된 것이다. 그러면서 '우리는 무엇을 알 수 있는가?'라는 문제가 중요해졌다. 우리는 모든 것을 다 알 수 있나? 아니면 아무것도 알 수 없나? 도대체 우리는 어디까지 알 수 있는 것이고 어떻게 아는 것인가? 자연과학과 같은 확실한 지식이 등장하고 신의 존재를 의심하는 상황에서 인간의 앎이 믿을 만한 것인지를 따져 묻는 것이 중요해졌다.

철학적 문제─세계는 무엇이고 우리는 어떻게 살아야 하는가—에서 앎이 새로운 문제로 추가되었다. 세계는 무엇인가 다음에 우리는 어떻게 세계를 아는가를 묻게 되었다. 세계는 무엇인가는 실재는 무엇인가, 있는 것은 무엇인가 하는 의미에서 존재론이다. 그리고 우리는 무엇을 알 수 있나, 우리는 실재를 어떻게 아는가, 안다는 것(앎)이란 무엇인가는 인식론epistemology이라고 한다. 고대 철학에서 세계는 무엇인가라는 질문을 했다면, 근대 철학에서는 인간이 세계를 어떻게 아는가라는 질문을 했다. 이렇게 존재론에서 인식론으로 철학의 문제가 확장되었고 인식론은 인간의 사고, 이성, 감각, 경험 등을 다루는 철학의 한 분야가 되었다.

18세기 독일 철학자 이마누엘 칸트Immanuel Kant, 1724~1804는 과학혁명과 계몽주의 이후 유럽이 근대 사회로 가는 길목에서 근대 철학을 정립했다. 그는 코페르니쿠스의 지동설에서 뉴턴의 고전역학까지 200년 동안 과학이 일궈낸 학문적 성과에 감탄했다. 코페르니쿠스, 케플러, 갈릴레오, 뉴턴이 어떻게 과학이라는 지식을 생산했는지가 그의 관심사였다. 칸트는 과학자들이 활용했던 방법론인 수학과 실험, 관찰에 주목했다. 자연세계를 수량화하고 그 수량화한 개념을 가지고 실험한 뒤 실험에서 나온 결과를 다시 논리적으로 추론해서 확실한 지식을 생산했다. 여기에서 수학은 인간의 이성, 실험과 관찰은 인간의 감각과 경험에 의한 것이다. 과학은 이성적이고 경험적인 방법을 동시에 적용하여 실재하는 세계를 정확하게 설명하는 놀라운 성취를 이뤄냈다.

그런데 칸트의 눈에는 이러한 과학의 비약적인 발전에 비해 철학은 답보상태인 것처럼 보였다. 『순수이성비판』의 2판 머리말

첫 문장은 이렇게 시작한다. "학문의 안
전한 길을 걷고 있는가의 여부는 그 성
과로 곧 판정이 나게 된다." 이 말의 뜻은
무엇인가? 과학이 철학보다 더 강력하고
우월한 지식이라는 것은 그 성과를 보면
알 수 있다는 것이다. 칸트가 보기에 과
학은 철학보다 훨씬 잘나가고 있었다. 과
학은 세계를 바꾸고 역사를 바꾸고 있지

않는가! 칸트는 이런 말을 하고 있는 것이다. "자연과학은 훨씬 더
천천히 걸어 학문의 대로를 발견하기에 이르렀다." 반면에 "의심의
여지가 없는 것은, 형이상학의 수행방식은 이제까지 한낱 더듬거리
며 헤매다니"고 있다고 말이다.

　　칸트의 문제의식은 철학사 전체를 비판적으로 검토하고 철학
의 학문적 지위를 확보하려는 것이었다. 18세기 철학은 종교와 과
학 사이에서 갈팡질팡하는 처지에 놓여 있었다. 신생 학문인 과학에
밀리던 철학은 종교의 신비주의나 신과의 연결고리를 끊고 합리성
을 확보하는 것이 급선무였다. 그래서 철학은 근대 과학의 방법론을
흡수하고 인간의 앎, 즉 인식론을 중심주제로 놓았다. 칸트는 『순수
이성비판』에서 '나는 무엇을 알 수 있는가'를 탐구하고, 『실천이성
비판』에서는 '나는 무엇을 할 수 있는가'를 묻고 답했으며, 『판단력
비판』에서는 '나는 무엇을 희망할 수 있는가'라는 물음을 던졌다.

　　칸트는 이러한 철학적 문제를 해결하기 위해 『순수이성비판』
에서 새로운 대안을 제시했다. 이제껏 철학이 세계가 무엇인지를 탐구했다면, 자신은 인간의 앎이 무엇인지를 먼저 탐구하겠다고 말했다. 세계보다 더 중요한 것은 인간이라는 파격적인 주장을 한 것이다. 세계가 아무리 대단한 진리를 품고 있어도 인간이 발견하지 않으면 아무런 의미도 없다. 미성년에서 성년으로 발돋움하는 근대철학은 이렇게 전면적으로 인간을 내세웠다. 인간은 이성이나 경험 같은 앎의 형식을 통해 세계를 파악하고 설명하는데, 결국 이러한 인간의 앎이 세계를 결정한다는 것이다. 이제 세계가 무엇인가 하는 문제보다 더 중요한 것은 인간의 앎이 되었다. 칸트는 이러한 사고방식의 변화를 코페르니쿠스의 전환이라고 말했다. 『순수이성비판』에서 칸트의 말을 직접 들어보자.

단 한 번에 성취된 혁명에 의해 현재와 같은 것이 된 수학과 자연과학의 실례는, 생각하건대 그것들을 그토록 유리하게 만든 사고방식의 전환의 본질적인 요소를 성찰하기 위해, 그리고 이성 인식으로서 그것들의 형이상학과의 유비가 허용되는 한에서, 여기까지 최소한 그것들을 모방하기 위해서라도, 충분히 주목할 만하다. 이제까지 사람들은 모든 우리의 인식은 대상들을 따라야 한다고 가정하였다. 그러나 대상들을 관하여 그것을 통해 우리의 인식이 확장될 무엇인가를 개념들에 의거해 선험적으로 이루려는 모든 시도는 이 전제 아래에서 무너지고 말았다. 그래서 사람들은 한번, 대상들이 우리의 인식을 따라야 한다고 가정함으로써 우리가 형이상학의 과제에 더 잘 진입할 수 있겠는가를 시도해 봄직하다. (……) 이것은 코페르니쿠스의 최초의 사상이 처해 있던 상황과 똑같다.[30]

칸트는 우리의 인식이 세계를 따르는 것이 아니라 세계가 우리의 인식을 따르는 것이라고 선언했다. "이제까지 사람들은 모든 우리의 인식은 대상들을 따라야 한다고 가정하였다." 그러나 "사람들은 한번, 대상들이 우리의 인식을 따라야 한다고 가정함으로써 우리가 형이상학의 과제에 더 잘 진입할 수 있겠는가를 시도해 봄 직하다"고 말한다. 칸트의 이러한 주장은 우주의 중심을 지구에서 태양으로 바꾼 코페르니쿠스의 지동설과 맞먹는다. 확연히 다른 관점에서 철학을 하겠다는 것이다.

플라톤의 고대 철학 이래로 진리(이데아)는 인간과 무관하게 존재하고 절대적으로 참이었다. 이러한 절대적 진리는 기독교의 신앙과 결합하여 중세 철학을 형성했다. 그런데 칸트는 절대적이고 완전한 신과 진리를 버리고, 불완전한 인간을 철학의 주체로 등극시켰다. 이제 진리는 불완전하더라도 인간에 의해 끊임없이 추구되고 구성되는 것이다. 플라톤이 그토록 숭상했던 수학적 진리도 사실 인간이 만든 진리일 뿐이다. 수학이나 논리학조차 완전하다고 할 수 있을까? 칸트의 철학이 이렇게 절대적 진리를 내려놓고 '인간에 의한' 진리가 되고 보니 인간의 한계에 직면하게 되었다. 다시 말해 진리를 추구하는 데 활용되는 인간의 이성, 경험, 감각의 불완전함을 어떻게 극복할 것인지가 문제가 되었다.

인간의 앎은 불확실하다. 보고, 듣고, 느끼고, 생각하는 앎은 사람에 따라 또는 상황에 따라 달라진다. 앎의 형식이라고 하는 이성, 경험, 감각에 대해 수많은 철학자가 논쟁했던 이유가 여기에 있다. 어떤 철학자가 경험보다 이성을 중시하면 합리론자로, 이성보다 경험을 더 중시하면 경험론자로 분류된다. 실제로 인간의 이성과 경험을 나눈다는 것이 무의미하지만, 이는 서양 철학에서 오랫동안 다뤘던 방식이다.

칸트는 형이상학의 문제를 검토하면서 인간의 자기 한계를 규정하려고 노력했다. 『순수이성비판』은 책 제목 그대로 순수이성을 비판한 책이다. 왜 철학에서 이성이 문제가 되는지 생각해보자. 플라톤 이후 많은 철학자가 감각과 경험의 불완전함을 극복하기 위해 선험적이고 필연적인 진리를 추구해왔다. '선험적' 또는 '초월적' 진리란 앎의 근거가 되는 경험적 증거들을 배제하고 오로지 이성으로만 실재에 접근하는 것을 뜻한다. 논리학과 선험적 추론, 신의 존재를 증명하는 사고실험 등이 대표적이다. 가령 "자, 눈을 감고 머릿속으로 완벽한 세계가 있다고 상상해보라. 다시 그것보다 더 완벽한 세계를 상상해보라. 올바르고 확실하고 변치 않는, 우리가 생각할 수 있는 최고의 도덕적 경지를 상상해보라. 그것이 바로 신의 존재다"라는 식이다.

칸트는 이렇게 철학에서 과도하게 이성이 남용되는 것을 비판하고자 했다. 『순수이성비판』은 이성을 법정에 세워, 우리가 이성을 통해 알 수 있는 것과 알 수 없는 것을 판결했다. 예를 들어 '하늘은 왜 파란가'와 '신은 존재하는가'의 문제를 법정에 세웠다고 치자. 하늘이 파랗다는 사실은 과학으로 알 수 있다, 이것은 인간이 알 수 있는 확실한 지식이다, 탕탕 판결을 내린다. 그다음에 신이 있는지 없는지는 인간이 절대로 알 수 없는 지식이다, 그러므로 신의 존재는 학문으로 다루지 말자, 탕탕 판결을 내리는 식이다. 칸트는 『순수이성비판』에서 뉴턴 과학은 인간이 알 수 있는 지식이고, 신의 존재를 다루는 형이상학은 인간이 알 수 없는 지식으로 선을 긋고 교통정리를 했다. 이렇게 칸트는 인간 이성의 한계를 인정한 다음 과학과 형이상학을 구분하고 재정의했다. 그래서 칸트 철학을 '자기 분수를 아는 새로운 형이상학'이라고 일컫는 것이다.

지금까지 뉴턴 과학을 중심으로 칸트 철학을 살펴보았다. 코페르니쿠스와 갈릴레오, 뉴턴이 없었다면 칸트 철학도 등장하지 않았을 것이다. 한때 칸트는 물리학, 수학, 지리학 연구에 몰두하면서 과학을 찬미한 반면, 형이상학을 단호히 비판했다. 하지만 과학자는 아니었다. 알다시피 칸트는 유럽 대륙의 합리론과 영국의 경험론을 종합해서 이성과 경험을 바탕으로 초월적 관념론을 정립했다. 전통적인 형이상학을 비판하면서 새로운 형이상학을 구축한 철학자였다.

예컨대 칸트는 시간과 공간을 경험적으로 알 수 없는, 인간의 '순수한 직관'이라고 보았다. 시간과 공간은 변화하지 않으며 필연적으로 객관적이라고 확신했다. 뉴턴의 절대시간과 절대공간이 있는 것처럼 말이다. 그러고는 이러한 시간과 공간을 초월해서 우리가 알 수 없는 실체(사물 자체, 물자체)가 있다는 관념론을 주장했다. 그런데 칸트의 관념론은 과학이 발전하면서 시대적 한계를 드러냈다. 아인슈타인의 상대성 이론이 나오자 뉴턴의 절대시간과 절대공간은 잘못된 것으로 판명 났고, 칸트 철학의 토대가 된 시간과 공간 개념도 무너졌다. 이렇듯 철학자의 이론은 그 철학자가 처한 시대적 상황과 학습한 개념에 기초하고 있을 뿐이다.[31]

칸트 철학에 의하면 이 남자는 어떤 것도 볼 수 없다.
시간과 공간 밖의 세계에서 우리는 어떤 것도 알 수 없기 때문이다.
이렇듯 칸트는 뉴턴의 절대시간과 절대공간 개념으로
세계를 이해했다.

플라마리옹 목판
이 그림은 나무와 해, 달, 별이 빛나는 알록달록한 세계와 흑백의 우중충한 세계로 선명하게 경계가 그어
져 있다. 칸트가 말하는 시간과 공간이 있는 세계와 그 밖의 세계다. 그림에서 한 남자가 경계를 넘어 세
상 밖을 보려 한다.

1804년에 칸트가 죽었을 때 그의 묘비에는 『실천이성비판』의 마지막 절이 인용되었다. "나의 마음을 채우고, 내가 그것에 대해 더 자주, 더 깊이 생각하면 할수록 늘 새로운 경외심과 존경심을 더해주는 것은 두 가지가 있다. 머리 위에 별이 빛나는 하늘, 그리고 내 마음속의 도덕법칙." 칸트에게 '별이 빛나는 하늘'은 인간의 이성으로 밝혀낼 수 있는 자연세계이고 '내 마음속의 도덕법칙'은 신과 종교의 세계, 과학으로 밝힐 수 없는 세계였다. '우리는 무엇을 해야 하는가' 하는 인간의 도덕에 대해 칸트는 "네 의지와 준칙이 항상 보편타당한 입법이 되는 것처럼 행위하라"는 정언명령의 윤리학을 제시했다. 인간 스스로 양심이 시키는 대로 해야 할 일을 결정하고 실천하라는 뜻이다. 철학자들은 '내 마음속의 도덕법칙'을 과학이 손댈 수 없는 신성불가침의 영역으로 생각했으나 21세기의 과학자들은 뉴턴이 예상했던 방식으로 우리 마음의 소리를 듣기 위해 탐구하고 있다.

루트비히 비트겐슈타인의 『논리철학 논고』 ────────

철학에 대한 새로운 정의,
철학은 학문이 아니다

LUDWIG
WITTGEN-
STEIN

"플라톤이 그렇게 똑똑한가?" 서양 철학사에서 플라톤의 영민함을 비웃는 천재가 나타났다. 20세기에 가장 영향력 있는 철학자로 불리는 비트겐슈타인Ludwig Wittgenstein, 1889~1951이다. 그는 1889년 오스트리아-헝가리 제국의 수도비엔나에서 부유한 재벌 가문의 막내아들로 태어났다. 출생부터 예사롭지 않았던 비트겐슈타인은 남들과 다른 경로를 밟으면서 철학자가 되었다. 영국의 맨체스터 대학에 다니다가 우연한 기회에 러셀이 쓴 『수학의 원리』를 읽고 철학적 의문에 사로잡혔다. 스물세살이었던 1912년, 그는 곧바로 케임브리지 대학에 가서 러셀을 만났고 철학적 재능을 인정받았다. 그때부터 비트겐슈타인은 철학을 배우는 학생이 아니라 철학자로 대접받았다. 겉보기에는 러셀의 제자였지만 러셀의 학문적 능력을 뛰어넘어 스승이 되었던 것이다.

러셀은 비트겐슈타인에게서 천재의 특성을 발견하고 이렇게 말했다. "내가 아는 천재들 중에서 아마도 가장 완전히 전통적 천재관에 부합되는 열정적이고 심오하며 강렬하고 지배적인 천재의 예였다." 비트겐슈타인은 플라톤뿐만 아니라 아리스토텔레스, 스피노자, 라이프니치, 흄 등 서양 철학사에 등장하는 철학자들의 책을 거의 읽지 않았다. 그는 과거의 철학자들이 철학적 문제를 어떻게 해결했는지 공부하기보다는 스스로 철학적 문제들을 인식하고 해결을 시도했다. 그리고 1921년 『논리철학 논고』를 출판하여 학계의 주목을 받기 시작했다. 이 책에서 비트겐슈타인은 철학의 모든 문제를 해결했다고 공언했다.

그런데 현대 철학의 최고 고전으로 불리는 『논리철학 논고』는 어렵기로 악명 높은 책이다. 첫 장을 여는 순간, "1 세계는 일어나는 모든 것이다. 1.1 세계는 사실들의 총체이지, 사물들의 총체가 아니다" 등등 잠언집에나 나올 법한 말들이 나열되어 있다. 번호가 매겨진 명제들이 전부고 설명이 전혀 없다. 비트겐슈타인은 왜 이렇게 수수께끼 같은 말로 가득한 철학책을 쓴 것일까? 그의 삶이 궁금할 수밖에 없다.

어린 시절부터 비트겐슈타인은 끊임없이 자살 충동에 시달렸다고 한다. 그가 부딪힌 세상은 불합리하고 모순투성이였다. 천재의 삶에서 마음 둘 곳은 오직 이 모순된 세계를 자기 방식으로 이해하는 길뿐이었다. 인간의 존재이유는 무엇일까? 인간의 존재이유가 없다면, 인간은 죽어도 되는 것인가? 인간이 죽지 '말아야' 한다면, 왜 죽음이라는 현상이 '일어나는' 것일까? 여기서 죽지 '말아야' 하는 것이 '당위'고, 죽음이 '일어나는' 것이 '사실'이라면 당위와 사실은 왜 어긋나는 것일까? 칸트는 인간의 마음속에 도덕법칙이 있다고 했는데 세계에 도덕법칙이 존재하는 것일까? 만약에 세계에 도덕법칙이 존재하지 않는다면, 대체 어떻게 살아야 하는가? 옳고 그름을 어떻게 나눌 수 있으며 올바른 삶이란 무엇인가? 세상 사람들은 자신처럼 이런 철학적 문제를 몰라도 결혼하고 아이 낳고 행복하게 잘 사는데 철학에서 올바른 삶을 찾아낸들 무슨 소용이 있단 말인가? 이렇게 비트겐슈타인은 지적 충동에 이끌려 죽어라 고뇌하고 미친 듯이 철학에 매달렸다.

그런데 비트겐슈타인에게 중요한 것은 지식이 아니라 삶이었다. 삶에서 일어나는 모든 문제가 철학적 문제였고, 이러한 문제가 해결되지 않으면 살 수 없었다. 비트겐슈타인은 『논리철학 논고』를 쓴 직후에 러셀에게 이렇게 말하고, 케임브리지 대학을 떠났다. "내가 인간이 되기 전에 어떻게 논리학자가 될 수 있겠습니까! 훨씬 더 중요한 일은 나 자신과의 문제를 해결하는 것입니다." 그리고 노르웨이의 산속 마을에서 혼자 지내며 절박한 심경으로 연구했다. "완전한 명료함 그렇지 않으면 죽음, 그 중간에는 아무것도 없었다." 전부가 아니면 아무것도 아니다all or nothing. 중간도 없고 타협도 없다. 비트겐슈타인은 죽을 때까지 자신의 삶의 모든 것을 걸고 철학했다. 세상 사람들은 그를 기이하고 괴팍한 철학자로 알고 있지만 그만큼 진지하고 정직한 철학자도 없었을 것이다. 도대체 진리가 무엇인가? 의미 있는 지식이 무엇인가? 철학은 진리를 추구하는 학문이라고 하는데 진리를 왜 추구하는가?
비트겐슈타인은 진리가 어떻게 살아야
하는지에 대한 답을 주지 않으면 아무런
의미도 없다고 생각했다.

　　"우리는 너무 많이 알고 있다." 비트
겐슈타인이 종종 한 말이다. "나는 거의
철학책을 읽지 않았지만, 분명히 적게가
아니라 오히려 너무 많이 읽었다. 철학책
을 읽을 때마다 나는 그것이 내 생각을 개선시키지 못하며 더 악화
시킴을 알게 된다." 배움과 깨달음이 없는 지식 습득은 삶에 도움이
되지 않는다. 우리는 인생의 많은 시간을 쓸데없는 지식을 배우는
데 낭비하고 있다는 것이다. 이러한 각성에서 『논리철학 논고』에
"4.112 철학은 학문이 아니라 활동이다"라는 유명한 말을 남겼다.
철학은 공부하는 학문이 아니라 삶의 문제를 해결하는 활동이라는
것이다. 'study philosophy'가 아니라 'do philosophy'라는 뜻에서
쓴 말이다.

　　철학을 공부하지 말고 철학하라! 비트겐슈타인은 세계와 인
간, 삶의 모든 문제를 통찰하고 『논리철학 논고』를 썼다. 일련번호
가 있는 일곱 개의 주요 명제를 제시하고, 각 딸림 명제에 주석과
해설을 덧붙였다. 중요한 일곱 개의 명제를 분석하면 제일 먼저 세
계가 무엇인지를 말하고, 그다음에 사실이 무엇인지, 그다음에는
사고에 대해, 그다음에는 명제에 대해 말하고 맨 마지막에 "7 말할
수 없는 것에 관해서는 침묵해야 한다"로 끝맺고 있다.

1 세계는 일어나는 모든 것이다.

2 일어나는 것, 즉 사실은 사태들의 존재 상태다.

3 사실들의 논리적 그림이 사고다.

4 사고는 의미를 지닌 명제다.

5 명제는 기본적 명제(요소 명제)들의 진리 함수다.

6 진리 함수의 일반적 형식은 (……) 이렇다.

7 말할 수 없는 것에 관해서는 침묵해야 한다.

　　이 명제들만 보면 무슨 말을 하는지 알 수 없는데 비트겐슈타인의 독창적 세계관은 다음의 그림과 같이 이해할 수 있다. 그림은 디지털 카메라를 통해 자유의 여신상을 실물보다 더 선명하게 보고 있다. 여기에서 디지털 카메라는 '논리'고 카메라에 찍힌 사진은 '언어'를 뜻한다. 진짜 자유의 여신상은 저 멀리에서 흐릿하게 보이는데 카메라로 찍어서 사진으로 보면 정밀하고 명확하게 볼 수 있다. 우리는 논리라는 형식을 통해 언어로 표현된 세계를 보고 있다는 것이다. 성능 좋은 카메라를 이용한다면, 다시 말해 논리가 정확하다면 더 선명한 세계의 그림을 얻을 수 있다. 비트겐슈타인은 우리의 사고가 언어를 매개로 세계의 그림을 표상한다고 생각했다. 언어는 세계의 그림이자 사고의 표현이라는 것이다. 비트겐슈타인은 우리가 세계를 아는 것에 대해 다음과 같이 철학적 용어로 설명했다. 무엇인가 안다고 할 때 머릿속에 그림이 그려진다는 것, 앎이란 그림처럼 떠오른 생각을 언어로 설명한 것이라고 말이다.[32]

4.01 명제는 실재의 그림이다.
명제는 우리가 생각하는 바와 같은 실재의 모형이다.

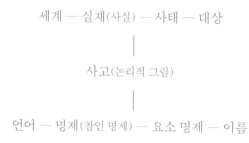

세계 ─ 실재(사실) ─ 사태 ─ 대상

사고(논리적 그림)

언어 ─ 명제(참인 명제) ─ 요소 명제 ─ 이름

『논리철학 논고』에서 주장한 것은 다음과 같이 요약, 정리할 수 있다. 1. 언어는 인간이 발명한 사고의 도구다. 2. 실재에 대한 확실한 지식은 과학이 유일하다. 3. 그런데 과학은 실재의 원리를 말해줄 뿐, 실재의 의미를 말해주지 않는다. 4. 비유하자면 과학은 공허한 진리다. 5. 예술과 행복 등 엄밀히 정의할 수 없는 말들을 가치언어라고 한다. 6. 가치언어로 이루어진 문장은 참, 거짓을 판별할 수 없으므로 명제가 아니다. 7. 명제가 아닌 것, 즉 말할 수 없는 것에 대해서는 논의할 수 없다.

세계는 무엇이고 우리는 어떻게 살아야 하는가? 비트겐슈타인은 이 문제에 대해 명료하게 결론을 내렸다. 세계는 사실들의 총체이고 이러한 사실들은 과학이 밝혀내고 있다. 그리고 우리가 어떻게 살아야 할 것인가는 철학을 통해 알 수 있는데 이것은 말해질 수 없다고 말이다. 종교, 삶의 가치, 논리학, 미학, 윤리학, 철학 등은 밝힐 수 없고 그 자체로 보여주는 것이다. 사랑은 무엇인가, 철학은 무엇인가에 대해 비트겐슈타인은 이렇게 답한 것이다. 사랑의 본질 같은 것은 없다, 사랑에 대해 말하려고 하지 마라, 사랑이라는 용어가 어떻게 쓰이는지 가서 보라. 마찬가지로 철학이 무엇인가를 묻지 마라, 철학의 본질 같은 것은 없다, 철학이 어떻게 연구되는지 가서 보라.

비트겐슈타인은 과학과 철학을 엄격히 구분했다. 과학과 같은 '사실'은 말할 수 있는 것이고, 철학과 같은 '가치'는 말할 수 없는 것이다. 가치는 말해질 수 없고 다만 드러내 보일 뿐이다. 러셀은 철학을 과학 같은 확실한 지식으로 만들고 싶은 꿈을 가지고 있었는데 비트겐슈타인은 『논리철학 논고』에서 철학이 결코 과학이 될 수 없다는 것을 증명했다. "4.111 철학은 자연과학들 중의 하나가 아니다." "우리가 철학에서 발견하는 것은 사소한 것이다. 그것은 우리에게 새로운 사실들을 가르쳐주지 않기 때문이다. 단지 과학만이 그런 일을 한다." 비트겐슈타인은 지금까지 수많은 철학자가 해왔던 연구가 우리에게 어떤 해결책도 주지 못한다고 비판했다. 철학이 삶을 바꾸지도 세계를 바꾸지도 못했다는 것이다. 이러한 비트겐슈타인의 주장은 철학자들에게 청천벽력과 같은 소리였다. 그동안 철학이 모두 무가치하고 잘못된 방향에서 연구해왔음을 지적했기 때문이다.

그러면 철학은 무엇을 해야 하는가? 비트겐슈타인은 세계의 문제가 언어의 불명확함 때문에 생겨난다고 보았다. "5.6 나의 언어의 한계들은 나의 세계의 한계들을 의미한다." 따라서 철학의 역할은 언어의 혼란을 해소하기 위해 개념을 명료하게 설명하는 것이라고 주장했다. "4.0031 모든 철학은 '언어비판'이다." "4.112 철학의 목적은 사고의 논리적 명료화다." 이것에 영향을 받은 오스트리아의 철학자들은 형이상학을 거부하고 언어의 명료화를 추구하는

'논리실증주의logical positivism'를 태동시켰다. 오스트리아의 수도 비엔나에서 활동하던 학자들이 모여서 비엔나 학파를 결성하고 '과학적 철학'을 목표로 탐구했다.

하지만 정작 비트겐슈타인은 논리실증주의에 관심이 없었다. 그에게 중요한 것은 말할 수 있는 것이 아니라 말할 수 없는 것들이었다. 즉 과학은 말할 수 있는 것이기 때문에 그에게는 중요하지 않았다. 진정 중요한 것은 말할 수 없고 다만 드러나 보이는 것들, 이를테면 삶의 가치, 종교, 윤리학, 미학, 예술, 음악 등등이었다. 비트겐슈타인이 그토록 고뇌하면서 밝히고 싶었던 것들도 바로 삶의 가치에 관한 것들이었다. 그런데 절망스럽게도 그는 세계에 가치가 존재하지 않는다는 것을 통찰했다. 아무리 삶의 가치를 찾으려고 해도, 그 답을 찾을 수 없다는 사실을 깨달았던 것이다. 함부로 가치에 관한 말을 해서는 안 된다는 뜻에서 "말할 수 없는 것에 관해서는 침묵해야 한다"고 한 것이다. 『논리철학 논고』에서 그의 말을 읽어보자.

6.41 세계의 뜻은 세계 밖에 놓여 있지 않으면 안 된다. 세계 속에서 모든 것은 있는 그대로 있으며, 모든 것은 일어나는 그대로 일어난다; 세계 속에는 가치가 존재하지 않는다―그리고 만일 가치가 존재한다면, 그것은 아무 가치도 가지지 않을 것이다.

가치를 가진 어떤 가치가 존재한다면, 그것은 모든 사건과 어떠어떠하게-있음 밖에 놓여 있지 않으면 안 된다. 왜냐하면 모든 사건과 어떠어떠하게-있음은 우연적이기 때문이다.

(……)

6.42 그렇기 때문에 윤리학의 명제들도 존재할 수 없다.

(……)

6.44 세계가 어떻게 있느냐가 신비스러운 것이 아니라, 세계가 있다는 것이 신비스러운 것이다.[33]

"세계 속에서 모든 것은 있는 그대로 있으며, 모든 것은 일어나는 그대로 일어난다. 세계 속에 가치는 존재하지 않는다." 그저 자연의 법칙에 부합하기만 한다면 세계에는 어떤 일이든 일어날 수 있다. 과학에서 찾아낸 법칙들은 필연적으로 작동하지만 그 외에는 모두가 우연적이다. 세계가 우연적인 사건으로 채워졌다는 것은 세계에 목적이 개입되지 않는다는 뜻이다. 그러므로 세계에 대해 가치판단이나 윤리적 해석은 할 수 없다. 세계에 가치가 없기 때문에 사실로부터 가치를 도출하는 것은 불가능하다. 자연세계가 아름답다, 경이롭다, 숭고하다 등의 가치판단을 하지만 그것은 인간이 느끼는 감정일 뿐이다. "세계가 어떻게 있느냐가 신비스러운 것이 아니라, 세계가 있다는 것이 신비스러운 것이다."

비트겐슈타인의 철학적 목표는 삶에서 올바른 가치를 찾아내는 것이었다. 그런데 세계에 가치가 존재하지 않는다는 사실을 통찰하고는 절망할 수밖에 없었다. 우리는 어떻게 살아야 하는가? 그 중대한 철학적 문제에 자신이 찾은 답은 침묵하는 것이었기 때문이다. 사실의 세계에서 어떤 의미도 찾을 수 없었던 비트겐슈타인은 "세계의 의미는 세계의 밖에 놓여 있어야 한다"고 생각하고 초월적·관념적 철학자가 되었다. 말년에 비트겐슈타인이 점점 신비주의와 종교에 빠져들자, 러셀은 천재의 재능을 포기한 것이라고 안타까워했다.

무엇보다 비트겐슈타인의 문제는 과학의 중요성을 간과했다는 데 있었다. 비트겐슈타인은 러셀의 과학적 세계관을 강렬하게 거부하며 과학과 과학자들에게 냉담한 태도를 보였다. 과학은 철학에 아무런 도움을 주지 않는다고 생각했고, 과학자들과는 철저히 거리를 두었다. 다윈의 『종의 기원』을 읽지 않았으며 진화론과 철학이 아무 관계도 없다고 단언했다. 이렇게 인간의 과학인 진화론이 철학에 어떤 영향을 미치는지 전혀 감지하지 못한 것은 비트겐슈타인의 중대한 실수였다. 직관과 추론에 의존하는 철학은 인간의 정신활동, 즉 뇌의 산물이다. 인간의 뇌 또한 진화했고 진화심리학과 뇌과학을 통해 인간의 직관, 추론, 기억, 학습, 감정, 의식, 언어 등이 밝혀지고 있다. 비트겐슈타인이 '말해질 수 없다'고 한 사고와 가치판단의 과정은 이제 과학을 통해 말할 수 있게 되었다.

일례로 2012년에 출간된 신경생리학자 에릭 캔델Eric R. Kandel, 1929~의 『통찰의 시대The Age of Insite』가 있다. 비트겐슈타인이 말할 수 없다고 한 예술과 미학을 과학적으로 설명한 책이다. 기억의 신경과학적 원리를 밝혀내 2000년에 노벨생리의학상을 받은 에릭 캔델은 『통찰의 시대』에서 예술에 빠져드는 인간의 무의식을 탐구했다. 아름다움과 추함에 대해 인간이 어떻게 생물학적으로 반응하는지, 인간의 욕망과 가치의 근원을 탐색하려고 시도했다. 최근 뇌과학과 신경과학은 도덕, 철학, 예술활동에 대한 과학적 증거들을 제시하고 있다.

　비트겐슈타인이 말한 것처럼 과학은 공허한 진리가 아니다. 『논리철학 논고』에 나오는 통찰들, '세계는 그저 있는 것이다', '세계에는 목적이나 가치가 없다' 등은 스티븐 호킹의 우주론이나 다윈의 진화론에서 입증되고 있다. 우리는 세계를 이해하고 설명하는 것을 넘어 세계에서 어떻게 살아야 하는지에 대해 가치판단을 해야 하는데 과학은 모든 가치판단의 토대가 되는 사실을 제공한다. 21세기의 과학은 철학자의 직관이 닿을 수 없는 우주에서 인간의 마음까지 설명할 수 있는 범위를 점차 확장하고 있다. 이제 본격적으로 과학의 주제로 들어가 우주, 인간, 마음에 관한 과학책들을 읽어보면서 철학자들이 질문했던 근원적 문제에 과학이 어떠한 답을 제시하고 있는지를 살펴볼 것이다.

칼 세이건은 『코스모스』에서 지구와 생명의 가치를 과학적으로 설명하고,
그 생명의 경이로움을 우리에게 이해시키려고 노력했다. 과학의 최우선적인
목표는 생명을 지키는 일이며 이것 또한 인류의 목표라는 것이다. 시선을 지구에서
벌어지는 일들에 두지 말고 우주로 향하면 과학의 미덕이 보인다. 과학은 우주에서
우리가 어떤 존재인지를 밝혀주는 가장 믿을 만한 지식이다. 우주의 관점에서
과학을 공부하고 앎을 확장하면 지금껏 가지고 있었던 삶의 가치가 달라진다.

03
—

우주
모든 존재의 시작

—

COSMOS

STEPHEN HAWKING

CARL SAGAN

GALILEO GALILEI

ITALO CALVINO

ITALO
CALVINO

우리가 듣고 싶은 우주 이야기

본래 우리는 글자보다 영상을 쉽게 이해한다. 진화의 과정에서 글자보다는 실물 풍경을 먼저 접했기 때문이다. 그러면 수억 년 전에 눈이라는 기관이 탄생하고 우리가 인간으로 진화하면서 먼저 본 것은 무엇이었을까? 드넓은 초원과 푸른 하늘, 그 사이로 뛰어노는 야생동물들, 나뭇잎을 흔들며 떨어지는 빗방울, 엄마의 따스한 미소였을 것이다. 글자는 우리가 보고 자란 자연보다 훨씬 뒤늦게 나온 발명품이다. 지금부터 몇천 년 전, 아주 최근에 생긴 것이니 인간의 뇌에서 인지하는 데 어려움을 겪을 수밖에 없다. 우리가 꿈을 꾸면 무음 처리된 영상처럼 보이는 것도, 꿈을 깨고 나면 말소리나 글자보다 시각적인 장면만 기억나는 것도 그러한 이유에서다. 우리가 책보다 스마트폰을 좋아하는 것처럼 영상이 글보다 강력한 매체지만, 때로는 영상으로 대체할 수 없는 뛰어난 책이 나오곤 한다.

이탈로 칼비노Italo Calvino, 1923~1985의 『우주만화』가 그것이다. 이탈리아 출신의 소설가 칼비노는 보르헤스Jorge Luis Borges, 1899~1986 와 쌍벽을 이루는 20세기 세계 환상문학의 거장이다. 1923년 농학 자 아버지와 식물학자 어머니 사이에서 태어난 그는 어려서부터 과 학을 몸으로 배우면서 성장했다. 『우주만화』는 이러한 칼비노의 과 학적 식견 위에 건축된 아름다운 성과 같은 이야기다. 성문을 들어 서면 구조적으로 완벽한 과학적인 주춧돌과 기둥이 있고, 그 안에 우리의 상상력을 뛰어넘는 인물들의 세계가 펼쳐진다.

『우주만화』는 열두 편의 단편소설 모음집이다. 칼비노는 과학 책을 읽다가 떠오르는 인상과 이미지를 가지고 한 편의 소설을 완 성했다. 그의 소설 도입부에 나온 정확한 과학적 지식은 점차 기상 천외한 이야기로 변주된다. 우주의 기원에 대해, 시간과 공간에 대 해, 진화에 대해 우리가 알았던 지식이 놀라운 환상의 세계와 접목 된 것이다. 열두 편의 소설에서 모두 크프우프크Kfwfk라는 독특한 인물이 주인공이다. 앞에서부터 읽으나 뒤에서부터 읽으나 똑같이 발음되도록 칼비노가 고안한 인물인데 세상에는 없는 상상 속의 존 재다. 크프우프크는 의식이 살아 있는 초월적 존재로서 어떤 시공 간이나 물질에도 구애받지 않는다. 그의 우주에는 중력이 없고, 그 의 지구에는 색깔이 없으며, 생명체에는 시각이 없고 남녀구분도 없다.

이렇게 칼비노는 물질에서 생명 그리고 의식으로 이어지는 진 화의 과정을 마구 뒤섞어놓았다. 그러고는 모든 이야기의 결말을 독자에게 맡겨놓고 이렇게 말하는 듯하다. "어찌 생각하든 당신들

맘대로야. 이것은 그저 우주에 관한 우스 운 이야기일 뿐이지." 그런데 칼비노의 이야기를 읽다 보면 자꾸 그가 만들어놓 은 세계에 빠져든다. 중력이 없는 우주는 어떨까? 색깔이 보이지 않는다면 우리가 어떻게 살고 있을까? 시간과 공간이 다 르게 작용하는 곳이라면, 인간이 공룡하 고 같이 살고 있다면, 눈이 없다면 말이

다. 이렇게 꼬리에 꼬리를 무는 생각이 우주 끝까지 뻗어나가는 순 간, 칼비노는 다시 묻는 듯하다. "중력과 시공간, 색과 눈이 어떤 의 미를 갖는 것인지 생각해봤어? 당신이 알고 있는 과학 말고 다른 이 야기가 있는데 내 이야기를 한번 들어볼래?" 귀를 쫑긋 세우게 하 는 그의 이야기는 과학을 넘어서 아름답고 가슴 뭉클한 우주의 이 야기로 재탄생한다.

첫 번째 소설 「달과의 거리」를 읽어보자. 이 이야기는 지구에 서 달 사이의 거리가 점점 멀어진다는 사실을 바탕으로 했다. 1년 에 4센티미터씩 지구에서 멀어지는 달은 아주 오래전에 지구와 가 까웠고 지구에서 달에 갈 수 있는 방법도 무척 간단했다. 배를 타고 달 밑으로 가서 사다리를 달에 기대놓고 올라가면 된다. 달에 갔다 가 다시 지구로 돌아오려면 펄쩍 뛰어내려오면 되는 것이다. 사다 리를 댈 곳이 없어서 그랬다는데 어떻든 중력이 작용하기 때문에 조심스럽게 뛰어내려야 한다.

이 소설에 등장하는 인물은 크프우프크와 그의 사촌, 배의 선

장과 선장 부인이다. 이들은 어찌어찌하여 지구와 달 사이를 오고 간다. 그런데 크프우프크와 그의 사촌, 선장 부인은 미묘한 삼각관계에 빠지고 만다. 크프우프크는 선장 부인을 사랑하고 선장 부인은 사촌을 사랑하고, 사촌은 달을 사랑한다. 어느 날 이들은 달에 놀러갔다가 갑자기 달과 지구 거리가 멀어지는 것을 발견한다. 사촌은 서둘러 지구로 돌아왔지만 주저하던 선장 부인과 크프우프크는 달에 남고 말았다. 달에 남겨진 두 사람은 달이 지구로부터 점점 멀어지고 있는 광경을 지켜보면서 애가 탔다.

지구와 달에 있는 세 사람은 서로 향하고 있는 마음이 달랐다. 지구에 있는 사촌은 달을 그리워했고, 달에 있는 크프우프크는 좋아하는 선장 부인과 있건만 왠지 불안하고 초조했다. 선장 부인 또한 사촌이 없는 달은 슬프고 무의미할 뿐이었다. 드디어 달과 지구 사이가 가까워진 마지막 기회가 왔다. 이 세 사람이 자신의 거취를 정해야 할 때가 온 것이다. 크프우프크는 달에서 선장 부인과 단 둘이 있는 것이 너무나 기뻤지만 그들의 미래가 결코 행복할 수 없다는 것을 깨달았다. 크프우프크는 그녀와의 사랑이 달에서도 지구에서도 이뤄질 수 없다고 절망하고 홀로 지구로 돌아온다.

나는 지구만 생각했소. 지구에서만 각자가 다른 누구도 아닌 자기 자신이 될 수 있었으니까. 지구에서 떨어져 나와 달에 있으니, 마치 내가 더 이상 지구에서의 내가 아닌 것 같고, 그녀 또한 내게 그녀가 아닌 것 같았소. 나는 지구로 돌아가고 싶은 마음으로 초조했고 지구를 잃어버렸다는 두려움으로 불안했다오. 내 사랑의 꿈이 완성된 것은 지구와 달 사이에서 서로 껴안고 뒹굴던 바로 그 순간뿐이었소. 그 지반을 잃은 내 사랑은 이제 우리에게 없는 것, 그러니깐 장소, 주변, 이전, 이후 같은 것에 대한 고통스러운 향수만을 깨닫게 했다오.[34]

그런데 사촌은 여전히 달을 사랑했다.

달과 마지막 장난을 하고 장대 끝으로 달을 건드리며 달의 균형을 맞춰 주듯 속임수를 쓴 건 바로 사촌이었소. 그리고 우리는 그 용감한 행동에는 아무런 목표가 없으며 어떤 실제적인 결과에 도달하려는 생각도 없다는 것을 알게 되었지. 뿐만 아니라 멀어져 가는 달을 돕기 위해, 먼 궤도를 도는 달과 함께 돌고 싶어서 그렇게 달을 밀어주고 있는 것일 수도 있었소. 그것 역시 사촌다운 짓이었지. 달의 성질과 그것이 가는 길, 그리고 그 운명과 대조되는 욕망들을 상상할 줄 모르는 그다운 행동이었어. 그래서 이제 달이 그에게서 멀어지고 있는데도, 그때까지 가까이 있던 달을 즐겼듯이 멀어지는 것조차 즐기고 있었던 거지.[35]

이러한 사촌의 마음을 알고 있는 선장 부인은 어떤 결정을 할까? 놀랍게도 그녀는 달에 남기로 결심한다. 사촌은 항상 달을 바라볼 것이고, 그가 사랑하는 달이 되는 것이 그녀의 바람이자 행복이었던 것이다.

난 졌소. 절망적인 패배였소. 내 사촌의 사랑은 달을 향해 있었을 뿐이라는 것을 그녀가 곧 알았기 때문이오. 그러니 이제 그녀의 바람은 달이 되는 것. 초인간적인 그 사랑의 대상과 비슷해지는 것뿐이었다오. (……) 그 순간에 이르러서야 그녀는, 지금까지의 사촌에 대한 그녀의 사랑이 보잘것없는 변덕이 아니라 돌이킬 수 없는 맹세 같은 것이었음을 보여 줬다오. 지금 내 사촌이 사랑하는 것이 멀어진 달이라면 그녀는 달에 남아 멀리 떨어져 있어야만 했던 거요.[36]

「달과의 거리」는 가슴 아픈 사랑의 이야기다. 세 사람은 사랑의 대상이 달랐으나 각자 자기만의 방식으로 사랑하고 추억을 간직하고 살아간다. 심지어 선장 부인은 사랑을 위해 달이 되려고 했다. 사랑하는 사람이 꿈꾸는 삶을 함께하고 싶은 마음에서 말이다. 칼비노는 이 이야기 외에 다른 이야기에서도 이러한 애절한 사랑을 그리고 있다. 「색깔 없는 시대」는 제목 그대로 색깔이 없는 시대에 지구 깊숙한 곳에 살고 있었던 크프우프크와 그의 연인 아일의 이야기다. 지구 대기가 차츰 안정화되고 색을 볼 수 있게 되자, 크프우프크는 아일과 지구 지표면으로 나오다가 그만 그녀를 잃게 된다. 붉은 해가 떠오르고 노란 별이 빛나고, 푸른 바다가 출렁이고……, 이렇듯 색깔을 볼 수 있게 되었지만 아일이 없는 지구는 그에게 과거 무채색의 세상과 별반 다르지 않았다.

『우주만화』는 엄청난 스케일의 우주 공간에서 일어나는 일들이다. 은하계와 블랙홀이 배경이고 중력과 시공간을 뛰어넘으며 수십억 년의 지구 역사가 장구하게 펼쳐진다. 칼비노는 20세기의 과학 지식으로 우주를 거침없이 종횡무진하며 재미있는 이야기를 풀

중력과 시공간, 색과 눈이
어떤 의미를 갖는 것인지 생각해봤어?
당신이 알고 있는 과학 말고 다른 이야기가 있는데
내 이야기를 한번 들어볼래?

어놓고 있다. 그런데 칼비노의 환상문학이 당도한 곳은 인간의 마음이다. 인간이 가치를 부여하고 상상하고 꿈꾸는 세계에 대한 것들이다. 중력이 어찌 작용하든, 은하계에 외계 생명체가 있든, 시공간이 구부러져 있든, 우리가 듣고 싶은 이야기는 인간의 이야기라는 것을 칼비노는 알고 있는 듯하다.

지구와 화성은 똑같은 원자와 분자로 구성되어 있다. 지구의 이산화탄소나 화성의 이산화탄소는 같은 것이고 지구에 있는 암석과 모래는 화성에도 있다. 그런데 지구의 원자들은 이상한 화학반응으로 유기체를 만들었다. 생존과 자기복제 기능을 가진 생명체를 출현시켰고 그 생명체에서 인간이라는 지적 존재가 진화했다. 지구는 조용한 화성에 비해 엄청나게 시끄럽고 복잡한 행성이 된 것이다. 그 인간은 느낌과 의식을 가지고 우주와 생물, 자기 자신에 대해 궁금해하는 존재로 성장했다. 그리고 자신이 느꼈던 가치와 의미, 목적을 가지고 상상 속의 가상현실을 지구에 건설했다. 인간이 꿈꾸고 열망하는 것들, 아름답고 좋다고 생각하는 것들은 서서히 실현되었다. 문명, 평화, 진리, 사랑, 자유, 평등, 민주주의, 인권, 근대화 등등. 인간의 마음은 어디를 향하는가, 인간은 무엇을 꿈꾸는가, 칼비노가 『우주만화』에서 말하는 인간의 이야기들은 그래서 중요한 것이다.

과학 또한 인간이 꿈꾸고 추구했던 가치 있는 것들 중 하나다. 과학은 인간이 세계를 이해하는 과정에서 발견한 지식이고 인간의 꿈을 실현시켜주는 도구다. 「달과의 거리」에서 달을 사랑했던 사촌처럼 갈릴레오와 뉴턴, 아인슈타인과 스티븐 호킹은 하늘에 떠 있는 달과 수많은 별을 사랑하고 탐구했다. 이들 과학자의 꿈은 우리가 살고 있는 세계를 정확하게 아는 것이었다. 실재를 얼마나 명료하고 간결하게 표현할 수 있는가, 바로 그것이 과학자들의 이상이었다. 예를 들어 뉴턴의 만유인력 법칙은 처음에 상상 속의 개념이었다. 중력이라는 힘이 있고 그 중력의 크기는 거리의 역제곱에 비례한다는 법칙이 있다고 상상한 것이다. 그러고 나서 그 법칙을 관찰과 실험으로 검증함으로써 중력은 실재하는 것으로 밝혀졌다. 이렇듯 과학이란 인간이 만들었고 우주에서 인간들 사이에서만 허용되는 언어, 즉 인간의 이야기다. 『우주만화』와 같은 허구적 이야기보다는 좀더 객관적인 지식일 뿐이지 인간이 지어낸 이야기인 것은 분명하다.

　모든 인간의 이야기는 인간이 주인공이다. 과학도 마찬가지다. 과학이 인간의 문제를 해결하기 위한 것이 아니라면 도대체 무엇을 위한 것인가? 미국의 물리학자 리처드 파인만의 『과학이란 무엇인가?』는 이 점에 대해 말하고 있다. 1963년에 워싱턴 대학에서 강연한 내용을 엮어서 낸 책인데 원제는 '이 모든 것의 의미The meaning of it all'다. 파인만은 강연 시작부에 자신의 경험담 하나를 들려준다. 그는 브라질 리우의 한 대학에서 물리학을 가르쳤는데 그 당시 리우는 극심하게 가난했다고 한다. 높은 언덕에 닥지닥지 붙어 있는 판자촌에는 먹을 물이 없어서 언덕 아래로 물을 길러 가는 사람들의 행렬이 종일토록 이어졌다. 그런데 그 언덕의 바로 옆 코파카바나 해변에는 고급 아파트들이 줄지어 서 있었다. 이 광경을 보고 파인만은 동료들에게 이렇게 물었다.

"이것이 과연 기술적 노하우의 문제일까? 저 사람들이 정말 언덕 위로 상수관을 놓을 방법을 모르는 거냐구?" "사실 이것은 기술적 노하우의 문제가 아니다. 분명히 아니다! 조금만 떨어진 지역에서도 멋진 아파트 건물에는 수관도 있고 펌프도 있다." 우리가 사는 세계가 과학 지식이 부족하고 기술수준이 뒤떨어져서 가난하고 불평등한 것이 아니다. 양자전기역학이라는 새로운 분야를 개척하고 노벨물리학상을 받은 파인만이 바라본 세계는 이렇게 불합리하다. 과학자가 과학만 연구하면 되지, 세상사에 무슨 관심을 두냐고 하겠지만 파인만은 과학의 연구와 세계의 문제가 연결되어 있다는 것을 언급하면서 두 가지 근본적인 질문을 한다. 과학이란 무엇인가? 그리고 가치란 무엇인가? 철학자 비트겐슈타인이 말했던 두 가지, 사실과 가치에 대해 과학자로서 답을 찾으려는 것이었다.

파인만은 누구도 예상치 못한 답변을 제시한다. 과학은 확실한 지식도 진리도 아니다. 모든 과학적 지식은 불확실하다!『파인만의 여섯 가지 물리이야기』에서 그는 "아직도 우리는 모든 기본 법칙들을 알고 있지 못하다", "최첨단의 물리학은 한마디로 말해 '무식의 전당'이다"라고 말한다. 파인만이 생각하는 과학의 핵심은 관찰과 실험이다. 발견의 원리로서 과학은 관찰과 실험을 통해 옳고 그름을 판별할 수 있다. 과학을 정의한다면 "과학이란 실험을 통하여 모든 지식을 검증하는 행위"다. 따라서 과학은 실험과 관찰이 가능한 사실들로 제한되며 이마저도 언제든지 번복될 수 있는 불확실한 지식이다.

또한 과학은 "'이것을 어떻게 사용하라'는 설명서가 딸려오지

과학의 문제는 인간의 삶의 가치와 연결되어 있다고
파인만은 말한다. 우리가 삶의 가치가 무엇인지 알고,
어떤 방향으로 나아가야 할지 분명한 목표를 가지고 있다면
과학을 그 방향에 맞춰 활용하면 되는 것이기 때문이다.

않는다." 원자핵에 엄청나게 큰 에너지가 있다는 것을 알려주지만, 핵에너지의 사용 설명서까지 첨부되어 있지는 않다. 다시 말해 우리에게 과학은 핵폭탄이 위험하니 만들지 말라고 친절하게 가르쳐주지 않는다. 유감스럽게도 과학은 "우리가 이것을 과연 해야만 하나?" 혹은 "이것은 어떤 가치를 지니는가?"와 같은 질문을 다루지 않는다. 과학에는 당위와 가치가 포함되지 않는다. 비트겐슈타인이 말했듯 세계 자체에 가치가 없기 때문에 세계를 설명하는 과학에도 가치가 없는 것이다.

그렇다면 과학을 어떻게 활용해야 하는가? 이러한 과학의 문제는 인간의 삶의 가치와 연결되어 있다고 파인만은 말한다. 우리가 삶의 가치가 무엇인지 알고, 어떤 방향으로 나아가야 할지 분명한 목표를 가지고 있다면 과학을 그 방향에 맞춰 활용하면 되는 것이기 때문이다. 그런데 불행하게도 아직까지 우리는 자신이 앞으로 나아가야 할 방향을 모른다. 과학이 불확실한 것만큼이나 삶의 의미 또는 올바른 도덕적 가치에 대해서도 명료한 해답을 구하지 못하고 있다. 파인만의 말을 직접 들어보자.

오늘도 다시 한번 강조하고 싶은 것은 지난 역사 속에서 여러 번 경험했듯이 우리는 매우 무지하며 우리가 가진 모든 해답은 불확실하다는 사실이다. 이를 인정할 때 인류는 '이 모든 것들의 의미'를 향해 계속 뻗어 나갈 수 있는 열린 통로를 만날 수 있게 된다. 나는 삶의 의미가 무엇인지, 올바른 도덕적 가치가 과연 어떤 것인지에 대해 우리가 아직 그 해답을 모르고 있다고 생각한다. 그리고 그것들을 어떻게

　파인만은 솔직하게, 그리고 속 시원하게 모든 것을 인정했다. 지금껏 인간이 쌓아올린 지식은 불확실하다. 우리가 살고 있는 세계에 대해 이제 겨우 알기 시작한 것뿐이고, 개개인의 삶의 가치는 물론 인류 공동의 목표도 찾지 못하고 있다. 그래서 세계의 고통과 갈등은 여전히 해결되지 못한 채 표류하고 있다. 결국 파인만이 주장하는 것은 우리의 무지를 인정하고 불확실한 지식에 맞서야 한다는 것이다. 비트겐슈타인은 '말할 수 없는 것에 침묵하라'고 했지만 파인만은 침묵해서는 안 된다는 뜻을 비치고 있다.

　『과학이란 무엇인가?』는 파인만의 통찰이 빛나는 책이다. 대부분의 과학자는 과학 이외의 다른 문제에 관심을 두지 않는다. 과학이 무조건 중요하고 확실한 지식이라고 말하는데 파인만은 과학의 문제가 과학의 발전으로 해결될 수 없음을 지적했다. "왜 우리는 우리 자신을 다스리지 못하는 걸까?" 파인만이 자문했던 말이다. 이것은 가치중립적이고 객관적 지식이라고 자부하는 과학도 인간의 욕망 아래 놓여 있음을 상기시켜준다. 인간은 무엇에 가치를 두고 있는가? 인간은 무엇을 꿈꾸는가? 칼비노의 『우주만화』에서 그려내는 인간의 이야기들처럼 과학은 인간의 꿈, 삶의 가치, 도덕과 밀접하게 연결되어 있다. 인류의 행복과 과학의 발전을 꿈꾸는 과학자로서 파인만의 용기 있는 통찰이 대단할 뿐이다.

실재를 탐구한다는 것의 의미

인간은 달을 사랑한다. 아니 사랑할 수밖에 없다. 달은 광활한 우주 공간에서 지구 곁을 지켜 주고 있는 친구 같은 천체니까. 조금씩 지구에서 멀어지는 달은 언젠가 우리 곁을 떠나겠지만, 그 사이에 우리가 먼저 지구에서 사라질지도 모르겠지만, 어떻든 우리는 어두운 밤 달빛에 의지해서 길을 찾았고 그리운 사람을 떠올렸고 소망을 빌며 살아왔다. 달과 인간의 역사에서 기록될 만한 사건은 1969년에 있었던 달 탐사다. 드디어 인간이 달에 간 것이다. 많은 사람이 달의 지표면에 찍힌 인간의 발자국을 떠올리겠지만 그보다 더 인상적인 사진은 우주선에서 촬영한 '지구돋이earthrise' 장면이다. 검은 우주와 달의 지표면 사이로 지구의 3분의 2가 떠오르는 모습은 실로 장관이었다. 우주 공간에서 처음으로 본 지구는 푸른 바다와 새털 같은 구름으로 뒤덮인 아름다운 행성이었다. 달착륙선의 비행사였던 윌리엄 앤더스는 특수 제작한 카메라로 지구를 촬영하고 그날의 벅찬 감동을 이렇게 묘사했다.

> 우리 모두가 명치를 맞은 듯이 충격을 받은 건 단연코 지구가 솟아오르는 광경이었다. (……) 우리는 우리가 살고 있는 행성을, 우리가 진화한 곳을 되돌아본 것이었다. 거칠고 우툴두툴하고 낡아빠진데다가 따분하기까지 한 달 표면에 비하면 우리의 지구는 참으로 알록달록하고 예쁘고 섬세했다. 아마도 거기 있었던 우리 모두는 달을 보려고 386242.56킬로미터나 왔는데, 정작 절대 놓쳐선 안 될 장관이 지구였구나, 하는 생각을 했을 것이다.[38]

우리가 달에서 느낀 것은 달의 가치가 아니라 지구의 가치였다. 멀리 떨어져 바라보니, 우리가 사는 지구가 얼마나 아름답고 경이로운 곳인지 사무치게 느낄 수 있었다. 이렇게 달에 가는 것이나 달에서 지구를 바라보는 것과 같이, 자신을 객관화하는 작업은 과학이 오래도록 추구했던 꿈이다. 17세기에 케플러는 달나라에 여행을 가는 상상 속의 이야기 『꿈』을 발표했다. 달에 도착한 우주 여행객들은 산과 계곡으로 둘러싸인 달에서 천천히 지구가 솟아오르는 지구돋이 장면을 본다고 썼다. 요즘은 지구의 공전과 자전이 기정사실이지만 케플러가 살던 시대에 지구는 우주의 중심에서 붙박이처럼 꼼짝도 하지 않는 존재였다. 케플러는 지구가 움직인다는 것을 믿지 않는 사람들에게 오늘날 공상과학소설과 같은 책을 써서 이런 말을 하려고 했던 것이다. "달에 가면 얼마든지 지구가 자전하는 것을 볼 수 있습니다."

지구는 돈다! 그런데 우리는 지구가 도는 것을 느끼지 못한다. 만약 시속 1,670킬로미터로 도는 지구에서 매일 자전운동을 느끼는 사람이 있다면 괴로워서 살 수가 없을 것이다. 지구에서 생존하도록 진화한 우리가 지구의 운동을 못 느끼는 것은 당연한 일이다. 우리 눈에는 태양이 뜨고 달이 지는 것처럼 보였고, 그래서 오랫동안 지구가 도는 것이 아니라 태양이 돈다고 생각했다. 지구에 사는 인간은 보이는 대로 우주의 모습을 상상했는데 어느 시점에 달과 태양, 별들을 관찰하며 우리의 생각이 틀렸다는 것을 깨달은 사람들이 나타났다. 『꿈』에서 지구의 자전을 예측한 케플러를 비롯해 코페르니쿠스, 갈릴레오, 뉴턴과 같은 과학자들이다.

지구는 도는데 우리는 왜 느끼지 못하는가? 바로 이 질문이 16세기 코페르니쿠스에서 17세기 뉴턴까지, 100년이 넘는 기간 내내 논쟁을 일으킨 과학혁명의 주제였다. 지구의 자전과 공전을 이해하기 위해 운동과 힘의 개념이 생겨났고 고전역학이라는 새로운 학문이 탄생했다. 그만큼 지구의 운동을 밝히기가 어려웠다는 말도 되고, 지구의 운동을 알아내는 과정에 특별한 능력이 필요했다는 것을 뜻하기도 한다. 지구에서 유럽의 몇몇 사람만이 지구의 운동을 탐구하고 이론화했으며 근대 과학을 출현시켰다. 그 후에 모든 세계인이 근대 과학을 배우고 있는 것을 보면 17세기 과학자들의 천재성을 인정하지 않을 수 없다.

과연 천재들은 보이지 않는 지구의 운동을 어떻게 본 것일까?

우리 모두가 명치를 맞은 듯이 충격을 받은 건
단연코 지구가 솟아오르는 광경이었다.
우리는 우리가 살고 있는 행성을,
우리가 진화한 곳을 되돌아본 것이었다.

아폴로11호, 달의 표면 위로 떠오르는 지구는 달의 마레 스미디 지역 지평선에 걸쳐 있다.
1969년 7월 20일, NASA 18시퀀스 중 11번째 사진.

코페르니쿠스는 지구가 아닌 다른 행성과 별들을 관찰하고 그 움직임을 계산했다. 지구의 모든 문명권에서 했던 방식인데 코페르니쿠스가 특별했던 것은 태양 중심의 우주구조를 예측한 것이다. 그런데 코페르니쿠스의 지동설은 천문학자들 사이에서 하나의 가설로 취급되었다. 계산으로 예측된 가설은 숫자놀음에 불과할 뿐 실재하는 사실이 아니다.『천구의 회전에 관하여』의 서문에는 코페르니쿠스가 쓰지 않은 이런 언급이 나온다. "독자들은 지구가 움직인다는 개념에 충격을 받지 말기 바란다. 그리고 이렇게 혁명적인 개념을 제기한 저자를 비난하지 말기 바란다. 저자는 이 개념이 반드시 참이라고 주장하는 것이 아니다. 독자들은 이것을 하나의 가설로서 받아들이기 바란다."

가설이란 진짜가 아닌 가짜라는 뜻이다. 코페르니쿠스의 지동설은 계산의 편의를 위해 도구적으로 활용되는 천문학의 모형 정도로 인식되었다. 누구도 지구가 움직인다는 것을 믿으려고 하지 않았다. 당시 천문학자들이 벽에 부딪힌 것은 실재를 증명하는 문제였다. 철학에서는 이를 '실재론'이라고 하는데 어떤 것이 실제로 존재하는지를 묻는 근본적인 질문이다. 천사와 악마는 있는가? 우주 끝에 항성 천구는 있는가? 아리스토텔레스가 말한 완벽하고 영원불변의 천상계(하늘세계)는 있는가? 천상계에는 우주의 제5원소 에테르가 있는가? 수정구슬처럼 매끄럽고 반질반질한 달이 있는가? 달에는 옥토끼와 계수나무가 있는가? 우주의 중심에는 지구가 있는가, 아니면 태양이 있는가? 보이지 않는 우주에 대해 의견이 분분할 수밖에 없는 상황이었다.

이럴 때 눈으로 보여주는 것은 의심 많은 사람들을 설득하는 가장 확실한 방법이다. 갈릴레오는 직접 망원경을 제작해서 우주를 보려고 시도했다. 실체를 아는 것을 두려워하지 않는 천재다운 행동이었다. 그는 망원경으로 우주를 관찰한 최초의 인간이었다. 그가 본 우주는 2,000년 전에 아리스토텔레스가 말했던 우주와 달랐다. 누구나 상상하고 있었던 영원불변의 천상계 같은 것은 없었다. 수정구슬처럼 흠잡을 데 없이 투명한 달도 없었다. 우주는 그저 수많은 새로운 별이 나타나고 없어지는 변화무쌍한 공간이었고 달은 울퉁불퉁하고 거친 암석 덩어리였을 뿐이었다. 또한 목성에는 지구와 마찬가지로 위성 네 개가 돌고 있었다. 지구에만 달과 같은 위성이 있는 것이 아니라 목성에도 위성이 있었던 것이다. 갈릴레오는 이러한 달의 모습과 목성의 위성을 사실적으로 그려서 『시데레우스 눈치우스(별들의 소식)』라는 책자를 펴냈고, 이 책은 유럽 사회에 큰 반향을 일으켰다(한국어판 제목은 '갈릴레오가 들려주는 별 이야기―시데레우스 눈치우스'이며 이하 '시데레우스 눈치우스'로 약칭한다).

『시데레우스 눈치우스』를 읽어보면 당시 긴박했던 상황을 생생하게 느낄 수 있다. 갈릴레오가 네덜란드에서 망원경을 입수한 것은 1609년 5월경이었다. 그로부터 3개월 후인 8월에 갈릴레오는 직접 렌즈를 갈아 9배율의 망원경을 만들고 베네치아 공화국의 원로원들 앞에서 시연회를 열었다. 그리고 또다시 3개월 후인 11월에 이전 것보다 두 배나 성능이 뛰어난 20배율의 망원경을 제작했다. 본격적으로 달을 관측하기 시작해 11월 30일부터 12월 18일까지 달의 위상 변화를 담은 여덟 장의 그림을 그렸다. 그 이듬해인 1610년에는 1월 7일부터 목성을 관측한 결과, 네 개의 위성이 있다는 것을 발견했다. 누구보다도 먼저 이 사실을 메디치 가문의 코시모 대공 2세에게 알리고 목성의 위성 네 개에 '메디치 가문의 별들'이라는 이름을 붙였다. 드디어 『시데레우스 눈치우스』를 출간하고 3월 19일에 망원경과 함께 제본된 책을 코시모 대공 2세에게 헌정했다.

갈릴레오는 1년이 채 안 되는 기간에 스스로 망원경을 제작해 천문학적 발견을 하고 책을 써서 권력자와 대중에게 알렸다. 『시데레우스 눈치우스』 초판 550부는 순식간에 팔려나갔고 독자들은 놀라움을 금치 못했다. 그런데 비난 여론이 거세게 밀려들어왔다. 유럽인들은 갈릴레오의 발견으로 우주의 실체가 드러나는 것을 원치 않았다. 성모 마리아를 상징하는 순결한 달이 더럽혀졌다고 분노했고, 자신들이 기대했던 우주의 모습이 아닌 것에 마음이 상했다. '눈으로 본 것이 실재가 맞는가? 인간의 눈을 믿을 수 있는가? 갈릴레오가 만든 망원경이 속임수를 쓰는 것은 아닌가? 망원경을 믿을 수 있는가? 목성에 위성이 돌고 있다는 것이 사실인가?' 등등 의심과 불만이 쏟아졌다.

당시 갈릴레오가 만든 망원경은 성능이 좋지 않았다. 책을 쓰고 천체관측을 하느라 바쁜 가운데에도 망원경을 계속 만들었지만 60여 개 중에 몇 개만이 목성의 위성을 볼 수 있었다. 갈릴레오는 더 좋은 망원경을 만들기 위해 동분서주하고, 유럽 각국의 과학 후원자들에게 가능한 한 빨리 연구 논문과 망원경을 보내려고 애썼다. 그가 제작한 망원경에 사활이 걸려 있다고 해도 과언이 아니었다. 이렇게 노심초사하던 갈릴레오에게 유럽의 다른 지역에서 희소식이 들려왔다. 『시데레우스 눈치우스』가 나온 지 두 계절이 지난 1610년 9월에 이르러서였다. 신성로마제국의 프라하에서 궁정 천문학자로 지내던 케플러가 『목성의 움직이는 동행자 네 개를 직접 관측한 요하네스 케플러의 설명』이라는 작은 책자를 보내왔다. 또 베네치아에 사는 친구 안토니아 산티니를 비롯해 영국과 프랑스의 천문학자들에게서 목성의 위성을 관측했다는 반가운 소식이 들려왔다.

드디어 1611년 3월, 갈릴레오는 망원경을 들고 로마로 향했다. 교회 지도자들과 학계 원로, 아카데미 회원들의 초대에 응하기 위해서였다. 이곳에서 갈릴레오는 망원경으로 자신이 발견한 것들을 직접 보여주는 축하 모임을 여러 차례 가졌다. 이 모임 중의 하나였던 린체이 아카데미에서는 '멀리 보는 도구'라는 뜻의 '텔레스코프telescope'가 이름 지어졌다. 마침내 망원경이 공식적으로 인정받는 분위기였는데, 벨라르미니 추기경의 편지를 통해 그 내용이 무엇인지 살펴보자. 이 편지는 갈릴레오가 로마를 방문하기 직전 벨라르미니 추기경이 로마 대학의 수학과 학장이었던 천문학의 권위자 클라비우스 신부에게 보낸 것이다.

존경하는 신부님들께서는 한 저명한 수학자가 망원경이라고 불리는 도구로 관측한 천문학적 발견들에 대한 소식을 이미 들으셨으리라 믿습니다. 저도 똑같은 도구로 달과 금성에 관한 신기한 것들을 보았습니다. 그러므로 저는 여러분께서 아래에 열거된 것에 대해 솔직한 의견을 피력해주시길 부탁드립니다.

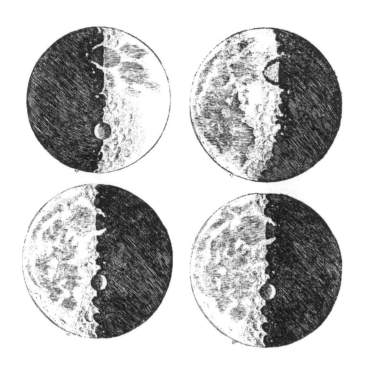

달과 모든 천체에 대해
옛날부터 많은 철학자들이 믿었던 것과 달리,
달 표면이 매끈하거나, 평평하거나,
완벽한 구 모양을 하고 있지 않다는 결론에 이르렀다.
오히려 그와 반대로 달의 표면은 거칠고 울퉁불퉁하며,
높고 낮은 돌출부로 가득 차 있다.
즉, 달 표면에도 지구 표면과 아주 비슷하게
높은 산과 깊은 계곡이 있다.

1. 맨눈으로는 볼 수 없는 별들의 무리를 확인할 수 있는가. 특히 은하수와 성운들은 아주 작은 별들의 집단인가.
2. 토성이 하나의 별이 아니라 3개의 별로 이루어진 것인가.
3. 달이 차고 키우는 것처럼, 금성도 상이 변하는가.
4. 달 표면이 고르지 않고 거친가.
5. 목성 둘레를 돌고 있다는 4개의 별들이 실제로 빠르면서도
6. 각기 다른 운동을 하고 있는가.[40]

   이에 대해 클라비우스 신부는 다른 세 명의 신부와 논의 끝에 답신을 보냈다. 대체로 갈릴레오의 발견에 동의하는 내용이었다. 망원경은 우주에 맨눈으로 볼 수 없는 많은 별이 있다는 것을 보여주었고, 그동안 천문학자들 사이에서 논란이 되었던 은하수의 정체를 밝혀주었다. 또한 망원경은 토성의 띠가 서로 떨어져 있는 세 개의 별이 아니라는 것과 달의 지표면이 울퉁불퉁하고 고르지 않다는 것, 목성 주위에 네 개의 위성이 빠르게 돌고 있다는 것을 확인시켜주었다.

   이 가운데 세 번째 질문, 금성이 달처럼 차고 기운다는 것에 주목해볼 필요가 있다. 지구가 우주의 중심에 있고 금성이 지구의 주위를 돈다면 지구에서 금성은 일정한 크기의 초승달 모양 한 면만 보여야 한다. 그런데 망원경으로 보이는 금성은 달처럼 작은 보름달에서 큰 초승달 모양으로 차고 기우는 것이 확인되었다. 태양을 중심으로 지구보다 안쪽에서 돌고 있는 금성은 지구에서 멀어지거나 가까워졌을 때 보이는 모습에 큰 차이가 났다. 이것은 코페르니

쿠스의 지동설이 옳다는 명백한 증거였다. 세 번째 질문은 천동설과 지동설을 판별하는 민감한 사안이었지만 이것 또한 여러 신부가 인정할 수밖에 없었다. 망원경으로 금성의 크기와 모양 변화가 확실히 보이는 것을 부인할 수는 없었던 것이다.

과학사에서 『시데레우스 눈치우스』는 기념비적인 책이다. 갈릴레오의 드라마와 같은 행적이 흥미진진하게 담겨 있다. 근대 과학의 출현과정에서 망원경을 제작하고 달의 모습을 그렸다는 것은 실로 엄청난 역사적 의미를 갖는다. 우선 갈릴레오는 우주에 떠 있는 달을 주술적인 신화와 관념적인 형이상학의 세계에서 탈출시켰다. 중력이 작용하는 지구의 궤도로 불러내서 눈으로 직접 관찰했다. 그러고는 흙덩어리로 된 산과 계곡, 분화구가 있고, 빛을 비추면 그림자가 나타나는 암석행성이라는 것을 확인했다.

갈릴레오는 인간의 감각이 실재를 알 수 있다는 믿음을 가졌다. 실재는 무엇이고 인간은 실재를 어떻게 아는가? 이러한 철학적 질문에 갈릴레오는 답을 찾은 것이다. 실재하는 우주를 알 수 있는 방법은 바로 근대 과학이었다. 새로운 학문인 근대 과학은 망원경과 같은 도구를 발명해서 지구가 돈다는 사실을 밝혀냈다. 여기에서 망원경은 지구에서 진화한 인간이 감각기관의 한계를 극복하기 위해 만든 도구였다. 지구 밖에 있는 달을 관찰하기에 인간의 눈은 한계가 있기 때문에 망원경과 같은 도구에 의지해서 우주를 관찰할 수밖에 없다. 코페르니쿠스의 지동설이 가설이라는 벽에 부딪혔을 때 실재성을 획득할 수 있었던 것은 망원경 덕분이었다. 갈릴레오는 망원경이 있어서 우주의 실재를 보여줄 수 있었다. 눈으로 확인할 수 있는 관찰과 실험은 무엇보다도 강력하게 사람들을 설득할 수 있는 수단이었다.『시데레우스 눈치우스』는 망원경의 관측 결과를 충실하게 기록한 보고서라고 할 수 있다. 망원경이 발명된 이후 천문학의 연구 방법도 바뀌었다. 관찰과 실험을 통해 검증할 수 있는 지식으로서 근대 과학이라는 새로운 학문이 탄생한 것이다.

한편 망원경의 관측 결과로 천동설과 지동설의 대립은 불가피했다. 잘 알다시피 갈릴레오는 코페르니쿠스의 지동설을 주장하다가 종교적 이단자로 낙인찍히는 곤욕을 치렀다. 1632년에 출판된『두 개의 주요 우주 체계에 관한 대화』와 1638년에 나온『두 개의 새로운 과학에 관한 논의』에서 그는 지구의 운동에 대한 체계적인 논리를 제공했다. 지구가 도는데 우리는 왜 느끼지 못하는 것일까? 진짜 운동을 하는 것은 지구인가, 태양인가? 이에 대해 갈릴레오는 운동과 인간의 감각 사이의 관계에서 문제의 실마리를 찾았다. 우리의 눈은 태양이 도는 것처럼 보인다는 것, 우리의 감각이 진짜 운동과 가짜 운동을 구별하지 못한다는 것이다. 예를 들어 배를 타고 가는 상황에 비유하면, 망망대해에 떠 있는 배 안에 있으면 배의 움직임을 느끼지 못한다. 그러다가 갑판 위로 올라가 저 멀리 부둣가나 일렁이는 파도를 바라보면 배가 움직인다는 것을 느낄 수 있다. 운동이란 상대적이어서 외부의 속도가 다른 물체와 비교되지 않고서는 자신이 운동하고 있는 것을 느낄 수 없다. 이것이 갈릴레오가 말하는 '운동의 상대성 원리'다.

좀더 설명하면, 부둣가에서 친구가 손을 흔들며 서 있다고 해 보자. 배가 부둣가에 당도하는 순간, 자신이 다가서는 것인지, 친구가 뒤로 물러서는 것인지 착각이 들기도 한다. 기차를 탔을 때 한번쯤 이런 경험을 해보았을 것이다. 옆 선로에 서 있던 기차가 서서히 뒤로 움직이는데 내가 탄 기차가 앞으로 나아가는 것 같은 느낌이 든다. BBC에서 제작한 영국 드라마 〈호킹〉에서 스티븐 호킹이 어느 중년 부인과 기차를 타고 있는데 이런 상황이 나온다. 옆 기차가 천천히 출발하는데 중년 부인이 "난 이럴 때마다 우리 기차가 움직이는 줄 알았어요"라고 말한다. 이렇게 겉보기 운동과 진짜 운동을 구분하기 어렵다. 지구가 움직이는 것인데 우리 눈에는 태양이 움직이는 것처럼 보였던 이유가 여기에 있다. 지구가 자전하는 것을 확인하려면 지구와 함께 움직이고 있는 상태에서 벗어나 달에 가서 봐야 하는 것이다. 케플러가 『꿈』에서 달나라 여행을 상상한 것도 이런 상황을 보여주려는 것이다.

　지구의 운동은 언뜻 단순하게 보이지만 쉽게 이해할 수 있는 것이 아니다. 지동설을 수용하기 위해서는 우리의 감각을 극복하는 것은 물론 운동이 무엇인지, 힘이 무엇인지 설명하는 고전역학의 운동 개념도 알아야 한다. 누가 천동설과 지동설 둘 중에 무엇이 더 간편한 것이냐고 묻는다면 당연히 천동설이다. 지구가 우주의 중심에서 움직이지 않고 다른 행성들이 우리 눈에 보이는 대로 운행한다면 이해하기 훨씬 쉽다. 태양이 공전하는 주기도 365.24219878……이렇게 복잡한 것이 아니라 360일로 딱 떨어지고 달의 주기도 30일씩 일정하게 돌아간다면 어려운 천문학 계산으로 골머리를 썩이지 않아도 된다.

　그러나 우주는 우리가 일상생활에서 느끼는 경험과 직관, 상식으로는 알 수 없는 곳이다. 갈릴레오와 같은 과학자들이 밝힌 것은 바로 이것이다. 상식적으로만 생각하고 눈에 보이는 대로만 이해하면 우주의 실체에 다가설 수 없다는 것! 오죽하면 갈릴레오가 세상에서 가장 싫어하는 것 세 가지―아리스토텔레스, 교회, 상식―에 상식을 포함시켰겠는가. 이제 우주에 대한 사색과 탐구는 과학의 도움을 받지 않고서는 불가능해졌다. 상대성 이론과 양자물리학으로 대표되는 현대 물리학은 일반인이 접근하기 더 어렵지만 이렇게 복잡한 우주일지라도 우리는 공부해야 할 필요가 있다. 아는 만큼 보이기 때문이다. 앞서 달에 가서 지구를 보았던 그 장면을 떠올려보면 알 수 있다. 우리가 달에 가서 본 것은 달이 아니라 지구의 가치였다. 관점을 바꾸어서 우리 자신을 바라보면 새로운 객관적 사실과 가치를 발견할 수 있는 것이다.

만물의 근원, 빛을 이해하다

빛은 사물에 닿으면 반사하기도 하고 흡수되기도 하면서 묘한 질감을 나타낸다. 화폭에 부드럽게 펼쳐진 드레스, 반짝이는 레몬 껍질, 투명한 유리잔, 강아지의 윤기 나는 털, 촉촉해진 눈매를 표현하려면 빛을 연구해야 한다. 화가의 그림은 빛을 어떻게 처리하고 담아내느냐에 따라 달라진다. 19세기 인상파 화가들은 순간의 인상을 포착해서 그림을 그렸다. 그들이 주목한 것은 순간적인 빛의 상태였다. 모네Claude Monet, 1840~1926는 〈루앙 성당〉이나 〈수련〉 등의 연작 그림을 남겼는데 빛에 따라 형태나 느낌이 달라지는 것을 보여주기 위해 같은 장소에서 시간을 달리하며 같은 사물을 그렸다. 모네 그림의 주인공은 성당이나 연꽃이 아니라 빛이었다. 에드워드 호퍼Edward Hopper, 1882~1967의 〈빈방의 빛〉은 어떠한가. 썰렁한 빈 공간에 빛만 비추고 있다. 이 그림은 공간에서 사물과 사람의 흔적을 지우고 오로지 빛에 집중하고 있다. 우리는 호퍼의 그림에서 빈방에서 흩어지지 않고 그 흐름조차 느껴지지 않는 빛을 보고 있다.[41]

빛은 무엇인가? 빛은 분명히 있다. 그런데 형체가 없다. 빛 그자체는 보이지 않는다. 모네나 호퍼 같은 화가들이 그토록 빛을 보고 싶어했으나 아무도 빛을 볼 수 없었다. 옛 동독의 극작가 베르톨트 브레히트Bertolt Brecht, 1898~1956의 희곡 「갈릴레오의 생애」에서 갈릴레오는 빛의 정체를 알고 싶어서 신음한다. "한 줄기 빛도 새들어오지 않는 열 길 깊은 땅 밑 감옥 속에 나를 가두는 거야. 그렇지만 그 대가로 알게 되는 것이 있지. 바로 빛이라는 것의 존재 말이야." 갈릴레오는 빛이 무엇인지 알 수 있다면 깊은 땅속에 갇힌다 해도 괜찮다고 울부짖는다. 하지만 빛은 자신의 존재를 절대로 보여주지 않았다.

우리가 무엇을 본다고 할 때, 그 '본다'는 행위는 하나의 물리적 작용이다. 어떤 사물을 보기 위해서는 눈과 빛이 있어야 한다. 본다는 것은 우리의 눈이 사물에서 나오는 빛을 받아들여 뇌에서 인식하는 과정이다. 빛이 먼저 생겼을까, 눈이 먼저 생겼을까? 당연히 빛이 먼저 생겼다. 빛은 우주의 탄생과정에서 나온 아주 특별한 에너지다. 태양과 같은 별에서 수소 핵융합으로 만들어진 빛은 우주가 고향이다. 우주에서부터 지구에 도달한 그 빛이 우리 눈까지 닿게 된 것이다.

눈은 지구에서 움직이는 동물들의 필요에 의해 피부세포가 광수용체로 진화한 것이다. 빛을 흡수하는 광수용체가 점점 진화해서

빛은 무엇인가? 빛은 분명히 있다. 그런데 형체가 없다.
빛 그 자체는 보이지 않는다.
모네나 호퍼 같은 화가들이 그토록 빛을 보고 싶어했으나
아무도 빛을 볼 수 없었다.

에드워드 호퍼의 〈빈방의 빛〉

눈이라는 하나의 기관을 만들었다. 빛은 똑바로 직진하고, 때때로 반사해서 사물에 부딪혀 튕기고, 때때로 굴절해서 사물을 뚫고 지나간다. 이러한 빛의 성질에 적응해서 진화한 것이 바로 우리의 눈이다. 또한 태양 빛은 다양한 영역의 파장으로 분포되어 있는데 그중에서 가시광선이 태양에서 가장 많이 나오고 지구 표면까지 도달했다. 그래서 지구에서 살고 있는 우리는 가시광선으로 색과 형체를 구분할 수 있는 눈을 갖게 되었다.

빛에 대해 그토록 알고 싶었던 갈릴레오는 아무리 빛을 보려고 해도 보이지 않았다. 왜냐하면 빛은 빛 자신을 반사할 수 없기 때문이다. 빛의 작용을 보면 빛은 물체에 반사해서 우리 눈으로 들어와 물체를 보여준다. 만약 빛이 우리 눈에 보이려면 빛이 빛을 반사해야 한다. 빛이 이렇게 서로를 반사하는 사태가 벌어진다면 우리의 눈은 그 복잡하게 얽힌 수많은 파장이 보여서 빛을 이용할 수도, 물체를 볼 수도 없는 지경에 이른다. 따라서 지구에서 사는 우리의 눈은 결코 빛을 볼 수 없다. 지구의 운동을 밝힐 때와 마찬가지로 빛의 정체를 아는 것도 인간의 감각을 극복해야 하는 문제였다. 17세기의 과학자들은 빛을 연구하며 이러한 어려움에 직면했다.

우리의 눈이 빛을 모으는 광수용체였다는 것을 상기해보자. 자연에서 동물의 경우, 눈이 커져서 빛을 많이 모으면 물체를 더 정확히 볼 수 있다. 그런데 눈이 커지면 그만큼 에너지가 필요하고 운동성을 줄여야 한다. 동물의 눈은 한정 없이 크게 진화할 수 없고, 자연에서 눈의 확장은 한계가 있을 수밖에 없다. 하지만 오늘날 우리는 구경이 200인치(약 5미터 정도) 크기의 망원경 렌즈를 만들어서 우주의 별빛까지 끌어 모아 관찰하고 있다. 갈릴레오의 망원경은 자연의 한계를 뛰어넘어 인간이 볼 수 있는 세계를 극적으로 확대시킨 도구였다. 망원경에 쓰인 렌즈는 우리 눈과 같이 빛의 성질을 이용한 것이다.

17세기 빛의 연구는 지구가 도는 것만큼이나 근대 과학에서 중요하고 근본적인 주제였다. 빛이 무엇인지 밝힐 수 없었던 갈릴레오는 빛이 어떻게 움직이는지를 알아내려고 했다. 그는 번개가 칠 때 빛이 퍼져나가는 모습을 보면서 빛의 속도가 있다는 것을 알아챘다. 빛의 속도는 일정하다! 이러한 빛의 속도는 공기에서 물속으로 들어갈 때 바뀌었고, 그래서 빛이 휘어지고 꺾이는 굴절 현상이 일어났다. 빛의 굴절은 일정하게 움직이던 빛이 다른 매질을 뚫고 들어가는 순간 주춤하면서 그 속도가 늦춰져 우리 눈에 꺾이는 것처럼 보이는 현상이다. 갈릴레오는 이러한 빛의 성질을 이용하려고 유리 렌즈를 둥글게 다듬었다. 렌즈의 둥근 면에 부딪힌 빛이 서로 다른 각도로 꺾여서 하나의 점으로 모이도록 말이다. 사방팔방으로 퍼져 있는 빛이 렌즈를 통과할 때 변화하는 양상을 수학적으로 계산하고 연구했던 갈릴레오는 두 개의 렌즈를 조합해서 망원경을 제작할 수 있었다. 이러한 갈릴레오의 망원경은 빛의 굴절 현상을 이용해서 굴절 망원경이라고 한다.

또 한 명의 천재 과학자 뉴턴은 갈릴레오의 뒤를 이어 빛을 연구했다. 어떻게 하면 갈릴레오보다 더 좋은 망원경을 만들 수 있을까 궁리하며 빛의 굴절 현상을 연구하던 뉴턴은 망원경 렌즈에서 어떤 문제점을 발견했다. 아무리 정교한 렌즈를 만들어도 초점을 정확하게 모을 수 없었던 것이다. 망원경 렌즈는 상이 또렷하게 맺히지 않고 가장자리가 무지개 색으로 번지는 현상이 나타났다. 이것을 색수차 현상이라고 하는데 뉴턴은 이 문제를 해결하기 위해 망원경 만들기를 잠시 접었다. 그리고 뉴턴의 빛 연구는 색에 관한 연구로 옮겨갔다. 우리 눈에 빨강, 파랑으로 보이는 색은 왜 생기는 것일까? 사과는 빨갛게 보이는데 색의 정체는 무엇인가? 아리스토텔레스 말대로 사과에 빨간색이 있는 것일까? 아니면 데카르트 말대로 빛의 물리적 작용으로 빛이 사과에 닿는 순간 변형된 것일까? 빛이 무엇이기에 사과를 빨갛게 보이게 하는지 뉴턴은 궁금해서 미칠 지경이었다.

　　뉴턴은 빛을 가지고 별의별 실험을 다 했다. 태양 빛을 너무 오랫동안 쳐다봐서 눈이 멀 뻔했고 눈의 압력이 색을 만드는지 알아보려고 눈에 바늘을 집어넣어보기도 했다. 2년의 연구 끝에 뉴턴은 결론을 얻었다. 물체의 색은 물체에서 나온 것이 아니라 빛에 따라 결정된다는 사실을 말이다. 아리스토텔레스가 말한 대로 사과에 색이 있다면 사과는 어떤 빛의 상태에서도 빨간색으로 보여야 한다. 그런데 사과는 햇빛에 비추면 빨갛게 보이지만, 어둠 속에 있으면 검게 보이고 초록색 불빛 아래서는 초록색을 띤다. 이것은 사과에 빨간색이 있는 것이 아니라 빛에 색이 있다는 것을 뜻한다. 믿기 어려우면 당장 실험해보시라! 뉴턴은 종이, 재, 붉은 납, 황, 남색 안료, 금, 은, 동, 풀, 푸른색 꽃 등을 이용해서 여러 색의 불빛을 비춰보았다. 그는 백색, 회색, 빨강, 노랑, 초록, 파랑, 보라색의 물체에 빨간 불빛을 강렬하게 비추면 모두 빨갛게 보이고, 초록 불빛을 비추면 모두 초록색으로 보인다는 사실을 확인할 수 있었다.

다른 색에서도 마찬가지로 단일 색깔의 빛 아래서는 그들 모두 똑같은 색깔을 보이고 있다. 그러나 어떤 물체는 그 빛을 더 강하게 반사하고, 또 어떤 물체는 그 빛을 희미하게 반사하는 차이가 있다. 나는 단일 색깔의 빛을 반사해서 다른 색을 나타내는 물건을 하나도 발견할 수 없었다. 이 결과로서 확실해진 것은 만약 태양 빛이 단일 색깔을 가진 빛이라면, 온 세상에 그 색깔만이 존재할 것이라는 점이다.[42]

태양에서 나오는 빛은 우리 눈에 하얗게 보인다. 하지만 흰빛은 색이 아니다. 그 흰빛에는 여러 색이 함께 모여 있는 것이 분명했다. 만약에 햇빛이 한 가지 색이라면 온 세상은 그 색으로만 보일 것이다. 그런데 바닷물을 보더라도 물 위에서 손바닥을 비춰보면 파랗게 보이다가 물속 깊이 들어가면 점차 다른 색으로 변한다. 바닷물의 성분은 그대로일 터인데 물의 깊이에 따라 이렇게 색이 변하는 것을 어찌 설명할 것인가? 뉴턴은 친구였던 에드먼드 핼리로부터 잠수정을 타고 깊은 바다 속을 체험한 이야기를 들었다. 핼리는 수십 미터 아래의 바다 속으로 들어가면 물과 잠수정 창문을 통과한 햇빛이 붉은색을 띤다고 말했다. 뉴턴은 핼리의 이야기를 통해 다음과 같은 추론을 했다. 햇빛이 얕은 바닷물을 통과할 때는 파란색 빛을 반사해서 우리 눈에 파랗게 보이지만, 깊은 바다에서는 붉은색 빛이 물속 깊은 곳까지 잘 통과하기 때문에 우리 눈에 붉게 보인다고 말이다.

핼리 씨 말에 의하면 (……) 잠수정을 타고 바다 속 깊이 수십 미터 아래로 잠수하면, 물과 잠수정의 창문을 통과한 햇살이 그의 손 위쪽에서는 다마스크 장미처럼 붉은 빛을 띠고, 손 아래쪽은 그 밑의 물에 의해 반사된 빛이 비춰져서 초록색을 띤다고 한다. 그렇다면 바닷물은 보라색이나 푸른색을 띤 빛을 잘 반사하고, 붉은색을 띤 빛은 아주 깊은 곳까지 통과시키는 특징을 가지고 있다고 추측할 수 있다. 깊은 바다에서는 주로 붉은 색깔의 태양 빛들이 잘 통과하였기 때문에 물체가 붉게 보이는 것이다.[43]

이처럼 햇빛은 여러 색의 혼합광이고 바다 속 깊이에 따라 통과하는 색깔의 빛이 다르다는 것을 알 수 있었다. 그런데 빛에 여러 색이 있다는 뉴턴의 주장은 다른 과학자들 사이에서는 받아들여지지 않았다. 빛은 순수하고 단순한 것이어야 한다는 당시 사람들의 상식에서 벗어났기 때문이다. 특히 데카르트를 비롯한 기계적 철학자들은 아무것도 섞이지 않은 순백의 균질한 빛을 고집했다. 이에 뉴턴은 그 유명한 프리즘 실험을 통해 빛의 성질을 명확하게 밝혔다. 프리즘에 빛을 비추면 넓게 퍼져 나와 무지개 색을 나타냈다. 빛은 결코 희지 않고 무지개처럼 알록달록한 색을 갖고 있었다. 뉴턴은 이러한 빨강, 주황, 노랑, 초록, 파랑, 남색, 보라의 무지개 색 띠에 '스펙트럼'이라는 이름을 붙였다.

유리로 된 삼각기둥 모양의 프리즘은 일종의 렌즈라고 할 수 있다. 캄캄한 방의 창문에 구멍을 뚫어 한 줄기 빛이 새어 들어오게 한 다음, 프리즘을 통과시키면 반대편 벽에 기다란 스펙트럼이 투사되었다. 빨강, 주황, 노랑, 초록, 파랑, 남색, 보라 각각의 빛이 프리즘을 통과하면서 서로 다른 각도로 꺾여서 순서대로 나타났다. 남색은 파랑보다 더 꺾이고, 노랑은 빨강보다 더 꺾이는 고유의 굴절률을 갖고 있었다.

갈릴레오의 망원경이 색수차 현상을 발생시킨 것도 이러한 빛의 성질 때문이었다. 빛의 무지개 색은 서로 다른 굴절률을 가지고 있어서 렌즈의 상을 한곳에 모으는 것을 방해했다. 한 색에 초점을 맞추면 다른 색의 초점이 흐려져서 번져 보였다. 그래서 뉴턴은 과감하게 망원경 렌즈를 거울로 바꿨다. 거울은 빛을 굴절시키지 않고 100퍼센트 반사시키기 때문에 색수차 현상이 일어나지 않는다. 뉴턴은 직접 금속을 합금해서 평면 반사거울과 오목거울을 만들어 반사 망원경에 붙였다. 그의 반사 망원경은 경통의 길이가 15센티미터밖에 안 되지만 배율이 40배나 되고 갈릴레오의 굴절 망원경보다 해상도도 뛰어났다. 당시 영국 왕립학회 회원들이 경탄할 만큼 기술적으로 훌륭한 망원경이었다.

뉴턴은 반사 망원경과 광학 연구를 인정받고 1672년 왕립학회 회원으로 선출되었다. 이때 빛의 정체에 대해 과학자들 사이에 논쟁이 있었다. 빛은 입자인가? 파동인가? 뉴턴은 빛을 입자라고 했고, 반면에 로버트 훅Robert Hooke, 1635~1703과 크리스티안 하위헌스 Christiaan Huygens, 1629~1695는 빛을 파동이라고 했다. 그러면 입자는 무엇이고 파동은 무엇인가? 입자는 알갱이, 질량이 있는 물체를 뜻하고, 파동은 소리나 파도와 같이 진동이 퍼져가는 현상을 말한다. 빛이 입자인지, 파동인지를 묻는 것은 빛이 어떻게 우리에게 전해지

뉴턴은 그 유명한 프리즘 실험을 통해 빛의 성질을
명확하게 밝혔다. 프리즘에 빛을 비추면
넓게 퍼져 나와 무지개 색을 나타냈다.
빛은 무지개처럼 알록달록한 색을 갖고 있었다.

는지 궁금해서 한 질문이다. 빛은 어떻게 전달되는 것일까? 빛이 입자라면 빛 알갱이가 우리 눈까지 날아오는 것이고, 빛이 파동이라면 온 세상에 퍼져 있는 빛의 파장을 흔들어서 전해진 것이다.

　뉴턴은 빛이 소리와 같은 파동과는 다르게 전달된다고 보았다. 빛은 소리처럼 에돌아가지 않고 똑바로 직진한다. 학교 담장 뒤에 친구가 서 있으면 그 친구가 누구인지 볼 수 없다. 빛은 담장에 부딪혀서 그림자를 만들 뿐, 담장 뒤에 있는 친구를 보여주지 않는다. 그런데 친구가 소리쳐서 내 이름을 부르면 그 소리는 들린다. 빛은 똑바로 나아가 담장 뒤편에 있는 친구를 보여주지 않지만, 소리는 담장을 뛰어넘어 내 귀에 친구의 목소리를 들려준다. 이것이 빛과 소리의 차이였다. 뉴턴은 이렇게 빛이 직진하기 때문에 입자라고 생각한 것이다.

　잠깐, 입자와 파동 같은 과학의 개념이 어떻게 만들어졌는지 생각해보자. 대부분의 학생은 과학 교과서에 나오는 개념들을 완벽한 답이라고 생각한다. 그런데 실제 과학의 역사에서 과학의 개념들은 과학자들에 의해 임의적으로 만들어진 것이다. 때때로 과학자들은 그 개념들이 정확하게 무엇을 의미하는지 밝히지 못한 것도 많다. 입자와 파동만 하더라도 20세기 물리학자들은 개념의 한계에 부딪혔다. 빛을 입자로 설명할 수도 없고, 파동으로 설명할 수도 없는 상황에 빠지고 말았다.

　『물질이란 무엇인가』라는 책에 이런 말이 나온다. "17세기의 뉴턴은 물질을 관성(질량)으로 이해했고, 19세기의 패러데이는 장field의 개념을 도입하여 물질의 근본을 향해 새로운 접근을 시도했으며, 아인슈타인에게 물질은 에너지였다." 이 문장은 물질의 개념이 발전하는 과정을 설명한 것이다. 이 뜻은 17세기에 뉴턴은 물질을 입자라고 생각했고, 19세기에 패러데이Michael Faraday, 1791~1867는 물질을 파동이라고 보았으며, 20세기에 아인슈타인은 물질을 에너지로 봤다는 말이다. 또한 이 문장에서 물질을 빛으로 바꿔서 말할 수 있다. 17세기에 뉴턴은 빛을 입자라고 생각했고, 19세기에 패러데이는 빛을 파동이라고 보았으며, 20세기에 아인슈타인은 빛을 에너지로 봤다고 말이다. 이렇듯 입자와 파동, 에너지는 우주의 실체, 물질, 빛을 탐구하는 데 쓰인 과학적 개념이다.

뉴턴은 빛만 입자로 본 것이 아니고 모든 물질을 입자로 보았다. 그런데 물질을 입자로 설명하면 한 가지 문제가 생긴다. 입자 사이에 상호작용이 어떻게 일어나는지 설명하기 어렵다는 것이다. 뉴턴은 지구와 달처럼 멀리 떨어져 있는 물체 사이에 중력이라는 힘이 작용한다고 보았다. 그런데 이러한 힘이 어떻게 작용하는지에 대해 물리적으로 납득이 갈 만큼 설명하지는 못했다. 뉴턴은 중력이 두 물체 사이의 텅 빈 공간에서 어떤 매개도 없이 즉각적으로 전달된다고 가정했는데, 사람들은 이를 마술적이고 신비스러운 힘의 작용이라고 비판했다. 이러한 17세기 고전역학의 문제를 해결한 것이 19세기에 나온 패러데이의 파동과 장 개념이었다.

빛이 입자인가, 파동인가에서 빛을 입자가 아닌 파동으로 보면 좀더 설득력 있는 설명이 가능해진다. 패러데이는 전기가 나침반(자석)을 움직이는 것을 보고 전기와 자기가 같은 힘이라는 사실을 알았다. 전기와 자기가 서로 어떻게 작용하는지 연구했던 그는 자석 주변에 철가루가 흩어져 있는 모양을 보고 힘의 장이 있다고 상상했다. 빛이나 전기, 자기는 입자가 아니라 파동이고, 그 주변에 전기장과 자기장을 형성한다는 것이다. 전기나 자석 주변에 눈에 보이지 않는 파장들이 거미줄처럼 연결되어 있어서 서로 힘을 전달한다고 보았던 것이다. 뉴턴의 텅 빈 공간은 매질이 있는 공간으로 바뀌고, 즉각적으로 전달되는 힘은 시간이 걸리면서 간접적으로 작용하는 힘으로 바뀌었다. 물리학자들이 뉴턴의 사고방식에서 탈피해 새로운 개념으로 물질과 우주를 보기 시작한 것이다.

마침내 맥스웰James Clerk Maxwell, 1831~1879은 패러데이가 상상했던 장의 개념을 물리적 실체로 구현했다. 전기와 자기의 상호작용을 수학적으로 나타낸 맥스웰의 방정식은 엄청난 의미를 담고 있다. 맥스웰의 방정식은 전형적인 파동방정식으로서 전기와 자기의 물리적 실체가 파동이라는 사실을 보여주었다. 전자기파의 존재를 수학적으로 도출한 것이다. 또한 방정식으로 계산한 전자기파의 속도가 빛의 속도와 일치한다는 놀라운 사실도 밝혀냈다. 빛은 전자기적 파동, 즉 전자기파였던 것이다.

이렇게 빛의 정체가 점점 드러날수록 허무감을 느끼는 이들이 있을 것이다. 저 푸른 들판 위에서 영롱하게 빛나던 무지개는 대체 무엇이었나? 저녁하늘을 붉게 물들이던 노을은 무엇이었나? 과학적으로 설명하면 우리가 사는 세계에 빛이나 색깔 같은 것은 없고 사물들의 진동만이 있을 뿐이다. 18세기 낭만주의 시인 존 키츠John Keats는 "뉴턴이 무지개에 관한 모든 시상을 파괴하고 무지개를 단순한 프리즘 색깔로 전락시켰다"고 비난했다. 진정 뉴턴과 패러데이는 우리의 아름다운 상상력과 감정을 앗아간 것일까? 과학자들 때문에 세상은 단지 숫자와 기호가 난무하는 삭막한 곳으로 변해버렸는가?

자연세계에 대한 서정과 신비감을 잃었다는 이들에게 과학 다큐멘터리 『빛의 물리학』을 권한다. 과학 공부는 책보다 영상이 더 효과적이다. 빛은 우리 눈에 절대 보이지 않으며, 빛을 이해하기 위해서는 우리의 감각을 극복해야 한다는 것을 상기해보자. 과학자들의 입자, 파동의 논쟁에서 파동이라는 개념조차 쉽게 이해하기 어려운데 영상의 도움을 받는다면 빛의 본질에 조금은 더 가깝게 다가갈 수 있을 것이다. EBS에서 만든 과학 다큐멘터리는 훌륭한 자료 화면을 많이 제공한다. 예를 들어 파동을 설명할 때 바닷가에 두 사람이 서서 양쪽에 밧줄을 잡고 흔드는 모습이 나온다. 이 장면은 무엇을 말하려는 것일까?

> 하나의 줄을 잡고 흔들면 파동이 생긴다.
> 줄이 이동하는 게 아니라 진동이 이동한다.
> 이 진동이 에너지를 전한다.
> 파도도 줄처럼 물이 이동하는 게 아니라 진동이 이동하는 것이다.[44]

이러한 비유적 설명은 대다수가 파동에 대해 혼동하는 개념을 잘 짚어주고 있다. 파도가 밀려오니 바닷물이 깊은 곳에서 얕은 곳으로 이동했다고 생각하기 쉬운데 바닷물은 그 자리에서 출렁일 뿐이다. 이동한 것은 진동이고 힘이고 에너지다. 이 한 장면이 파동의

파도가 밀려오니 바닷물이
깊은 곳에서 얕은 곳으로 이동했다고 생각하기 쉬운데
바닷물은 그 자리에서 출렁일 뿐이다.
이동한 것은 진동이고 힘이고 에너지다.

파동의 개념

개념을 함축적으로 보여준다.

더구나 빛은 예외적인 파동이다. 빛은 소리처럼 공기와 같은 매질을 진동시키는 파동이 아니다. 유리로 된 진공장치 속에 시계를 넣어보면 재미난 사실을 알 수 있다. 째깍거리는 시계소리는 들리지 않는데 시곗바늘이 움직이는 것은 보인다. 공기가 없는 진공의 공간에서 소리는 우리 귀까지 전달되지 않지만 아무런 매질이 없는 상태에서도 빛은 반사되어 시곗바늘의 움직임을 보여준다. 왜일까? 빛은 매질이 없어도 전달될 수 있기 때문이다. 우리 눈에 보이는 빛, 가시광선은 우주 공간에 떠도는 전자기파 중 일부다. 이러한 전자기파는 매질이 없는 특수한 파동이고 원자 속에 있는 전자를 진동시키면서 전해지는 파동이다. 이때 전자의 움직임을 전류라 하며, 전류는 전자기력과 같은 힘과 전기적 에너지를 전달시킨다. 한마디로 우리가 '본다'는 것은 전기적 신호였던 것이다. 빛이 우리 눈의 세포분자와 그 분자 속의 전자를 흔들어서 뇌에 시각정보를 전달하는 것이다.

뉴턴이 발견한 스펙트럼은 파장이 다른 전자기파였다. 파장이 긴 것은 빨간색으로, 파장이 점점 짧아지면 주황, 그다음은 노랑, 초록, 파랑의 순서로 나타난 것이다. 우리의 몸에서 이러한 빛의 파장을 감지한 곳은 바로 눈이었다. 눈은 가시광선의 파장만 색으로 구별하고 나머지 전자기파는 감지하지 못한다. 전자기파는 파장에 따라 성질이 크게 달라지는데 적외선과 자외선, 엑스선, 전파 등이 현재 우리 실생활에 응용되는 전자기파다. 라디오와 텔레비전, 스마트폰과 같은 전자기기를 보더라도 우리는 전자기파에 둘러싸여 살고 있다. 이렇듯 인간은 전기와 전자기파를 이용해서 인공적인 빛을 발명하고 지구를 환하게 밝혔다. 태양빛이 없는 밤에도 인공광에서 뿜어 나오는 전기 불빛은 옆 사람의 얼굴에 반사되어 서로의 관계를 확인시켜준다.

빛의 이야기는 여기에서 끝난 것이 아니다. 지금까지 눈에 보이는 빛과 관련해서 조금 알아본 것뿐이다. 빛의 무궁무진한 이야기는 오히려 지금부터 시작일 것이다. 『빛의 물리학』은 빛과 관련된 20세기 물리학을 다룬다. 아인슈타인의 상대성 이론으로 풀어낸 빛과 시간, 빛과 공간, 그리고 양자역학에 관한 이야기가 나온다. 이렇듯 현대 물리학은 빛에서부터 시작되었다고 해도 과언이 아니다. 빛은 입자인가, 파동인가라는 문제가 다시 제기되었고, 빛이 입자인 동시에 파동이라는 이중적 성격이 드러났다. 빛이 입자이면서 파동이라는 것은 빛이 입자도 아니고 파동도 아니라는 말이다. 그러면 빛은 무엇인가? 왜 파동이면서 입자인 것일까? 아직도 우리는 그 이유를 모른다. 하지만 어쨌거나 빛과 우주의 모든 물질은 그렇게 존재한다. 빛은 우리 눈에 색 파장처럼 파동으로 보이다가 진동수가 높아질수록 그 파동이 입자를 닮아간다. 1920년대 양자역학은 이런 신기한 현상을 설명하기 위해 출현한 학문이다.

또한 빛의 속도는 우주 어디에서나 변함이 없다. 초속 30만 킬로미터로 달리는 빛은 빨라지거나 늦춰지는 법이 없다. 아인슈타인은 빛의 속도로 달리면 거울에 자신의 모습이 보이는지 사고실험을 해보았다고 한다. 빛의 속도로 달리면 거울에 빛이 부딪혔다가 반사되어 우리 눈으로 되돌아올 수 없을 테니 거울에 자신의 모습이 나타나면 안 된다. 그런데 빛의 속도로 달려도 거울에 자신의 모습이 보일 것이다. 왜냐하면 빛의 속도는 줄어들지 않고 변함이 없기 때문이다. 이러한 광속 불변의 법칙은 뉴턴의 절대시간과 절대공간, 중력의 개념을 무너뜨렸다. 결국 빛의 속도가 아인슈타인의 상대성 이론을 탄생시키고 우주의 시공간까지 바꾸었다.

그런데 과학자가 아닌 일반인이 현대 물리학을 이해하기는 꽤 부담스럽다. 고도의 과학적 훈련을 받지 않으면 우리가 살고 있는 우주조차 알지 못한다는 것에 한숨이 나오지만 어찌하겠는가. 『빛의 물리학』은 '이상한 나라의 엘리스'와 같은 우주에 발을 들여놓기 전에 참고해야 할 지도와 같은 책이다. 다큐멘터리에서 편집한 그림과 설명은 도무지 무슨 뜻인지 알 수 없는 개념들을 이해하는 데 도움을 준다. 예를 들어 시간지연효과라든지, 중력과 가속도가 구별되지 않는다든지, 시공간이 휘어 있다든지, 광자의 행동양식이 요상해 간섭무늬를 만든다든지 하는, 눈으로 봐도 믿기지 않는 현상을 잘 설명하고 있다. 진정한 우주의 실체를 탐구하는 데 무엇보다 빛이 중요하다는 사실을 충분히 느낄 수 있을 것이다.

누가 과학을 두려워하는가?

나는 정말 두렵다

/ 라이너 마리아 릴케

나는 사람들의 말이 정말 두렵다
그들은 모든 것을 분명하게 말한다
이것은 개라고 한다 그리고 이것은 집이라고 한다
여기가 시작이며 거기가 끝이다

그들의 의미가, 조롱을 담은 그들의 놀이가, 나를 두렵게 한다
그들은 앞으로 일어날 일들과 이전에 있었던 모든 것을 알고 있다
이제 어떤 산도 그들에게 더는 경이롭지 않다
그들의 정원과 자산들은 신에게까지 육박하고 있다

나는 언제나 경고할 것이고 대항하리라, 멀리 떨어져 있으라고
나는 즐거이 사물들이 노래하는 것을 듣고 싶다
너희는 노래하는 사물들에 손을 대고, 사물들은 굳어져 침묵한다
너희는 그 모든 노래하는 사물들을 죽인다 45

　　1899년, 릴케Rainer Maria Rilke, 1875~1926는 「나는 정말 두렵다」라
는 시를 발표했다. 20세기의 문턱에서 시인의 마음에 불길한 예감
을 드리운 것은 무엇이었을까? 그는 이 시의 마지막 구절에 "너희
는 그 모든 노래하는 사물을 죽인다"라는 끔찍한 메시지를 남겼다.
시인은 자연의 신비를 낱낱이 파헤쳐 신의 능력까지 다가선 과학을
두려워했던 것이다. 실제 과학은 20세기를 통과하며 거침없이 나
아갔다. 원자의 세계를 밝혔고 마침내 릴케의 예견대로 과학자들은
우라늄으로 원자핵폭탄을 만들어 살아 있는 생명체들을 파괴했다.
　　이러한 징후는 방사성 물질의 발견에서 시작되었다. 물질 중
에는 눈에 보이지 않는 광선을 '방사'하는 원소가 있다. 1895년 독
일의 물리학자 뢴트겐Wilhelm Röntgen, 1845~1923은 우연히 방사선인 엑
스선X-ray을 발견했다. 뢴트겐의 소식을 들은 프랑스의 물리학자 베
크렐Antoine-Henri Becquerel, 1852~1908은 1896년에 방사선을 방출하는 원
소인 우라늄을 찾아냈다. 물질의 깊은 내부로부터 무엇인가가 나
온다는 사실은 물질의 최소 단위로 가정했던 원자가 붕괴될 수 있
다는 것을 의미했다. 폴란드 태생의 프랑스 과학자 마리 퀴리Marie
Curie, 1867~1934는 우라늄처럼 방사선이 나오는 다른 원소가 있다고
생각했다. 그의 남편인 피에르 퀴리Pierre Curie, 1859~1906와 함께 각고

의 노력 끝에 1898년 폴로늄polonium과 라듐radium을 발견했다. 그들은 몇몇 원소가 방사선을 내는 현상에 처음으로 '방사성radioactivity'이라는 이름을 붙인 장본인이기도 하다.

　　1897년 영국의 물리학자 톰슨Joseph Thomson, 1856~1940은 원자 속에서 전자를 발견했다. 세상에서 가장 작은 입자였던 원자가 더 작은 입자로 쪼개진 것이다. 음(-)전하를 띤 전자의 발견으로 원자가 서로 반대되는 전기적 성질을 띤 입자로 이루어졌다는 것이 알려졌다. 1911년 어니스트 러더퍼드Ernest Rutherford, 1871~1937는 양(+)전하를 띠고 있는 양성자를 발견하고, 이 양성자가 원자의 중심에서 원자핵을 구성한다고 보았다. 그리고 20년 후 러더퍼드의 제자였던 채드윅James Chadwick, 1891~1974은 원자핵에 양성자만 있는 것이 아니라 전기적으로 중성을 띠고 있는 중성자가 있다는 것을 알아냈다. 이로써 세상의 모든 물질은 원자로 되어 있고 원자핵에는 양성자와 중성자가 있으며 그 주위에 전자가 있다는 것이 밝혀졌다. 우주에 수소, 헬륨, 산소, 탄소, 우라늄과 같은 여러 가지 원소가 있는 것도 이러한 양성자, 중성자, 전자가 다양한 방식으로 결합하고 있기 때문이다.

　　원자의 구조를 파헤친 과학자들은 원자 속에 우주를 지배하는 새로운 힘이 있다는 것도 알아냈다. 양전하의 원자핵과 음전하의 전자 사이에는 전자기력이라는 힘이 있어서 서로를 끌어당기고 있다. 또한 원자핵 속의 양성자와 중성자 사이에는 핵력이라는 힘이 작용하고 있다. 이미 뉴턴이 질량이 있는 물체 사이에 중력이 작용한다는 것을 발견했는데 20세기의 현대 물리학은 더 나아가 원자

속에 전자기력이 있고, 원자핵 속에는 핵력이 있다는 사실을 밝혔다. 힘의 세기를 보면 핵력이 가장 강하고, 그다음에 전자기력, 그다음에 중력이 가장 약하다고 할 수 있다. 대부분의 원자핵은 강한 핵력 때문에 안정적으로 결합되어 있는데 우라늄과 같이 양성자를 92개나 갖고 있는 무거운 원소는 원자핵이 자연스럽게 붕괴하면서 핵에너지인 방사선을 방출한다.

마침내 1938년에는 우라늄 원자핵을 인공적으로 쪼개는 원자핵 분열 실험이 성공했다. 원자핵을 부수고 그 안에 있는 엄청난 핵에너지를 끄집어낼 수 있는 방법을 찾아낸 것이다. 이로써 우리가 알고 있는 1945년 히로시마와 나가사키를 초토화한 원자핵폭탄이 발명되었다. 원자핵폭탄은 1942년 미국에서 맨해튼 프로젝트라는 이름으로 비밀리에 만들어진 것이다. 이 프로젝트에는 총책임자였던 로버트 오펜하이머Robert Oppenheimer, 1904~1967를 비롯해 3,000여 명의 과학자들이 참여했다. 세계적으로 핵물리학을 한다는 과학자들이 거의 다 차출되었을 정도였다. 인류의 비극이었던 핵폭탄의 개발은 과학자들에게도 평생 지울 수 없는 상처를 남겼다. 오펜하이머는 "내 손에 피가 묻어 있다"는 죄의식에 시달리며 살았고, 아인슈타인은 임종 직전에 이런 말까지 남겼다. "만일 내가 다시 청년이 되어 생계를 꾸릴 최고의 길을 선택할 수 있다면 학자나 교육자가 아니라 오히려 함석장이나 행상인이 되고 싶다." 위대한 과학자들조차 과학자라는 직업에 회의를 느꼈던 것이다.

그런데 원자핵물리학이 발전하지 않았다면 우리는 우주가 어떻게 생겨났는지도 몰랐을 것이다. 퀴리 부부와 톰슨, 러더퍼드와 같은 물리학자들은 방사성 노출을 감수하면서까지 원자의 세계를 연구했고, 이들의 연구 결과로 우주를 이해할 수 있게 되었다. 예컨대 빅뱅으로 우주가 탄생했을 때 양성자, 중성자, 전자가 각각 떠도는 플라스마 상태에서 원자가 생성되었다는 것을 말이다. 이렇게 현대 물리학은 20세기 과학의 최대 업적인 우주의 기원을 밝혀냈지만 원자핵폭탄 개발에 응용되면서 릴케의 말대로 과학자들은 "모든 노래하는 사물을 죽인다"는 질타를 피할 수 없게 되었다.

만약에 전쟁이 일어나지 않았다면 과학자들이 원자핵폭탄을 개발했을까? 오펜하이머만 하더라도 1939년에 중성자별에 관한 이론을 발표해서 학계의 주목을 한 몸에 받은 전도유망한 과학자였다. 그러던 그가 원자핵폭탄 개발에 참여하면서 학문적 연구에서 멀어져갔다. 오펜하이머가 핵폭탄을 만들지 않았다면 당연히 우주의 비밀을 파헤치기 위한 연구에 매진했을 것이다. 핵폭탄은 전쟁이라는 시대가 낳은 불행한 사생아였다. 죄 없는 수많은 사람을 희생시키고 우리의 마음속에 과학에 대한 두려움을 각인시켰다. 과학자들조차 과학의 가치를 믿지 못하고 표류했다. 점점 전문화된 과학은 스스로 고립을 좌초하며 누구와도 소통하려 들지 않았다. 과학과 인문학은 두 문화로 분리되었고, 대중은 과학으로부터 싸늘하게 등을 돌려버렸다.

누가 과학을 대변할 것인가? 과학이 옳다, 중요하다는 것은 과학의 가치나 과학의 방향성과 관련된 것이다. 전쟁이 끝난 후 냉전 시대로 접어들면서 핵무기 경쟁은 도무지 멈출 줄을 몰랐고 과학의 가치는 곤두박질쳤다. 누군가가 나서서 과학의 가치와 방향성에 대

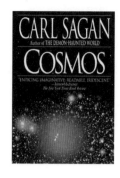

해 문제를 제기해야 할 때였다. 1980년에 나온 칼 세이건의 『코스모스』는 이에 대해 응답한 책이다. 칼 세이건은 과학적 사실을 바탕으로 과학의 가치를 열정적으로 말했다. 우리가 우주를 예측하고 지구 밖으로 나갈 수 있었던 것은 과학이 있었기에 가능한 것이라고 말이다. 만약에 과학을 몰랐다면 우리는 우물 안에 갇혀 하늘을 보는 신세였을 것이다. 과학은 사고 범위를 우주로 확장시키고, 우리 자신을 객관적으로 바라볼 수 있게 했다.

칼 세이건은 탁월한 이야기 솜씨로 우주의 이야기를 풀어냈다. 인간에게만 이야기가 있는 것이 아니라 자연에도 이야기가 있다는 것을 환기시켰다. 빅뱅에서 우주가 탄생하고 인간이 출현하기까지의 과정은 한 편의 우주 대서사시였다. 우주에 대폭발이 일어나서 은하, 항성, 행성이라는 물질이 생겨나고, 행성에서 다시 생명이 출현하고, 생명은 다시 의식을 가진 생물로 진화했다. 물질에서 생명, 의식으로 이어지는 우주의 이야기는 과학 다큐멘터리 〈코스모스〉로 제작되었고 이 다큐멘터리를 바탕으로 『코스모스』라는 책이 나온 것이다. 『코스모스』는 우주에서 태어난 지적 존재가 거꾸로 의식, 생명, 물질, 우주를 탐색하는 경이롭기 그지없는 이야기다. 우리는 왜 우주를 이해해야 하는가? 세이건은 중요한 이 질문부터 던진다. 우주를 알면 알수록 인간이라는 존재가 미미해지는데도 왜 우주를 탐구해야 하는지, 그의 이야기를 직접 들어보자.

인류사의 위대한 발견과 대면하게 될 때마다 우주에서 인류의 지위는 점점 강등했다. 한 발짝 한 발짝 무대의 중심에서 멀어질 때마다 강등당하는 인류의 지위를 한탄하던 이들이 있었다. 그리고 우리 가슴과 가슴 깊숙한 곳에는 지구가 우주의 중심이며 초점이며 지렛대의 받침목이기를 바라는 아쉬움이 아직 숨어 있다. 하지만 우리가 정녕 코스모스와 겨루고자 한다면 먼저 겨룸의 상대인 코스모스를 이해해야 한다. 여태껏 인류가 멋모르고 부렸던 우주에서의 특권 의식에 먹칠을 하는 한이 있더라도 우리는 코스모스를 제대로 이해해야만 한다. 자신의 위상과 위치에 대한 올바른 이해가 주변을 개선할 수 있는 필수 전제이기 때문이다. 우리와 다른 바깥세상이 어떠한지 알아내는 것도 자신이 처한 상황을 개선하는 데 결정적인 도움을 준다. 우리의 행성 지구가 우주에서 중요한 존재로 남기를 간절히 바란다면 지구를 위해 우리가 할 수 있는 일들이 분명히 있을 것이다. [46]

우주와 지구는 인간의 보금자리다. 우리가 태어나고 자란 곳이다. 우리가 자신의 기원을 제대로 이해하지 못하고서는 현재 처한 문제를 해결하지 못하고 더 나은 미래도 보장할 수 없다. 칼 세이건은 인간의 존재 가치를 우주적 차원으로 확장하고 우리가 해야할 일이 무엇인지를 찾아야 한다고 말하고 있다. 지난날 우리는 우주가 우리 자신을 위해 존재하는 것이라고 착각했는데 "오늘에 와서야 우리는 우리가 우주의 중심이 아니며 우리의 존재가 우주의 목적일 수 없다는 현실을 마지못해 받아들이기 시작했다." 우주가 우리에게 어떤 목적과 가치를 부여했다고 생각했지만 우주는 물질적이고 기계적이며 자연의 법칙에 따라 작동할 뿐이었다. 이렇게 우주가 우리에게 어떤 가치도 주지 않는다면 우리가 그 가치를 찾아야 한다. 당신은 지구에서 인간으로 태어나 목숨 걸고 지켜야 할 가치가 무엇이라고 생각하는가?

칼 세이건은 광막한 우주 공간에서 그 가치를 발견했다. 나사의 보이저호 우주 탐사계획에 참여했던 그는 우리에게 지구를 보여주었다. 보이저1호가 해왕성을 지날 때 카메라 방향을 지구로 돌려 사진을 찍어 보내준 것이다. 그때 "우주에서 본 지구는 쥐면 부서질 것만 같은 창백한 푸른 점일 뿐이다." 창백한 푸른 점, 지구는 우리에게 무엇과도 바꿀 수 없는 소중한 존재다. 가을비 촉촉이 내리는 공원 벤치, 첫사랑의 설렘, 부엌에서 풍겨오는 밥 냄새, 눈에 가득 고인 기쁨의 눈물, 늦은 오후 창문으로 들어오는 햇살, 학교 운동장에서 뛰어노는 아이들, 푸른 하늘 위로 솟아오른 산봉우리, 새소리, 파도소리, 골목길, 장미꽃 향기가 있는 곳이다. "우리는 종으로서의 인류를 사랑해야 하며, 지구에게 충성해야 한다."『코스모스』의 맨 마지막 문단에서 칼 세이건은 우리가 목숨 걸고 지켜야 할 가치가 바로 지구의 생명이라고 말한다.

인류는 우주 한구석에 박힌 미물微物이었으나 이제 스스로를 인식할 줄 아는 존재로 이만큼 성장했다. 그리고 이제 자신의 기원을 더듬을 줄 알게 됐다. 별에서 만들어진 물질이 별에 대해 숙고할 줄 알게 됐다. 10억의 10억 배의 또 10억 배의 그리고 또 거기에 10배나 되는 수의 원자들이 결합한 하나의 유기체가 원자 자체의 진화를 꿰뚫어 생각할 줄 알게 됐다. 우주의 한구석에서 의식의 탄생이 있기까지 시간의 흐름을 거슬러 올라갈 줄도 알게 됐다. 우리는 종으로서의 인류를 사랑해야 하며, 지구에게 충성해야 한다. 아니면, 그 누가 우리의 지구를 대변해 줄 수 있겠는가? 우리의 생존은 우리 자신만이 이룩한 업적이 아니다. 그러므로 오늘을 사는 우리는 인류를 여기에 있게 한 코스모스에게 감사해야 할 것이다.[47]

우주에서 생명이 발견된 곳은 아직까지 지구밖에 없다. 그런데 지구의 생명체들은 생존마저 위태로운 지경에 이르렀다. 인간의 욕망이 지구를 파멸시키고 있기 때문이다. 극단적인 민족주의와 종교분쟁, 핵전쟁의 위협, 무분별한 환경파괴 등은 모두 인간의 이기심과 자만, 무지가 빚어낸 것들이다. "문명의 미래와 하나의 종으로서 인류의 생존 문제가 우리 두 손에 달려 있다. 우리가 지구의 입장을 대변해주지 않는다면 과연 누가 그렇게 해주겠는가? 인류의 생존 문제를 우리 자신이 걱정하지 않는다면 우리 대신 누가 이 문제를 해결해줄 수 있단 말인가?" 칼 세이건은 이렇게 우리의 각성을 촉구하고 있다.

　　나는 『코스모스』를 읽으면서 시인 윤동주의 「서시」 한 구절이 떠올랐다. "별을 노래하는 마음으로 모든 죽어가는 것을 사랑해야지." 윤동주의 시집 『하늘과 바람과 별과 시』에는 「별 헤는 밤」과 같이 별 이야기가 많이 나온다. "별 하나에 추억과 별 하나에 사랑과 별 하나에 쓸쓸함과 별 하나에 동경憧憬과 별 하나에 시와 별 하나에 어머니, 어머니", 별을 노래하는 시인은 생명이 있는 모든 것을 사랑하리라고 다짐한다. 칼 세이건은 시인의 마음을 가진 과학자로서 별의 이야기를 하고 있다. 우리는 우주의 별에서 온 존재이고, 우리가 사랑하는 모든 것은 우주의 일부라는 것. 지구에 생명이 없다면 화성이나 달과 같은 암석행성에 불과하다는 것. 우주에서 생명과 인간이 탄생한 것은 우주의 대서사시였다고 말이다.

　　칼 세이건은 『코스모스』에서 지구와 생명의 가치를 과학적으로 설명하고, 그 생명의 경이로움을 우리에게 이해시키려고 노력했다. 과학의 최우선적인 목표는 생명을 지키는 일이며 이것 또한 인류의 목표라는 것이다. 시선을 지구에서 벌어지는 일들에 두지 말고 우주로 향하면 과학의 미덕이 보인다. 과학은 우주에서 우리가 어떤 존재인지를 밝혀주는 가장 믿을 만한 지식이다. 우주의 관점에서 과학을 공부하고 앎을 확장하면 지금껏 가지고 있었던 삶의 가치가 달라진다. "우주에서 내려다본 지구에는 국경선이 없다." 우주 공간에서 지구와 우리 자신을 바라보면 그동안 우리 마음속에 들끓었던 욕망과 이 세계에서 벌어지는 수많은 잔혹 행위가 얼마나 부질없는 다툼이었는지를 느끼게 될 것이다.

『사랑은 그렇게 끝나지 않는다』를 쓴 영국의 소설가 줄리언 반스Julian Barnes, 1946~는 사랑하는 아내의 죽음을 목도한다. 뇌종양 판정을 받고 한 달 만에 아내를 떠나보내면서 그는 이렇게 마음을 다잡는다. "이건 그저 우주가 제 할 일을 하는 것뿐이야." 아내에 대한 사무치는 그리움으로 자살 충동을 느끼면서도 이겨낼 수 있었던 것은 우주에서 인간의 존재를 받아들이는 삶의 태도였다. 살면서 때로 어려운 문제에 부딪혔을 때 『코스모스』 같은 과학책에서 용기와 위로를 얻을 수 있다. 나라는 존재가 왜 출현했고 우주의 기원이 무엇인지를 안다는 것, 다시 말해 내 주변에서 왜 이런 일들이 일어나는지 알 수 있다는 것은 참으로 속 시원한 일이다. 우리가 할 수 있는 일과 할 수 없는 일을 구별하고, 내 잘잘못을 따지고, 무지가 빚어낸 오해와 죄책감에서 벗어난다는 것은 삶에 큰 위안을 준다. 시련과 고통에 대처해서 최선의 방책을 세우고 과학적 사실을 바탕으로 세계에서 일어나는 일들을 이해한다는 것만으로도 마음이 편안해질 것이다.

『코스모스』는 과학 분야 베스트셀러로 오래도록 독자들의 사랑을 받고 있다. 지식이 넘쳐나는 세상에서 칼 세이건은 어떤 지식이 중요하고 그 지식이 왜 중요한지를 보여주었다. 과학을 삶의 가치로 받아들인 과학자의 육성과 진정성이 독자들을 감동시킨 것이다. 세이건의 통찰은 우리가 추구해야 할 삶의 가치를 더 높은 차원으로 끌어올렸다. 그는 아인슈타인의 상대성 이론을 설명하면서 우주에 있어서 모든 장소가 공평하다는 것을 강조한다. "젊은 아인슈타인은 그가 정치에 대해 그랬던 만큼 물리학에서도 절대적 의미의 기준 좌표계를 거부했다. 이리저리 어지럽게 공간을 배회하는 별들로 가득 찬 우주에서 '정지해 있는' 장소라든가 우주를 관측하기에 더 좋은 좌표계 같은 특권이나 특전은 있을 수가 없었다. 적어도 그에게는 말이다. 그리고 이것이야말로 '상대성 이론'이라는 단어가 의미하는 바였다." 자연의 법칙은 민족, 국가, 인종을 떠나 그 누구에게나 동일하게 적용된다. 어떤 기득권을 가지고 있다 해도, 지구에 닥친 위기를 피해갈 수는 없다. 지구는 핵무기의 위험뿐만 아니라 에볼라 바이러스와 같은 새로운 전염병, 전쟁, 지구 온난화, 가난, 인구 증가 등으로 고통받고 있다. 이러한 전 지구적 차원에서 해결해야 할 문제 앞에서 세이건이 남긴 말을 다시 한번 되새겨보자. "우리가 아는 유일한 보금자리인 창백한 푸른 점을 소중히 보존하는 것이 우리의 의무입니다."

철학은 죽었다!

　　눈을 감으면 온 세상이 깜깜해진다. 어린 시절에 나는 눈을 감는 것만으로 온 세상을 어둡게 만들 수 있다고 생각했다. 세상의 중심은 나 자신이었고 세상은 내가 생각하는 대로 돌아가는 줄 알았다. 그때는 내가 없는 다른 세상을 상상하지 못했다. 그런데 사춘기에 접어들면서 생각이 바뀌었다. 아무리 세상이 나를 중심으로 돌아간다고 해도 나와는 독립적으로 존재하는 세계가 있다는 것을 알게 되었다. 내가 태어나기 전에 이미 세계가 존재했으며 내가 죽은 후에도 계속 세계가 존재한다는 것을 말이다.

　　인간의 역사도 이와 마찬가지로 우주가 인간을 위해 존재한다고 여기던 때가 있었다. 18세기에 철학자 칸트는 우주를 인간의 사고능력 범위로 한정지어서 생각했다. "사람이 공간과 시간 안에 있는 것이 아니라 공간과 시간이 사람 안에 있다." 이 말은 인간의 생각으로 공간과 시간이 얼마든지 규정될 수 있다는 뜻이다. 그래서 칸트는 뉴턴이 만들어놓은 절대공간과 절대시간을 받아들였는데 20세기에 들어와서 아인슈타인에 의해 이러한 시간과 공간의 개념은 깨지고 만다. 상대성 이론은 공간과 시간을 통합해서 물리적 실재로 추론하고 계산했다. 오늘날 대중적으로 쓰이는 스마트폰의 GPSGlobal Positioning System, 위성위치확인 시스템 내비게이션은 지구 중력에 의한 시공간의 왜곡을 고려하여 설계된 장치다. 만약에 시공간의 왜곡이 계산되지 않는다면 GPS는 무용지물이 되어버릴 것이다. 이렇듯 시공간은 인간의 감각기관으로 지각되지는 않지만 실제로 존재하는 것이다. 현대 물리학은 우주가 인간과 독립적으로 실재한다는 것을 밝히기 시작했다.

BBC에서 제작한 드라마 〈호킹〉은 첫 장면부터 지지직거리는 잡음을 들려준다. 스티븐 호킹과 잡음이 무슨 연관관계가 있는지 궁금하게 만들면서 이야기가 시작된다. 호킹은 알다시피 루게릭병으로 모든 운동신경이 마비되는 상황에서도 우주에 대한 탐구를 멈추지 않는 현존하는 최고의 이론물리학자다. 그의 삶은 영화나 드라마의 소재가 되기에 충분한데 2004년에 방영된 영국 드라마 〈호킹〉도 그중 하나다. 〈호킹〉에서 중간중간 계속 들어오는 잡음은 아노 펜지어스Arno Penzias와 로버트 윌슨Robert Wilson, 두 천문학자가 1965년에 발견한 우주배경복사였다. '우주배경복사'라고 하면 많은 사람이 복사radiation라는 단어를 어려워하는데, 복사는 우리가 흔히 알고 있는 난방기구인 라디에이터radiator에서 열에너지가 방 안 가득 넓게 퍼지는 현상을 떠올리면 이해하기 쉽다. 우주는 '빵' 하고 폭발하면서 탄생했고, 이때 뜨거웠던 열에너지가 점점 우주로 퍼져나가면서 식어갔다. 우주의 빛, 전자기복사는 절대온도 2.7켈빈(섭씨 -270.45도)까지 온도가 떨어지고 파장이 길어지면서 우주 구석구석으로 흩어졌다. 열기가 없어서 빛으로 볼 수 없는 긴 파장의 마이크로파는 지지직거리는 소리로 남아 우리의 귀에 들리게 된 것이다. 이렇게 우주의 시작, 빅뱅의 흔적을 남긴 것이 바로 〈호킹〉에 나오는 잡음소리, 우주배경복사다.

1942년에 태어난 호킹은 스물한 살이 된 1963년에 루게릭병 진단을 받았다. 영국 케임브리지 대학원에서 우주론을 막 연구하려던 참이었다. 이때 호킹은 시한부 2년을 선고받았지만 지금까지 불사신처럼 살아 있다. 게다가 자신의 인생이 운이 좋았다고 회고하고 있다. 왜일까? 비록 호킹은 글도 못 쓰고 말도 못 하고 평생 휠체어 생활을 하지만, 과학자로서 성공적인 인생을 살고 있기 때문이다. 원자폭탄 개발에 재능을 낭비했던 오펜하이머와 비교한다면 호킹은 시대를 잘 타고났다. 그가 20대 초반이었던 1960년대는 우주론 연구가 본격적으로 주목받기 시작한 시기였다. 호킹이 뇌만 가지고 거대한 우주를 이론적으로 연구할 수 있는 주변 여건이 조성되었다. 1960년대에 이르러 아인슈타인의 상대성 이론이 우주론의 실제적인 문제에 적용되었고, 관측 천문학에서도 기술과 장비가 발전하여 우주배경복사와 같은 실험적 증거를 확보할 수 있었다. 드라마 〈호킹〉의 잡음소리는 호킹이 장애를 딛고 연구의 의지를 불태

호킹은 루게릭병으로
모든 운동신경이 마비되는 상황에서도
우주에 대한 탐구를 멈추지 않는
현존하는 최고의 이론물리학자다.

울 수 있는 희망의 신호였던 것이다.

호킹의 인생에 기적과 같은 행운을 안겨준 또 하나의 희망의 신호가 있었다. 사랑하는 여자, 제인 와일드Jane Wilde를 만난 것이다. 최근에 개봉한 영화 〈사랑에 관한 모든 것〉의 영어 제목은 'The Theory of Everything만물의 이론'인데, 이 영화에서는 호킹과 제인의 사랑 이야기가 소개된다. 루게릭병을 선고받고 심한 우울증에 빠진 호킹은 천재 과학자가 아니라 평범한 장애인 대학원생에 불과했다. 절망적인 그 순간에 호킹의 운명을 바꿔놓을 그녀가 나타났다. 그녀의 헌신적인 사랑이 없었다면 호킹은 우주론에서 획기적인 발견을 할 수 없었을 것이다. 1965년 제인과 결혼하던 그해에 호킹은 물리학계에서 기념비적인 논문을 쓰고 박사학위를 받았다. 그 논문의 제목은 '특이점들과 시공간의 기하학'이었다. 1929년에 허블이 밝힌 우주가 팽창한다는 관측 결과와 아인슈타인의 일반 상대성 이론을 연결해서 우주의 시작에 특이점이 존재한다는 사실을 증명한 것이다.

호킹이 말하는 특이점이란 무엇인가? 우주가 팽창한다면 반드시 그 시작이 있을 것이다. 빅뱅 우주론에서 시간을 거꾸로 되돌리면 우주의 시작에 맞닥뜨리게 된다. 바로 그곳에 부피가 0이면서 밀도가 무한대인, 한마디로 말이 안 되는 특이점이 나온다. 특이점은 시공간의 곡률이 무한대가 되어서 시간과 공간이 완전히 끝나는 지점이다. 이러한 빅뱅의 순간은 거대한 별이 쪼그라들어 블랙홀이 되는 과정과 비슷했다. 호킹은 수학자였던 로저 펜로즈Roger Penrose, 1931~가 블랙홀에서 증명한 특이점을 빅뱅에 적용했다. 그러고는 일반 상대성 이론의 핵심인 장방정식을 풀어서 중력이 무한대가 되는 한계 상황인 특이점을 도출했다. 일반 상대성 이론이 옳다면 우리 우주의 과거에 특이점이 있어야 한다는 사실을 밝힌 것이다. 호킹은 특이점을 발견한 과정을 자서전에서 다음과 같이 말하고 있다.

펜로즈는 죽음을 맞이하는 별이 특정 반지름까지 수축하면 불가피하게 특이점特異點, singularity이 발생함을 증명했다. 특이점이란 공간과 시간이 끝나는 지점이다. 물론이다. 거대하고 차가운 별이 자체 중력으로 붕괴하여 밀도가 무한대인 특이점에 이르는 것을 그 무엇도 막을 수 없음을 우리는 이미 안다, 라고 나는 생각했다. 그러나 알고 보니 관련 방정식들은 완벽하게 구형인 별의 붕괴에 대해서만 풀려 있었고, 실제 별은 당연히 완벽한 구형이 아닐 터였다. (……) 나는 유사한 논증을 우주의 팽창에 적용할 수 있음을 깨달았다. 그리고 시공이 시작된 특이점이 존재함을 증명할 수 있었다. (……) 일반 상대성 이론은 우주에 시초가 있어야 한다는 것을 예측했다.[48]

우주에 시작이 있는가? 호킹은 우주론의 중대한 질문에 과학적 답을 제시하고 우주론의 새로운 장을 열었다. 그런데 특이점은 아인슈타인조차 예측하지 못한 것이었다. 우주의 시작이 있다는 것을 생각하지 못했던 아인슈타인은 이론적으로 시간=0인 순간을 고려하지 않았다. 상대성 이론은 특이점의 존재를 도출해냈지만 반면에 상대성 이론의 모든 법칙은 특이점에서 무너진다는 문제가 드러났다. 상상도 할 수 없을 정도로 밀도가 응집되어 있는 곳에서 시간과 공간은 아인슈타인의 방정식으로 나타낼 수 없었던 것이다.

그러면 우주의 시작을 어떻게 예측할 수 있을까? 우주가 시작되는 순간, 우주의 크기는 10^{-33}센티미터의 매우 작은 것으로 추정된다. 이렇게 작은 세계는 오직 양자역학만이 설명할 수 있다. 물리학에서 쓰이는 양자의 의미는 존재 가능한 어떤 것의 최소량을 뜻한다. 양자역학은 아주 작은 입자와 그것의 행동을 다루는 과학이다. 우주의 진짜 시작을 탐구하려면 양자역학의 도움이 필요해졌다. 아주 큰 우주의 세계를 설명하는 상대성 이론과 아주 작은 입자의 세계를 다루는 양자역학이 우주론에서 서로 융합해야 하는 것이다. 이제 우주론은 아인슈타인에서 호킹의 시대로 접어들면서 '양자우주론', '양자중력 이론'이라는 새로운 학문을 출범시켰다.

1970년대 호킹은 미국의 캘리포니아 공과대학에 초대되어 블랙홀을 연구했다. 영화 〈인터스텔라〉의 제작에 참여했던 킵 손Kip S. Thorne과 같은 물리학자들과 연구하는 일은 즐거웠지만 그의 몸이 점점 마비되어 글씨조차 쓸 수 없었다. 이론물리학자가 종이 위에 그림을 그리고 방정식을 계산할 수 없는 것은 사형선고나 다름없었다. 세계적인 과학자들과 공동 연구를 하기 위해 호킹은 자신만의 독특한 연구방법을 개발해야 했다. 손을 사용하지 않고 오직 뇌만을 작동시켜서 문제를 해결하는 법을 찾았다. 종이와 펜을 쓰지 않고 직관적으로 그림과 방정식을 떠올릴 수 있도록 마음을 훈련시킨 것이다. 이렇게 해서 그는 자신의 최대 업적인 '호킹 복사'를 예측하고 우주의 시작과 블랙홀을 밝혀내는 데 한 발 더 다가설 수 있었다.

그뿐만 아니라 1980년대에 호킹은 대중 과학서 『시간의 역사』

『호두껍질 속의 우주』에 나오는 도플러 효과

"도플러 효과는 빛의 파동에도 적용된다. 어떤 은하가 지구에 대해서 일정한 거리를 유지한다면, 스펙트럼 선은 정상적 또는 표준적 위치로 보일 것이다. 그러나 은하가 우리로부터 멀어지면, 파동이 늘어나고 스펙트럼 선은 적색 쪽으로 향해서 이동하는 것처럼 보일 것이다. 반면 은하가 우리를 향해서 접근하면 파동이 압축되고 스펙트럼 선은 청색편이가 될 것이다."

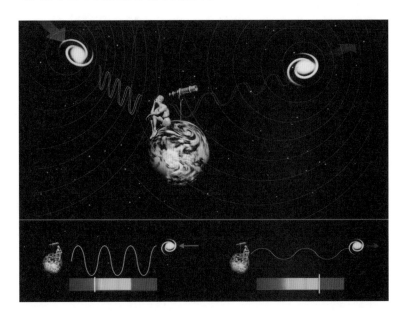

를 출간했다. 인간의 지식이 우주의 신비를 어디까지 풀었는지 수많은 사람에게 알려주고 싶어서였다. 그는 현대 물리학의 어려운 개념들을 쉽게 설명하기 위해 몇 번이나 원고를 고치는 수고를 마다하지 않았다. 컴퓨터 프로그램에 전적으로 의지해서 글을 쓰는 호킹에게 집필과정은 어려움 그 자체였다. 하지만 피나는 노력으로 이제까지 없었던 과학책을 써냈다. 호킹은 사람들이 수학 방정식을 이해하지 못한다는 것을 누구보다 잘 알고 있었다. 그의 책은 방정식보다는 한눈에 알아볼 수 있는 좋은 그림들을 적극적으로 이용해서 독자들을 이해시켰다. 호킹의 생각을 직접 들어보자.

거의 누구나 우주의 작동 방식에 관심이 있지만, 대다수는 수학 방정식을 이해하지 못한다고 나는 확신했다. 그러나 나 자신도 방정식에 연연하지 않는다. 방정식을 적는 일이 나에게 버겁기 때문이기도 하지만, 주된 이유는 방정식을 직관적으로 이해하는 능력이 나에게 없다는 점이다. 대신에 나는 그림을 떠올리면서 생각한다. 내가 책을 쓰면서 설정한 목표는 내가 떠올린 정신적 이미지들을 친숙한 비유들analogies과 몇 장의 도안들diagrams에 기대어 언어로 기술하는 것이었다. 그 결과로, 지난 50년 동안 물리학이 괄목할 만큼 진보하면서 이룬 성취를 대다수의 사람들이 느끼고 경탄할 수 있기를 바랐다.[49]

『시간의 역사』의 이러한 전략은 성공적이었다. 호킹의 책들을 읽으면 그림이 좋다는 감탄이 저절로 나온다. 예를 들어『그림으로 보는 시간의 역사』와『호두껍질 속의 우주』에 나오는 별들의 적색

편이에 대한 그림 한 장을 보더라도 호킹이 얼마나 세심하게 그림에 신경 썼는지를 알 수 있다. 1920년대에 허블은 망원경으로 별들의 스펙트럼을 관찰한 결과, 별들이 붉은색 방향으로 치우쳐서 이동한다는 사실을 발견했다. 도플러 효과를 통해 별들은 관찰자인 우리로부터 멀어지고 결국 우주가 팽창한다는 사실을 알게 된 것이다. 이것에 관련된 몇 장의 그림[50]은 그림만 보고도 과학의 핵심적인 개념을 이해할 수 있다. 『시간의 역사』는 40여 개 언어로 번역되어 전 세계에 1,000만 부 넘게 팔렸고 호킹의 이름을 세계적으로 알렸다.

최근에 호킹은 자신의 우주론 연구를 바탕으로 철학적 관점을 제시한 『위대한 설계』를 내놓았다. 과학자로서 인류가 이제껏 품어왔던 '존재의 수수께끼'에 도전한 것이다. 세계는 왜 무가 아니고 유인가? 우주와 인간은 왜 존재하는가? 인간이 지구에 나타나면서 궁금해왔던 근본적인 질문이다. 종교와 철학에서 답을 찾고자 했으나 아직 이 문제를 해결하지 못했다. 이에 대해 호킹은 "철학은 이제 죽었다"고 선언한다. 21세기에 들어와서는 첨단과학인 우주론에서 존재의 수수께끼를 풀었다는 것이다. "지식을 추구하는 인류의 노력에서 발견의 횃불을 들고 있는 자들은 이제 과학자들이다." 『위대한 설계』의 서문에서 호킹은 다음과 같이 대담한 주장을 한다.

우리가 속한 세계를 어떻게 이해할 수 있을까? 우주는 어떻게 작동할까? 실재實在, reality의 본질은 무엇일까? 이 모든 것은 어디에서 왔을까? 우주는 창조자가 필요했을까? 우리 대부분은 인생의 대부분을 이런 질문들에 매달려 보내지 않는다. 그러나 우리는 누구나 거의 예외 없이 한동안 이런 질문들을 고민하게 된다.

이런 질문들은 전통적으로 철학의 영역이었으나, 철학은 이제 죽었다. 철학은 현대 과학의 발전, 특히 물리학의 발전을 따라잡지 못했다. 지식을 추구하는 인류의 노력에서 발견의 횃불을 들고 있는 자들은 이제 과학자들이다. 이 책의 목적은 최근의 발견들과 이론적인 발전들이 시사하는 대답들을 제시하는 것이다.[51]

호킹이 묻고 있는, 실재는 무엇이고 우리는 실재를 어떻게 아는가의 문제는 철학에서 존재론, 인식론에 해당하는 아주 중요한 질문이다. 아리스토텔레스에서 비트겐슈타인까지 수많은 철학자가 탐구했던 문제들이었다. 우주론에서 우주는 어떻게 생겨났고 물질이란 무엇이며, 시간과 공간이란 무엇인지 등등에 대해 철학자들이 제시했던 답변들은 오늘날 모두 틀린 것으로 판명되었다. 앞서 갈릴레오의 망원경이나 빛에 관한 연구에서 말했듯 지구에서 생존하기 위해 자연선택에 의해 진화한 인간은 감각의 한계를 가지고 있다. 빛을 볼 수도 없고, 시공간이 휘어진 모양도 직접적으로 상상할 수 없다. 칸트는 선험적 추론과 사고실험 등 직관에 의존해서 철학을 했는데 아무리 생각하고 의심해도 3차원의 세계밖에 인식할 수 없었다. 인간의 뇌가 지구의 3차원 세계에 살도록 진화했기 때문이다. 그래서 칸트는 인간이 알 수 있는 지식과 알 수 없는 지식으로 나누고, 인간의 감각에 한계가 있듯 지식에도 한계가 있다고 보았다.

하지만 과학은 인간의 감각과 직관을 뛰어넘어 지식의 한계에

도전했다. 현대 물리학은 우리가 살고 있는 우주와 시공간이 3차원이 아니라 11차원의 세계라고 설명하고 있다. 과거의 우주론은 철학의 영역이었지만 아인슈타인 이후로는 천문학과 물리학이 우주를 탐구하고 있다. 이제 철학은 현대 과학의 발전을 따라잡을 수 없다. 호킹이 하고 싶은 말은 바로 이것이다. 21세기는 과학적 사실에 근거하지 않고 우주에 대해, 실재에 대해, 앎에 대해 말할 수 없다는 것이다.

현대 물리학은 인공위성이나 전파망원경과 같은 매우 정밀한 첨단 과학기구를 활용하고 있다. 1989년에 발사된 COBE 위성은 1965년에 펜지어스나 윌슨이 측정한 우주배경복사를 확인하는 데 불과 8분밖에 걸리지 않았다. WMAP 위성이 2010년에 작성한 우주배경복사 지도는 섭씨온도 단위로 1,000분의 1도 이내의 미세한 온도 변이까지 포착하고 있다. 우리는 이러한 첨단 과학기술의 도움을 받아 우주의 별과 은하와 같은 실재를 관찰할 수 있다. 그리고 중력이나 블랙홀, 시공간과 같이 우리의 감각기관으로 직접 지각할 수 없는 것들은 추론을 통해 대상의 실재성을 확보한다. 그 과정은 우주의 관측 사실을 바탕으로 모형을 만들고, 다시 그 모형에서 예측된 사실들을 하나하나 검증한 뒤 실재와 맞지 않는 모형들을 폐기하는 작업을 수없이 거친 것이다. 호킹의 양자우주론만 하더라도 실험적 검증을 통과해서 살아남은 이론이다.

과학자들은 아주 거대한 우주나 아주 작은 양자를 탐구할 때 필수적으로 모형을 만든다. 우리의 뇌는 눈, 코, 귀 등의 감각기관으로 들어온 정보를 해석해서 외부세계를 모형으로 인식한다. 5장에서 뇌에 대해 자세하게 다루겠지만 뇌가 패턴과 모형으로 실재를 단순하게 받아들이는 것도 진화의 과정이었다. 우리는 실재를 어떻게 이해하는가? 이 질문에 대해 호킹은 우리의 뇌가 실재하는 세계를 구성한다는 입장에서 '모형 의존적 실재론'을 주장한다. "우리는 우리의 집, 나무들, 다른 사람들, 벽의 소켓에서 흘러나오는 전기, 원자, 분자, 다른 우주들의 개념을 형성한다. 이런 개념들 외에 우리가 알 수 있는 실재는 없다. 모형에 의존하지 않고 무엇인가의 실재 여부를 판단할 길은 없다. 요컨대 잘 구성된 모형은 그 나름의 실재를 창조한다." 이처럼 실재를 아는 데 있어서 우리의 역할은 아주 중요하다고 할 수 있다. 실재하는 세계는 그것의 관찰자인 우리를 떼어놓고 생각할 수 없기 때문이다.

드라마 〈호킹〉에서 호킹은 의미심장한 말을 한다. 우리는 이 우주에서 작고 별 볼일 없는 존재지만 심오한 우주를 충분히 이해할 수 있다고. 그의 꿈은 우주의 아주 큰 것에서 작은 것까지 모든 것을 아우르는 궁극의 이론을 찾는 것이다. 천재 아인슈타인도 이루지 못한 꿈이었지만 호킹은 아인슈타인으로부터 발견의 횃불을 건네받았다. 일반 상대성 이론과 양자역학을 융합하여 우주의 모든 것을 하나의 이론으로 설명할 수 있다고 믿고 있다. 젊은 날의 호킹은 "좋은 발상은 전부 느낌에서 비롯되지. 아인슈타인은 옳은 생각을 했을 때 손가락에 느낌이 온다고 했어. 과학을 느끼고 물질을 느끼는 것은 잘못된 것이 아니야"라고 말했다.

호킹은 과학을 느낀다. 온몸이 점점 마비되어 어떤 감각조차 느낄 수 없지만 오직 뇌의 활동으로 우주의 시작에서부터 도달할 수 없는 우주 공간까지 보고 듣고 느꼈다. 그리고 호킹이 발견한 것은 우주의 시작에 어떤 원인도 없었다는 것이다. 『위대한 설계』에서 호킹은 우주가 무無, nothing에서 자발적으로 창조되었다고 단언한다. 그가 연구한 양자우주론에 의하면 우주의 시작은 양자적 사건이었다. 양자역학의 불확정성, 휘어진 시공간, 쿼크, 초끈 이론 등으로 밝혀낸 양자적 우주에서 진공이나 빈 공간은 없었다. 우주는 여러 시공간이 나타났다가 사라지길 반복하는 양자적 진동 상태였고 10^{500}개 정도의 엄청나게 많은 우주가 무에서 창조되었다. 우리가 살고 있는 우주가 유일한 것도 아니다. 이렇게 놀라운 사실이 현대물리학에서 말하는 우주의 기원이다.

호킹은 『위대한 설계』의 결론에서 "우리는 스스로 자신을 창조하는 우주의 일부일 수밖에 없다"고 말한다. 위대한 설계는 그 누군가에 의한 것이 아니라 무에서 유를 만들어내는 우주의 속성이었던 것이다. '세계는 왜 무가 아니고 유인가?'라고 물으면 과학이 할 수 있는 대답은 그저 있을 뿐이라는 것. 허무하기 짝이 없는 사실이지만 지구에서 진화한 인간이 자의식을 갖고 성장을 거듭한 끝에 도달한 결론이다. 우리는 첨단 장비를 동원하고 고도의 추론을 통해 믿기 어렵고 인정하고 싶지 않은 우주와 대면하게 된 것이다. 우주가 존재하는 데 아무런 목적이 없었다는 것을 말이다. 호킹이 밝힌 '존재의 수수께끼'는 "무가 아니라 무엇인가가 있는 이유, 우주가 존재하는 이유, 우리가 존재하는 이유는 자발적 창조이다. 도화선에 불을 붙이고 우주의 운행을 시작하기 위해서 신에게 호소할 필요는 없다"는 것이다.[52]

존재의 수수께끼

『위대한 설계』 첫 장을 넘기면 '존재의 수수께끼'를 뜻하는 그림이 한 장 나온다. 이 그림은 각 장마다 다르게 변주되어 상징적인 이미지를 보여주는데 나비가 있는 이 그림은 '7장 가시적인 기적'에 나온 것으로서 '나비'가 가져온 우연적 결과를 암시한다.

왜 인간인가? 인간이 가장 인간일 수 있는 본성은 무엇인가? 다윈은 그 답을
사회적 본능과 도덕에서 찾고 있다. 다른 영장류들과 마찬가지로 함께 무리지어
생활하는 것은 인간의 생존에 절대적으로 중요했다. 혼자가 아닌 여럿이 모여
살면서 사회성을 갖게 된 것은 인간의 진화에 큰 영향을 미쳤다. 다윈은 인간의
사회성이 진화하는 과정에서 어떻게 인간다움을 형성했는지에 주목했다.

04

인간
생각하는 기계의 출현

YUVAL NOAH HARARI

RICHARD DAWKINS

CHARLES DARWIN

ERNST MAYR

GEORGE ORWELL

인간 본성에 대한 고발

1922년 조지 오웰George Orwell, 1903~1950은 영국의 식민지 버마로 떠났다. 오늘날 미얀마로 불리는 버마는 당시 영국 식민지였던 인도의 관할 지역이었다. 19세의 조지 오웰이 영국의 사립명문 이튼학교를 졸업하고 선택한 길이었다. 그는 이튼학교 출신으로는 유일하게 대학을 포기한 졸업생이었다. 버마의 경찰학교에 진학하여 훈련을 받고 식민지 경찰이 되었던 것이다. 영국의 엘리트가 왜 이런 말도 안 되는 선택을 했을까? 조지 오웰은 넉넉지 못한 가정환경에서 영국 상류층 학교를 다니며 많은 상처를 받았다. 이것은 계층 상승의 욕망을 부추기기보다 오히려 자신의 계급성을 깨닫게 하는 계기가 되었다. 또한 영국의 제도권 학교에서 느꼈던 부조리함과 환멸이 어린 조지 오웰에게 새로운 도전을 하도록 자극했던 것이다.

우리가 알고 있는 『동물농장』과 『1984』의 문제의식은 조지 오웰의 식민지 생활에서부터 시작되었다. 1927년 영국으로 돌아가기까지 5년 동안 20대의 젊은 시절을 버마에서 보내며 감당하기 힘든 문화적 충격을 받았다. 영국 사회에서 탈출해서 미지의 꿈을 가지고 당도한 그곳 식민지는 영국의 계급문제보다 더한 인종차별과 억압이 있는 곳이었다. 조지 오웰은 얼굴이 노란 동양인들 사이에서 유럽인, 즉 백인이었고 그것도 제국주의의 앞잡이 노릇을 해야 하는 식민지 경찰이었다. 이것은 감수성이 예민한 그에게 인간에 대한 존중심과 경외심을 빼앗는 잔혹한 경험이었다. 조지 오웰은 매일매일 식민지인들의 노골적인 적대감을 온몸으로 느끼면서 가해자와 피해자의 이중적 자괴감에 시달리는 나날을 보냈다. 그러나 인간이 만들어낸 사회적 차별과 압제를 목격할수록 그의 마음속에서는 인간성 회복의 열망이 자라나고 있었다.

「교수형」은 1931년에 발표한 에세이다. 짧은 분량의 글이지만 특유의 간결한 문체와 번뜩이는 통찰이 돋보이는 글이다. 비가 추적추적 내리던 버마의 어느 날 아침, 조지 오웰은 인도 제국의 경찰로서 늘 해왔던 일상처럼 교수형을 준비했다. 형무소장, 치안판사, 군의관, 간수들이 빙 둘러서서 교수형 집행과정을 바라보고 있었다. 이때 감방에서 끌려나온 사형수가 천천히 교수대 쪽으로 향하고 있었다. 자신의 죽음을 체념한 듯 무심하게 한 발자국 한 발자국 걸어가던 사형수는 물웅덩이를 보고 피하기 위해 몸을 살짝 비켜가는 것이었다. 그 몸짓을 보는 순간, 조지 오웰은 "건강하고 의식 있는 사람의 목숨을 끊어버리는 게 어떤 의미인지"를 자각했다.

이상한 일이지만, 바로 그 순간까지 나는 건강하고 의식 있는 사람의 목숨을 끊어버린다는 게 어떤 의미인지 전혀 알지 못하고 있었다. 그러다 죄수가 웅덩이를 피하느라 몸을 비키는 것을 보는 순간, 한창 물이 오른 생명의 숨줄을 뚝 끊어버리는 일의 불가사의함을, 말할 수 없는 부당함을 알아본 것이었다. 그는 죽어가는 사람이 아니었다. 우리가 살아 있듯 멀쩡히 살아 있는 사람이었다. 그의 모든 신체기관은 미련스러우면서도 장엄하게 살아 움직이고 있었다—내장은 음식물을 소화하고, 피부는 재생하고, 손톱은 자라고, 조직은 계속 생성되고 있었던 것이다. 그가 교수대 발판에 설 때에도, 10분의 1초 만에 허공을 가르며 아래로 쑥 떨어질 때에도, 그의 손톱은 자라나고 있을 터였다. 그의 눈은 누런 자갈과 잿빛 담장을 보았고, 그의 뇌는 여전히 기억과 예측과 추론을 했다—그는 웅덩이에 대해서도 추론을 했던 것이다. 그와 우리는 같은 세상을 함께 걷고, 보고, 듣고, 느끼고, 이해하는 한 무리의 사람들이었다. 그리고 2분 뒤면 덜컹하는 소리와 함께 우리 중 하나가 죽어 없어질 터였다. 그리하여 사람 하나가 사라질 것이고, 세상은 그만큼 누추해질 것이다.[53]

조지 오웰처럼 우리 서로가 인간임을 느끼는 데는 많은 것이 필요치 않다. 한 인간의 죽음은 우주적 차원에서 아무것도 아닌가? 그렇지 않다. 한 인간의 죽음은 아름다운 생의 끝이고 종말이다. 하찮은 인생이 어디 있겠는가. 한 인간의 뇌에는 수많은 기억과 꿈이 있고 사랑과 용기도 있으며 풍요로운 삶의 이야기로 가득 차 있다. 죽음은 그 모든 것이 끝나는 것을 의미한다. 헤아릴 수 없는 가치가 한순간에 사라져버린 것이다. 조지 오웰은 사형수의 몸짓에서 인간의 숨결을 느꼈고, 동시에 죄 없는 인간을 대수롭지 않게 죽이는 제국주의에 분노했다.

우주의 역사에서 인간의 출현은 기적과 같은 일이다. 그런데 이러한 기적이 오늘날 이미 70억을 넘어섰기 때문에 기적으로 느끼지 못할 뿐이다. "그와 우리는 같은 세상을 함께 걷고, 보고, 듣고, 느끼고, 이해하는 한 무리의 사람들이었다." 인간이라는 것만으로 너와 나, 그리고 우리는 이렇게 서로를 공감할 수 있다. 마음 이론을 알지 못해도 인간은 서로의 마음을 읽고 이해할 수 있으며, 웅덩이를 피하기 위해 움직인 몸짓 하나에 추론하고 예측하는 행위를 느낄 수 있었다. 얼굴이 노란 황인종도 인간이고, 가난하고 비루한 노동자도 인간이다. 그들이 단지 얼굴색이 다르다는 이유로, 가난한 노동자 계급이라는 이유로 짓밟히고 착취당하는 일은 없어야 한다.

조지 오웰은 잘못되고 부당한 세상을 바꾸어야 한다는 생각에서 평생 억압받는 사람들 편에 섰다. "나는 내 자신이 단순히 제국주의에서 벗어나는 것뿐만 아니라 인간에 대한 인간의 모든 형태의 지배에서 벗어나야 한다고 느꼈다. 나는 스스로 완전히 밑바닥까지 내려가 억압받는 사람들 사이에 있고 싶어졌다. 그들 중 하나가 되어 그들 편에서 압제와 맞서고 싶어졌다." 그래서 조지 오웰은 영국 탄광촌으로 달려가 광부들의 삶을 생생하게 그려낸 르포 『위건 부두로 가는 길』을 썼고, 스페인 내전에 참가하여 파시스트와 맞서 싸우며 『카탈로니아 찬가』를 발표했다. 그는 사회주의자, 좌파 지식인을 자처하면서도 좌우의 이념을 넘어 인간이 만든 사회제도가 인

© Everett Historical

〈교수형〉, 미국의 흑인인권단체NAACP가 1930년대에 백인 인종주의와 제국주의의 폭력성을 규탄하기
위해 그린 그림

간을 억압하는 파시즘과 전체주의를 고발했다. 스탈린의 독재를 풍자하는 우화소설 『동물농장』과 미래의 기술통제 사회를 비판하는 『1984』와 같은 작품은 이러한 그의 사상에서 나온 것들이다. 죽는 그날까지 조지 오웰은 모든 인간이 최소한의 인간다운 삶을 누릴 수 있는 세상을 염원했다.

그런데 조지 오웰이 예리하게 포착하고 있듯이 인간이란 존재는 참으로 모순 덩어리였다. 제국주의나 독재체제와 같은 사회적 제도만 올바르지 않고 불합리한 것이 아니었다. 지배자와 피지배자를 떠나 인간 개개인들도 납득하기 어려운 비인간적인 행동들을 보였다. 「교수형」에서 인도인을 사형시킨 뒤 영국인 간수들이 웃고 떠드는 모습은 가히 충격적이다. 그곳에서는 누구도 한 인간의 죽음을 애도하거나 양심의 가책을 느끼는 사람이 없었다. "방금 교수형이 집행된 것치고는 우리는 업무를 마친 것에 엄청난 안도감을 느꼈다. 노래라도 부르거나, 느닷없이 마구 달리거나, 낄낄거리기라도 하고픈 충동을 느꼈다. 우리는 갑자기 모두가 흥겹게 재잘거리기 시작했다." 조지 오웰이 고발하고 싶었던 것은 제국주의의 비인간성뿐만 아니라 인간 본성에 내재해 있는 폭력성과 이기심, 부도덕성이었다.

오늘날 조지 오웰이 염원했던 모두가 인간답게 사는 세상, 평화롭게 누구나 원하는 삶을 살 수 있는 세상은 실현되었는가? 불행히도 그렇다고 말할 수 없다. 지금 이 순간에도 세계에는 크고 작은 전쟁과 폭력이 끊이지 않고 있다. 인간은 왜 그토록 고통받으면서도 전쟁을 종식시키지 못하는 것일까? 전쟁뿐만 아니라 인간의 역사는 자유인과 노예, 백인과 흑인, 부자와 가난한 자로 나뉘는 위계질서와 불공정한 차별이 사라진 적이 없었다. 그렇다면 인간 모두가 행복한, 정의롭고 합리적인 사회는 불가능한 것일까? 도대체 인간이란 존재가 무엇이기에 입으로는 평화를 외치면서 전쟁과 폭력에 사로잡히는 것일까? 전쟁과 폭력을 줄이기 위한 방법을 강구하면서 우리는 폭력이 단지 사회적이고 정치적인 문제만은 아니라는 것을 깨닫기 시작했다. 인간의 본성이 지닌 폭력성을 간과할 수 없다는 사실을 알게 된 것이다.

우리는 누구인가? 우리는 우리 자신에 대해 얼마나 이해하고 있는가? 솔직히 우리는 우주를 이해하는 것보다 인간을 이해하기가 더 어렵다. 아마 가장 객관화하기 어려운 대상은 우리 자신일 것이다. 17세기에 뉴턴과 같은 과학자들은 우주를 하나의 물리적 체계로 인식하고 태양계와 지구의 운동을 설명했다. 지구가 우주의 중심이라는 생각을 버리고, 기계적이고 물질적인 관점에서 우주를 바라보기 시작했다. 그런데 인간에 대해서는 이러한 관점이 적용되기 힘들었다. 인간은 우주와 똑같은 대상으로 볼 수 없는 극히 예외적이고 특별한 존재라는 생각 때문이었다. 우주나 지구는 인간을 위해 있는 것이고 인간이 없는 지구는 상상조차 하지 못했다. 그래서 우리는 인간의 역사에 지구의 역사를 종속시켰다. 19세기 이전까지 지구와 인간의 나이가 6,000년 정도라는 것을 의심하는 사람들은 거의 없었다. 지질학자들이 지구의 나이를 계속 늘려 잡는데도 사람들이 이에 동의하지 않았던 것은 인간의 역사가 곧 지구의 역사라고 여겼기 때문이다.

인간을 객관적으로 보려면 우리 스스로 부여한 특권적 지위에서 물러나야 한다. 인간중심주의, 인간우월주의에서 벗어나 우주와 자연의 일부로서 인간을 탐구할 때 인간의 실체와 본성에 다가갈 수 있다. 앞서 우주를 직관적으로 알 수 없다고 했는데 인간에 대해서도 마찬가지다. 관찰과 추론을 통해 과학적으로 인간을 이해한다는 것은 인간의 본성을 거스르는 작업일 수도 있다. 1859년 『종의 기원』을 세상에 내놓기까지 다윈은 지독하게 외롭고 고통스러운 나날을 보냈다. 인간의 관습적 사고에 맞서서 저항해야 한다는 것은 과학자로서나 한 인간으로서 감당하기 힘든 일이었던 것이다.

다윈은 인간의 기원을 밝히면서 철학적 문제를 심각하게 고민했다. 세계는 무엇이고, 인간은 무엇인가? 인간은 어떻게, 왜 존재하게 되었는가? 이것은 본래 철학적 질문이었는데 생물학자가 근본적인 질문에 답을 찾고자 한 것이다. 철학자들 중에 칸트와 헤겔, 비트겐슈타인과 같은 관념론자들은 세계가 인간의 관념(마음)에 따라 달라진다고 생각했다. 예를 들어 비트겐슈타인이 "사고하는 인간은 세계에 속하는 존재가 아니라 세계 자체다"라고 한 것처럼 세계는 인간의 마음이었다. 다윈은 이러한 관념론에 반대하는 의사를 분명히 했다. "아, 너는 유물론자구나!"라고 공책에 썼듯이 지구는 인간의 마음(생각)과는 상관없이 실재하고 지구와 인간은 독립적으로 존재한다고 보았다. 지구는 인간이 출현한 시기보다 훨씬 오래된 역사를 가지고 있으며, 인간 없이도 수십억 년을 지탱해왔다. 수많은 철학자가 탐구했던 인간의 본질적 문제는 유물론과 실재론으로 봐야 한다는 것이 다윈의 생각이었다. 그는 종의 변화를 연구하면서 형이상학 노트를 따로 마련해서 이런 글을 남겼다.

형이상학을 연구하는 일은…… 내가 보기에는 역학 없이 천문학
의 난문과 씨름하는 것과 같다. 내 경험상, 마음의 문제는 그 성채만을
줄기차게 공격한다고 풀리지 않는다. 마음은 몸의 기능이기 때문이다.
그러니까 우리는 문제들을 논할 어떤 안정된 토대가 있어야 한다.[54]

철학자들이 던져놓은 형이상학적 질문을 생각해보자. 세계는
왜 무가 아니고 유인가? 왜 아무것도 없는 것이 아니라 무언가가 있
는가? 이런 질문들을 생각하는 것은 바로 인간의 마음이다. 세계에
무언가가 '있다'는 것을 아는 것도 인간의 마음이다. 결국 철학자들
이 인간의 마음과 생각, 정신으로 세계를 설명하려고 하는데 이 모
든 논리는 인간의 몸에 있는 뇌에서 나온 것들이다. 다윈이 보기에
철학자들은 "역학 없이 천문학의 난문과 씨름하는 것과 같다." 즉
생물학적 인간에 대한 고찰 없이 형이상학적인 문제에만 매달리고
있는 것이다. "마음은 몸의 기능이기 때문"에 마음의 문제를 연구
하려면 먼저 인간에 대해 알아야 한다. 마음보다 더 중요한 것은 인
간이고, 인간이 어떻게 출현했는지를 알고 나서 그다음에 마음이
어떻게 작용하는지를 살펴봐야 하는데, 철학자들은 인간의 존재에
대해 알려고 들지 않고 형이상학적 질문만을 하고 있다는 것이다.

비트겐슈타인은 『논리철학 논고』에서 "4.1122 다윈의 이론이
자연과학의 다른 그 어떤 가설들보다도 더 많이 철학과 관계를 가
지고 있지는 않다"고 말하고 있다. 철학과 진화론이 아무런 관계가

없다는 말인데 다윈은 이러한 철학자들의 태도를 비판했다. 심지어 그는 "개코원숭이를 이해하는 사람은 존 로크보다 형이상학에 더 많이 기여할 수 있다"고 말했다. 개코원숭이의 행동과 감정을 이해하는 사람은 인간의 마음과 정신이 어디서 유래했는지를 아는 사람일 테고, 진화론을 아는 이들이 철학자들보다 더 낫다는 말이다. 인간의 마음과 정신을 다루는 모든 학문은 진화론이 토대가 되어야한다는 주장을 하고 있는 것이다.

다윈은 철저히 인간을 기계적이고 물질적인 관점에서 바라보았다. 인간을 객관적으로 탐구하기 위해서는 아리스토텔레스의 목적론에서 벗어나야 한다. 우주와 지구, 인간은 어떤 목적이나 의도가 작용하기보다 물리적이고 화학적인 법칙에 따라 작동하는 것이다. 뉴턴이 『프린키피아』맨 마지막 문단에서 인간의 정신을 뇌에 있는 신경세포들의 전기적 진동으로 설명했듯이 다윈도 이러한 뉴턴의 신념을 계승했다. 나아가 뉴턴 과학에는 없었던 역사적 시각을 도입했다. 자연의 역사를 연구해서 생물종이 변화한다는 생물학의 보편적 법칙을 발견하려고 노력했다. 그런데 진화의 법칙은 직접 관찰하거나 검증할 수도 없다는 문제가 있었다. 생물종은 아주 오랫동안 느리게 변화하기 때문에 100년 남짓한 인간의 수명으로는 생명 진화의 현장을 직접 목격할 수 없었다. 진화는 우주 공간의 블랙홀이나 은하수처럼 화석이나 다른 증거를 통해 과학적으로 추론할 수밖에 없는 것이었다.

저 멀리 우주를 탐구하는 것만큼이나 지구의 역사를 되돌려서 생명과 인간의 기원을 알아내는 것도 인간의 한계를 뛰어넘는 작업이었다. 다윈은 하루도 관찰과 과학적 추론을 멈춘 날이 없었다. 주변의 동식물은 물론 일상생활에서 나타나는 사람들의 행동까지 그냥 스쳐 지나가는 것 없이 꼼꼼히 관찰하고 기록했다. 그리고 진화, 변이, 자연선택, 유전, 적응, 시간, 개체군 등의 새로운 개념을 만들었다. 궁극적으로 물질에서 생명, 의식으로 이어지는 진화의 과정을 일관된 원리로 설명하기 위해 고군분투했던 것이다. 다윈은 인간이라는 존재를 밝히겠다는 야심차고 원대한 목표를 가지고 있었다. 그의 공책에 "인간의 유래는 드디어 증명되었다. 형이상학은 발달해야 한다"고 적었을 만큼 과학이 철학적 문제를 해소할 수 있다는 확고한 믿음이 있었다. 인간의 생각, 감정, 행동, 본성에 이르기까지 인간이란 무엇인가를 밝혀낸 다윈은 그저 한 명의 생물학자가 아니라 위대한 사상가였다.

『다윈 평전』에는 다윈의 투철한 신념과 연구활동이 잘 드러나 있다. 일상생활의 모든 것이 관찰과 실험 대상이었는데 자신의 연애와 사랑도 예외는 아니었던 모양이다. 서른 살의 다윈은 사촌인 에마 웨지우드와 사랑에 빠져 결혼했다. 사랑하는 여자를 만나는 낭만적인 순간에 그는 "한 남자가 누군가를 사랑한다고 말할 때, 그의 머릿속에는 어떤 생각이 스쳐 지나갈까?" 이런 의문을 품고 사랑의 실체가 무엇인지를 관찰하기 시작했다. 에마를 사랑하면서 자신의 몸에 일어나는 변화들, 심장이 뛰고 침이 나오고 성적으로 흥분하는 모습을 하나하나 공책에 적었다. 만약 인간의 영혼이 사랑을 하는 것이라면 인간의 몸에 일어나는 변화를 어떻게 설명해야 하나? 다윈은 사랑한다는 느낌과 감정이 생기자 몸이 반응하는 것에 주목했다. 1839년 11월 27일 메모에는 이렇게 쓰여 있었다.

11월 27일. 성적 욕망은 침을 흘리게 만든다. 분명히 그렇다. 흥미로운 상관관계다. 나는 니나(개)가 고깃덩어리를 핥는 모습을 본 적이 있다. 사람들은 역겨우리만큼 외설스러운 늙은이를 표현할 때, 침을 질질 흘리는 이빨 빠진 입을 묘사한다. 거의 깨물 듯이 키스하는 경향과 인간의 성적 사랑은 아마도 침을 흘리는 것, 따라서 입과 턱의 활동과 관계가 있는 듯하다. 우리는 음탕한 여성들을 물어뜯는다고 묘사하지 않는가. 종마도 항상 그렇게 묘사한다.[55]

사랑이 이토록 낭만적이지 않다니! 다윈은 에마에게 구애하고 입맞춤하면서 사랑을 느꼈다. 누군가를 사랑한다는 생각과 마음에 자신의 몸이 반응하는 것을 보고, 다윈은 뇌가 마음이라고 확신했다. 인간이 느끼는 사랑과 증오, 기쁨, 질투, 분노, 후회, 복수심 등은 모두 뇌에서 나온 감정과 욕망들이다. 그런데 인간에게만 뇌가 있는 것이 아니다. 동물들도 뇌가 있고 그들도 감정과 본능을 가지고 있다. 앞서 보았듯 다윈은 성적 욕망을 묘사하면서 인간과 개나 말과 같은 동물들의 행동을 연관 지어 추론했다. "모든 본능, 모든 욕망은 뇌 안에 위치하며, 각각은 진화적 유전의 산물이다."

다윈은 인간의 유래를 거슬러 올라가면 지금 우리가 갖고 있는 감정과 욕망의 뿌리를 찾을 수 있다고 생각했다. 철학자들은 인간의 본성에 있는 선함과 악함이 절대적인 도덕인 것처럼 규정하지만 다윈은 인간의 선과 악 또한 원숭이에서 유래된 것이라고 말했다. "개코원숭이의 모습을 한 악마가 바로 우리의 할아버지다!" 인류의 유인원 조상은 복수심과 같은 악한 감정을 지니고 있었는데 그 복수심이 그들의 생존에 유익하게 작용해서 오늘날 우리에게까지 유전되었다는 것이다. 다윈은 인간의 본성이 변해왔고 선과 악조차 동물에서 유래했음을 최초로 밝혔다.

다윈의 말대로 우리는 동물에서 유래했다. 그러나 우리는 동물 중에서 아주 특별한 동물이다. 조지 오웰처럼 사형수의 마음을 읽고 이해하는 능력이 있으며, 모두가 인간답게 사는 사회를 꿈꾸는 지적 존재다. 우리가 인간의 기원에 대해 탐색하는 이유는 우리 자신을 모르면서 우리가 원하는 좋은 사회를 만들 수 없기 때문이다. 조지 오웰이 인간답게 사는 사회를 꿈꿨다고 하는데, 그 인간다움이란 무엇인가? 우리는 아직 인간답다는 것이 무엇인지 모른다. 인간의 본성과 욕망이 무엇인지 모르고, 옳고 그름이 무엇인지 모르며, 선함과 악함이 무엇인지도 모른다. 생물학자나 철학자들은 이기심이나 이타심이라는 용어를 많이 쓰는데 아직 인간의 이기심과 이타심을 명료하게 정의하지 못했다. 옳고 그름, 선과 악, 이기심과 이타심은 누구의 관점에서 보느냐에 따라 얼마든지 달라질 수 있기 때문이다. 그래서 더욱 인간에 대한 객관적인 탐구가 필요하다. 우리가 우주 공간에서 지구의 가치를 안 것처럼 우주적 관점, 지구 생명체의 관점에서 멀리 떨어져서 인간을 이해할 때 인간의 진정한 가치가 보일 것이다.

진화란 시간의 흐름에 따라 일어나는 개체군의 특성 변화

다윈은 자신을 악마의 사도라고 자책했다. "악마의 사도가 아니면 누가, 이런 꼴사납고 소모적이며 실수를 연발하는, 저속하고 끔찍할 정도로 잔혹한 자연의 소행들에 대해 책을 쓸 수 있겠는가!" 자연의 생물들은 서로 살아남겠다고 경쟁하며 잔혹한 짓도 서슴지 않는다. 죽고 죽이며 산 채로 잡아먹는, 무자비한 자연세계에서 살아남아야 자손을 퍼뜨릴 수 있기 때문이다. 다윈은 이것을 기정사실화하고 '자연선택'이라고 불렀다. 강한 놈은 살아남고 약한 놈은 멸종된다는 사실을 말이다. 그러고는 이러한 자연선택이 새로운 종을 출현시키는 진화의 원동력이라고 주장했다. 인간을 비롯한 지구의 수많은 생명체가 자연선택에 의해 탄생했음을 인정한 것이다.

어느 고등학교 강연에서 나는 한 학생으로부터 "왜 다윈을 악마의 사도라고 하나요?"라는 질문을 받은 적이 있다. '악마의 사도 devil's chaplain'는 다윈을 지칭할 때 자주 나오는 상징적인 용어다. '사도'라는 단어가 어렵기는 한데 '악마의 제자' 정도로 이해하면 되고 여기서 중요한 단어는 '악마'일 것이다. 악마는 우리가 생각할 수 있는 좋다, 나쁘다의 가치 개념 중에서 가장 나쁜 것을 의미한다. 다윈의 진화론은 코페르니쿠스의 지동설 이후 수많은 사람을 혼란에 빠뜨리고 괴롭혔다. 1880년에 버밍엄 주교의 부인은 이렇게 간절하게 말했다고 한다. "이 이론이 사실이 아니기를 기도합시다. 만약에 사실이라면 사람들에게 알려지지 않기를 기도합시다."

사람들은 왜 진화론에 두려움과 혐오감을 느꼈을까? 왜 다윈이 '악마의 사도'가 되고 진화론이 '악의 축'이 되었을까? 진화론이 인간의 생각과 감정을 거스른다는 것에 주목할 필요가 있다. 나는 고등학생들이 쉽게 이해할 수 있도록 이런 예시를 들어서 설명했다. 다윈의 진화론은 인간에게 출생의 비밀과 같은 것이다. 우리는 고귀한 가문 출신으로 알고 있었는데 어느 날 비천한 존재였음을 입증하는 자료가 나온 것이다. "이 상자 안에 너의 출생의 비밀이 있는데 한번 열어보지 않을래?" 절대 건드리지 말아야 할 판도라의 상자를 열어보라고 충동질하는 악마, 그가 바로 다윈이었다.

다윈의 진화론이 밝혀지기 전에 우리는 자신이 이 지구에서 특별한 존재라는 것을 의심하지 않았다. 인간은 정신 또는 영혼이 있는 지적인 존재로서 여느 동물과는 분명 달랐다. 인간은 신에 의해 창조된 예외적인 피조물이기 때문이다. 신은 특별한 목적을 가지고 인간을 창조했다. 역사적으로 살펴보면 5세기경 아우구스티누스Aurelius Augustinus, 354~430는 『신국론De Civitate Dei』에서 '신의 나라'와 '인간의 나라'를 구분했다. 우리가 살고 있는 인간의 나라는 전쟁과 약탈, 노략질, 강간이 자행되는 참혹한 곳이지만 우리가 죽어서 가는 신의 나라는 영원한 생명을 얻을 수 있는 곳이다. 인간은 살아서 신이 부여한 소임을 다하고 죽어서 신의 나라로 가는 것이 삶의 목적이었다. 이렇듯 신은 인간의 존재 가치와 삶의 목적을 부여하고, 인간의 고통스러운 현실에서 벗어나 전혀 다른 차원에서 살아갈 수 있는 희망을 주었다.

그런데 인간이 진화했다는 사실은 이러한 희망을 무참하게 깨버렸다. 신이 인간을 창조한 것이 아니라면 지구에서 인간의 특별한 지위도, 삶의 목적도 잃게 된다. 또한 선하고 정의로운 신의 나라는 없으며 전쟁과 기아, 자연재해 등 무질서하고 폭력적인 환경에서 살아가야 하는 절망적인 상황만 남는다. 인간의 고통스러운 삶을 어디에서 위로받고 보상받을 것인가! 삶의 의미를 찾는 인간은 사후세계가 없다는 것도, 하찮은 동물에서 진화한 특별할 것 없는 존재라는 사실도 받아들이기가 곤혹스럽다.

다윈의 진화론은 인간의 아픈 부분을 건드린 것이 확실하다. 우리는 누구이고 왜 존재하는가? 우리는 어디서 왔고 어디로 가야 하는가? 진화론에 따르면 세계에는 어떤 목적도 없고 인간은 우연적으로 진화했다. 인간이 존재해야 할 이유도 없으며, 멸종하지 말아야 할 이유도 없다. 인간의 출현은 필연적으로 일어나야 할 자연세계의 목적도 아니고, 인간의 생존이 자연세계의 가치도 아니다.

그저 인간은 우연히 출현했으며 앞으로 얼마든지 멸종할 수 있다는 사실은 우리를 견딜 수 없게 만들었다.

우리는 진화론이 다분히 악의적이라고 느끼지만 실제 진화론은 어떤 가치도 지니지 않는다. 진화론은 선도 아니고 악도 아니다. 단지 진화론은 우리가 원치 않는 답을 주었을 뿐이다. 지구의 생물들이 진화했다는 것은 인간의 입장에서만 충격적인 사실이다. 『종의 기원』 마지막 문단에서 다윈은 이러한 충격을 완화시키기 위해 독자들의 감정을 배려하는 말로 끝맺는다. "자연의 전쟁으로부터, 기근과 죽음으로부터 우리가 상상할 수 있는 가장 고귀한 것, 즉 더욱 고등한 동물이 직접 생성되어 나온다. 이러한 생명관에는 장엄함이 있다."

우리가 살고 있는 지구는 전쟁과 기근, 죽음을 피할 수 없는 세계다. 1장에서 살펴본 인간의 진화과정은 고통스럽고 비참하기 그지없었다. 오스트랄로피테쿠스는 표범에게 물려서 나무 위로 끌려 올라가 죽임을 당했고, 호모는 굶주림에 시달리면서 살아남기 위해 뇌를 키웠다. 지구에 마지막 남은 네안데르탈인이 최후를 맞이한 그 자리에서 호모 사피엔스인 우리만 살아남았다. 그러나 생명체의 탄생에서부터 인간에 이르기까지 장구한 진화의 여정은 "우리가 상상할 수 있는 가장 고귀한 것"을 출현시켰다. 다윈이 말하는 바로 그것은 인간의 뇌와 지능에서 나온 예술, 철학, 도덕, 수학, 과학, 음악, 문학, 사랑 등등일 것이다. 그러나 인간으로서 누리는 아름답고 소중한 가치들은 자연세계의 우연적이고 무자비한 고통에서 나온 것들이다. 다윈은 자서전에서 "고통은 그 작용이 완벽하지 않은 자연선택과 마찬가지로, 대개 각 생물종이 다른 종과의 생존투쟁에서 가능하면 이길 수 있는 종이 되도록 만드는 역할을 했다"고 말한다.

나는 종종 자연 다큐멘터리를 보는데, 볼 때마다 다윈이 말하는 진화의 고통과 위대함을 느낀다. 어느 날에는 살쾡이가 나무늘보를 사냥하는 장면을 보면서 놀라움을 금치 못했다. 나무늘보는 살쾡이를 피해 나무 위로 도망치는데 살쾡이는 자꾸 나무에서 미끄러지면서 올라가지 못하는 것이었다. 그러자 살쾡이는 옆의 다른 나무 껍데기에 자신의 발톱을 긁으면서 몇 번이나 연습을 하더니 미끄러지지 않고 나무 위로 올라가서 나무늘보를 잡아먹었다. 내가 소름이 돋았던 것은 살쾡이가 지능을 써서 나무에 오르는 모습이었다. 나무늘보의 입장에서는 불행한 결과지만 이러한 지능이 진화해서 우리와 같은 인간, 지적 존재를 출현시켰다. 마침내 우리는 피도 눈물도 없는 자연세계에서 살아남아 삶의 비극과 진화의 의미까지 깨우치게 되었다. 그리고 생존투쟁과 자연선택이 생명체들이 살아가는 하나의 방식이라는 것도 이해하게 되었다. 다윈은 삶의 비극과 죽음의 고통에서 역설적으로 자연과 생명의 위대함을 말하고 있다. 이것은 신이 없어도 우리가 자연의 법칙을 이해하고 잘 살 수 있음을 말하려는 것이다. 진화의 과정은 어떤 가치도 갖지 않지만 다윈은 자연에서 탄생한 인간의 지적 능력에 가치를 부여하고 있다. 진화론을 발견한 우리는 얼마든지 삶의 무의미와 고통에 용기 있게 맞설 수 있다고 당부하고 있는 것이다.

그런데 『종의 기원』이 나오고 나서 150년이 지난 오늘날, 과연 다윈의 당부가 받아들여졌는지 의문이 든다. 인간의 진화에 대

한 거부감은 여전히 남아 있고, 사회진화
론 같은 사이비 이론의 오해와 억측도 사
라지지 않았다. 생물학적으로 진화의 개
념을 정확히 이해하기보다 인간의 심리
적인 장벽을 극복하지 못하고 있는 게 현
실이다. 에른스트 마이어Ernst Walter Mayr,
1904~2005가 쓴『진화란 무엇인가』는 이
문제를 꼼꼼히 짚어준 책이다. 우리가 왜

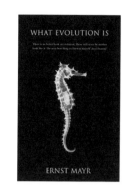

진화론을 받아들이기 어려웠는지, 철학적으로 무엇이 문제였고, 다
윈이 발명한 새로운 생물학적 개념들은 어떤 것이 있는지를 명료하
고 알기 쉽게 설명해준다.

　『진화란 무엇인가』의 서문에서 재레드 다이아몬드가 말했듯,
에른스트 마이어는 모두가 인정하는 다윈의 후계자다. 1937년에서
1947년에 신다윈주의를 부활시키고 이론적으로나 실증적으로 진
화론의 토대를 확립하는 데 크게 기여했다. 다윈의 진화론은 두 단
계로 나눠서 볼 수 있다. 진화가 일어났다는 사실을 아는가? 그다음
에 진화가 어떻게 일어났는지를 아는가? 다윈의 업적은 두 번째 단
계에서 진화가 왜 일어나는지, 어떻게 종이 생겨나는지를 설명하
는 자연선택 이론을 창안한 것이다.『종의 기원』의 서술방식도 자
연선택의 개념부터 설명하고 그다음에 진화의 증거를 제시하고 있
다. 생물학자들은 대부분 진화가 일어났다는 사실에 동의하지만 자
연선택 이론에 대해서는 의견이 분분했다. 마침내 에른스트 마이어
는 논란에 종지부를 찍고 생물학자들 사이에서 대폭적인 합의를 이

뤄냈다. 이후 분자생물학의 혁명으로 진화론의 학문적 지위는 더욱 공고해졌는데 이러한 성과를 반영해서 일반 대중을 위해 쓰인 책이 『진화란 무엇인가』다.

먼저 에른스트 마이어는 진화를 이해하는 데 걸림돌이 되는 철학적 사고방식에 문제를 제기했다. 고대 그리스 철학자들부터 생물종은 고정되어 있고 변화하지 않는다고 생각해왔다는 것이다. 이것을 뒷받침하는 철학 사상은 플라톤의 이데아와 본질주의였다. 불변의 진리가 존재한다고 믿었던 플라톤은 현실세계의 배후에 완벽한 이데아의 세계가 있다고 가정했다. 눈에 보이는 현상은 이데아의 그림자에 불과하다는 것. 철학자들이 진리를 탐구하는 목표는 현상을 탐구해서 보편적 원리, 즉 본질을 찾아내는 것이었다. 따라서 우리가 보고 있는 토끼는 가짜고, 이데아의 세계에 진짜 토끼인 토끼의 본질, 토끼의 원형, 토끼의 표준이 있다는 것이다. 이러한 플라톤 철학에 영향을 받은 사람들은 토끼 하면 하나의 토끼만 떠올리고 생물종이 불변한다고 굳게 믿었다는 것이다.

그런데 토끼는 모두 다르게 생겼다. 지구에 살고 있는 우리의 외모가 다른 것처럼 토끼 하나하나의 생김새도 모두 다르다. 귀가 짧은 토끼, 귀가 긴 토끼, 갈색 털을 가진 토끼, 검은색과 흰색 털이 섞인 토끼 등등 생김새의 차이는 무궁무진하다. 이것을 생물학적 용어로 말하면 개체들마다 서로 다른 변이가 일어난다고 하는 것이다. 다윈은 토끼, 개, 고양이, 말, 돼지, 소, 양 등과 온갖 식물들을 관찰했다. 그리고 『사육 동식물의 변이』를 쓰면서 '종의 불변성'에 대한 고정관념을 버리고 진화의 역동성을 발견했다. 육종가나 사육사들은 토끼나 비둘기, 개의 품종을 개량할 때 자신이 원하는 변이를 가진 개체들을 선택해서 교배한다. 다윈은 이러한 인위적인 선택이 이뤄지는 과정을 보면서 자연선택의 아이디어를 얻었다. 인간 사육사가 한 것처럼 자연도 살기에 알맞은 변이들을 선택하고 다른 것들을 제거할 수 있다. "다윈의 변이 이론과 선택 이론이 바로 그 혁명적인 이론이다." 에른스트 마이어는 『진화란 무엇인가』에서 다윈이 개체들의 변이로부터 놀라운 통찰을 했다고 강조한다. 진화는 아주 미미한 개체들의 변이에서 시작되었다는 것. 그렇다면 진화의 주체는 무엇인가? 개체가 진화한다고 할 수 있는가? 에른스트 마이어의 이야기를 들어보자.

개체도 진화할까? 유전적 의미에서 개체의 진화는 있을 수 없다. 확실히 우리의 표현형은 일생 동안 변화한다. 그러나 유전자형은 태어나서 죽는 순간까지 본질적으로 동일하다. 그렇다면 살아 있는 유기체에서 가장 하위 수준의 진화 단위는 무엇일까? 그것은 바로 개체군이다. 그리고 개체군이야말로 진화가 일어나는 가장 중요한 장소인 것으로 드러났다. 진화에 대한 최선의 이해는 한 세대가 다음 세대로 이어지는 과정에서 개체군에서 일어나는 모든 구성원들의 유전적 교체 turnover라는 것이다. [56]

개체는 진화하지 않고 개체군이 진화한다! 에른스트 마이어가 진화를 설명하는 데 가장 중요시하는 개념이 바로 개체군이다. 개체군의 개념은 다윈 이전에는 알려지지 않았다. 다윈은 플라톤의 이데아와 본질주의에 저항해서 완전히 새로운 사고방식으로 자연세계를 보기 시작했는데 에른스트 마이어는 이것을 '개체군적 사고'라고 불렀다. 개체군은 같은 종이면서 지역적으로 떨어져 살고 있는 개체들의 집단을 말한다. 모든 종은 무수히 많은 지역적 개체군으로 이루어졌다. 종은 서로 교배가 가능한, 다시 말해 유전자 교환이 가능한 개체들의 집단이고, 개체군은 종을 구성하는 최소의 교배 단위라고 할 수 있다.

다윈은 개체들의 변이 때문에 매우 가변적인 개체군이 생성된다고 보았다. 환경변화에 잘 대처하는 유전자를 가진 개체가 계속적으로 생존하므로 모든 개체군은 다양한 유전적 조성을 가지게 된다. 그중에서 생존에 도움이 되는 변이를 가진 변종이 살아남아 몇 세대에 걸쳐 개체군 구성원 모두를 유전적으로 교체한다면 이것이 자연선택이다. 예를 들어 우리가 '루시'라고 했던 오스트랄로피테쿠스 아파렌시스 개체군들이 아프리카에 살았다고 하자. 한 개체군에서 엄지발가락이 곧은 돌연변이가 태어났다. 직립보행에 용이한 곧은 엄지발가락은 한 세대에서 다음 세대로 계속 유전되고, 개체군의 모든 개체가 곧은 엄지발가락을 갖게 되었다. 엄지발가락이 곧은 개체군은 엄지발가락이 굽은 다른 개체군과의 생존경쟁에서 유리한 변이 덕분에 멸종되지 않고 살아남을 수 있었다. 이렇게 오스트랄로피테쿠스 아파렌시스의 일부 개체군이 호모 하빌리스로 진화하는 것을 자연선택에 의한 진화라고 한다.

에른스트 마이어는 진화를 한마디로 이렇게 정의한다. "진화는 시간의 흐름에 따라 일어나는 개체군의 특성 변화이다. 다시 말해 개체군이 진화의 단위라는 의미다. 유전자, 개체, 종 역시 일정 역할을 수행하지만 생물의 진화를 규정하는 것은 바로 개체군의 변화다." 이러한 '개체군적 사고'에 의하면 진화는 오스트랄로피테쿠스의 개체군에서 호모 하빌리스라는 새로운 종이 출현하는 과정과 같이 아주 점진적으로 일어났다는 것을 알 수 있다. 진화론을 반대하는 사람들은 유인원이 인간을 낳은 것을 보지 못했다고 주장하지만 다윈의 진화에서 한 종이 새로운 종을 낳는 그런 일은 벌어지지 않는다. 인간과 유인원 사이에는 무수히 많은 중간 단계의 개체군들이 있었고, 그 각각은 바로 옆 개체군과 교배할 수 있었다. 인간과 유인원의 조상을 거슬러 올라가보면 모든 동물은 다른 동물들과 연결되어 있고 하나의 공통 조상을 만나게 된다.[57] 유전자 암호가 모든 동식물에서 보편적으로 발견되는 것이 그 증거라고 할 수 있다. 그런데 오늘날 그 중간 단계의 개체군들은 멸종되었고 지구에서 우리가 볼 수 있는 종들만 남게 되었다.

다윈은 진화의 과정에서 멸종된 중간 단계의 종과 개체군을 '잃어버린 고리missing link'라고 불렀다. 인간으로 진화하는 과정에서 잃어버린 고리들, 다시 말해 유인원과 인간 사이에서 진화과정을 보여주는 중간적인 인간은 왜 없는 것일까? 다윈은 적응이 축적된다는 점에서 그 답을 찾았다. 예를 들어 직립보행을 하기 위해서는 엄지발가락 모양만 진화해서는 안 되는 것이다. 골반구조에서 머리 각도, 발 모양까지 해부학적으로 적응해야 할 것이 많다. 이렇게 적응이 축적되는 과정에서 유리한 변이를 타고난 자손은 살아남고 그렇지 않은 부모 개체군은 멸종되는 과정이 반복되었다. 직립보행에

적합한 골격을 갖추기까지 적응하지 못한 수많은 부모 개체군이 멸
종했기 때문에 중간적인 인간을 찾기 어렵다는 것이다. 이렇게 다
윈의 진화론에서 '개체군적 사고'를 이해하면 잃어버린 고리의 문
제도 해결된다. 물론 지금은 잃어버린 고리를 눈으로 직접 확인할
수 있다. 다윈이 살던 시대에는 인간과 가까운 개체군의 화석들이

인간과 유인원의 공통 조상
『조상 이야기』에서 리처드 도킨스는 인간의 진화과정을 거슬러 올라가 멸종된 공통 조상들을 찾아냈다.
그림에서 보이는 영장류가 인간과 침팬지, 보노보의 첫 번째 공통 조상이다. 인간의 25만 대 조상으로
서 작은 무리를 지어 살면서 주로 열매를 먹고 단순한 도구를 썼을 것으로 추정하고 있다.

발굴되지 않았지만 지금은 상황이 달라졌다. 루시를 비롯한 오스트랄로피테쿠스, 호모 하빌리스, 네안데르탈인 등은 유인원과 인간 사이에 놓여 있는 중간 단계, 잃어버린 고리다. 우리는 얼마든지 자연사박물관에서 고인류학자들이 발굴한 인간의 잃어버린 고리를 확인할 수 있다.

인간의 진화에서 사회진화론과 같은 잘못된 이론도 개체군의 개념을 잘 몰라서 빚어진 오해다. 사회진화론은 생존경쟁을 통해 우월한 개체만이 살아남는다는 적자생존의 논리를 인간 사회에 적용했다. 제국주의 침략이 한창이던 시절에 열등한 민족과 국가, 인종은 도태되어 사라질 것이라는 무서운 이데올로기를 제공했다. 아직도 개인이나 인종이 경쟁하고 진화하는 것처럼 생각하는데 이것은 생물학적으로 불가능하다. 인류는 호모 사피엔스라는 하나의 종이며 하나의 개체군이다. 오늘날 인간 집단 사이에 지리적 격리는 존재하지 않으며, 오히려 지구가 좁다고 할 만큼 빈번히 접촉하고 있다. 다윈의 진화론에서 진화의 단위는 개체군이다. 앞서 말했듯 개인이 진화하는 것이 아니라 인류 전체가 진화하는 것이다. 우리는 적자생존이라는 말을 자주 쓰는데 인간 사이에서 적자생존, 자연선택은 작용하지 않는다. 유대인을 절멸시키려 했던 히틀러는 유대인의 유전자를 모두 없애는 것이 불가능하다는 사실을 몰랐던 것이다. 우리의 몸속에서 유대인의 유전자를 어떻게 구별해서 분리할 수 있단 말인가!

CHARLES
DARWIN

찰스 다윈의 『인간의 유래』

아, 너는 유물론자구나!

『찰스 다윈의 비글호 항해기』에는 오래도록 잊히지 않는 글이 있다. "1836년 8월 19일／ 마침내 우리는 브라질 해안을 떠났다. 신이시여, 이제 두 번 다시는 노예 제도가 있는 나라에 오지 않게 해주시길. 요즘도 멀리서 비명소리가 들리면, 페르남부쿠 근처의 한 집을 지날 때 세상에서 가장 처절한 신음 소리를 들으며 느꼈던 끔찍한 감정이 생생하게 떠오른다. 가련한 노예들이 고문을 당하고 있는 것이 거의 확실했지만, 항의조차 할 수 없는 나 자신의 무력감을 확인해야 했다." 1831년 해군 측량선 비글호를 타고 세계 탐험에 오른 다윈은 길고 긴 5년여의 항해를 마칠 무렵 브라질에서 끔찍한 노예 제도를 목격했다. 노예들이 욕을 먹고 매 맞으며 학대당하는 모습은 "정말 가장 열등한 동물이라도 그 영혼이 분열될 정도"였다.[58]

하물며 노예는 동물이 아니라 인간이었다. 그들은 우리가 느끼는 것을 똑같이 느끼는 인간이었다. 노예들은 주인과 얼핏 눈만 마주쳐도 벌벌 떨었지만 다윈은 그들의 눈빛에서 인간적 절망을 읽었다. 그들은 까닭 모르고 당하는 소나 말 등의 가축들처럼 무지하지 않았다. 노예가 아닌 다른 사람들이 어찌 살고 있는지 보고 듣고 알 수 있었다. 또한 자신에게 지금 어떤 일이 벌어지고 있으며, 앞으로 자신의 운명이 얼마나 암울하고 비참할지도 알고 있었다. 다윈이 견딜 수 없게 고통스러웠던 것은 바로 이것이었다. 노예들이 모든 것을 느끼고 생각하고 이해하고 인지하는 인간이라는 것.

다윈은 노예를 비롯해 인종과 민족, 계급의 차별이 부당하다고 생각했다. 본래 인간은 태생적으로 차별을 받을 이유가 없는데 단지 누군가에게 힘든 고역을 떠맡기기 위해 인간이 인간을 착취하는 제도가 만들어졌다는 것이다. "노예 제도의 폐해를 완화시켜 보려고, 영국의 가난한 시골 사람들과 노예들의 실태를 비교하곤 한다. 영국의 가난한 사람들의 비참한 생활상이 태생적인 원인이 아니라 인간이 만들어 낸 제도 때문이라면, 우리의 죄악은 엄청난 것이다." 다윈은 평생 동안 인간과 동물을 관찰하고 연구한 생물학자로서 인간들 사이에 어떤 생물학적 차이도 없다는 것을 잘 알고 있었다. 다윈이 분노한 대상은 노예를 차별하는, 부도덕한 제도를 만들어낸 사람들이었다. 노예들도 우리와 같은 인간이라는 것을 알면서 어찌 노예를 짐승처럼 부리고 학대할 수 있단 말인가!

노예의 주인에게는 부드러운 눈길을 보내면서도 정작 노예들은

차가운 마음으로 대하는 사람들은 결코 노
예의 입장이 되어 생각해 본 적이 없으리
라. 더 나아질 것에 대한 희망조차 없는 하
루하루가 얼마나 암담할까! 당신의 아내
와 어린아이들—신은 노예들에게도 자신
의 '가족'을 주셨다 — 을 당신에게서 빼앗
아 짐승을 경매하듯 가장 높은 가격을 부
르는 사람에게 팔아넘기는 순간이 당신에

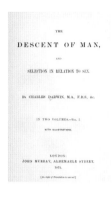

게 불쑥 다가온다고 상상해 보라! 이웃을 자신같이 사랑한다고 주장
하며, 신을 믿고 그의 뜻이 이 땅에서도 이루어지도록 기도하는 사람
들이 이런 행위를 저지르고 있으며 또한 이러한 행위에 대해 변명하고
있다니! 우리 영국인과 우리의 후예인 미국인이 자유를 자랑스럽게 외
치면서도 지금까지 그러한 죄를 지어 왔고 지금도 짓고 있다는 생각을
하면 온몸의 피가 끓고 가슴이 떨린다.[59]

　　『찰스 다윈의 비글호 항해기』를 탈고했을 당시, 다윈은 스물여
덟 살이었다. 『종의 기원』을 세상에 내놓았을 때가 쉰 살이었고 『인
간의 유래』가 나온 1871년에는 예순두 살이었다. 20대의 젊은 시
절부터 죽기 직전까지 다윈은 꾸준히 책을 써냈는데 그의 책에 담
겨 있는 가치관과 품성은 결코 변치 않았다. 동식물과 인간, 지구의
모든 생명체에 대한 사랑이 넘쳐났고, 따개비나 지렁이까지도 따스
한 시선으로 바라보았다. 다윈은 진화론이라는 위대한 이론을 제시
하면서도 주변의 작고 사소한 이야기를 놓치지 않았다. 다윈의 책

이 늘 감동스러운 것은 천재의 비범함에 감춰진 인간적인 모습과 진정성을 느낄 수 있어서다.

한번은 다윈의 자서전을 읽다가 가슴이 뭉클했다. "나는 내 삶을 과학에 바침으로써 제대로 행동했다고 생각한다. 엄청난 죄를 지어서 참회를 할 일은 없으나, 인류에게 더 직접적인 도움을 주지 못했다는 점이 계속해서 아쉽다." "내 모든 시간을 인류애를 구현하는 일에 바친다는 즐거운 상상을 하기도 하지만 전혀 실천하지 못하고 있다. 그런 일이 훨씬 더 고차원적인 것이란 걸 알면서도 말이다"라고 겸손하게 말을 끝맺고 있다. [60] 다윈은 진화론과 같은 위대한 연구를 하면서도 인류애를 구현하는 일보다 못하다고 말하고 있다. 그의 삶에서 최고 가치는 인종과 계급을 뛰어넘는 인류애였음을 알 수 있다.

『인간의 유래』는 내 인생의 책이다. 솔직히 고백하건대 나는 과학사를 공부하면서 이 책을 뒤늦게 읽었다. 리처드 도킨스Richard Dawkins, 1941~나 스티븐 제이 굴드Stephen Jay Gould, 1941~2002의 책을 보고 난 후에 『인간의 유래』를 읽고 나서 놀라움과 후회, 부끄러움이 밀려왔다. 이 책을 왜 이제야 읽었는지 후회가 되었고 다른 생물학자들의 책이 모두 다윈의 각주에 불과했다는 것을 깨달았다. 『인간의 유래』는 우리가 누구인지 사색하는 모든 사람에게 통찰과 영감을 주는 책이다. 다윈은 진화의 원리가 "인간의 기원과 그 역사에 한 줄기 빛이 비칠 것이다"라고 말했는데 나는 이 책을 통해 내 인생에 한 줄기 빛이 비치는 듯한 지적 통찰과 확신을 얻었다.

『인간의 유래The Descent of Man』에서 '유래descent'는 생명의 역사에

깃든 모든 비밀을 푸는 열쇳말이라고 할 수 있다. 하나의 유기체로부터 모든 생명체가 나왔고, 역으로 모든 생물의 조상을 거슬러 올라가면 하나의 줄기에서 만난다는 뜻이다. 이러한 생명의 역사에서 인간도 예외적인 존재가 아니다. 그런데 대부분의 사람은 인간을 우주와 자연의 일원으로 설명하는 것조차 불경스럽게 생각한다. 스펜서와 같은 사회진화론자들은 인간의 진화를 '인간의 등정ascent of man'이라고 쓰고 있다. 인간이 생물계의 줄기에서 내려온descent 존재가 아니라 스스로 생물계의 최고 자리에 올라간ascent 존재라고 생각했기 때문이다. 인간이 특별하다는 오만함을 버리지 못하는 사람들은 다윈이 말하는 '유래'의 의미를 이해할 수 없었던 것이다.

다윈이 『인간의 유래』 서문에서 "인간이 지구상에 출현한 방법이 다른 생물들과 동일하게 취급되어야 함을" 말한 것은 이러한 인간우월주의에 대한 도전이었다. 그런데 진화론을 인간까지 확장해서 증명하는 것, 다시 말해 인간의 유래를 밝히는 것은 19세기 상황에서 매우 어려운 작업이었다. 유럽 외의 지역에서 인간의 화석은 발견된 적이 없었고 그나마 유럽에서 나온 화석 증거도 얼마 되지 않았다. 다윈은 토머스 헉슬리의 해부학과 비교발생학, 생리학 등의 관련 지식을 바탕으로 추론하고 증거자료를 제시하는 데 혼신의 힘을 다했다. 인간이 원숭이의 자손이냐는 거센 비난에도 굴하지 않고 인간은 영장류로부터 진화했다는 사실을 당당히 밝혔다. 『인간의 유래』의 마지막 문단에 쓰인 "우리는 단지 이성이 허락하는 범위에서 진실을 발견하려는 것뿐이다. 그리고 나는 내 능력이 닿는 데까지 그 증거를 제시했다"는 말에서 그의 노고와 진심을 느낄 수 있다.

『인간의 유래』는 인간의 진화를 한 편의 성장소설처럼 그려냈다. 우리는 누구인가를 묻기 전에 우리는 무엇이었나, 인간의 신체가 어떻게 생겨났고, 그다음에 인간의 마음이 어디서 나왔는지를 차례로 보여주었다. 물질에서 생명, 의식으로 진화했다는 유물론적인 관점에서 인간의 몸과 마음이 진화했다는 사실을 단호하고 집요하게 설득하고 있다. 『인간의 유래』 첫 장을 열면 '인간이 하등동물에서 유래되었다는 증거'로서 배발생의 단계부터 검토하고 있다. "배발생胚發生, 인간은 지름이 0.2밀리미터 정도인 난세포에서 발생한다. 이 난세포는 다른 동물의 난세포와 전혀 다르지 않다. 매우이른 발생 시기의 사람 배胚는 일반 척추동물의 배와 거의 구별되지않는다." "일부 독자들은 배의 그림을 본 적이 없을 것이다. 그래서대략 동일한 초기 발생 단계에 있는 사람과 개의 배 그림을 제시한다."[61] 1860년대에 그려진 이 그림은 매우 정교해서 발생 단계에서는 사람과 개가 거의 흡사하다는 것을 잘 보여준다.

다음의 그림에서 알 수 있듯 인간의 신체구조는 동물에게서 물려받았다. 다윈은 이렇게 말하고 있다. "인간이 포유동물과 마찬가지로 보편적이고 동일한 모형에 따라 만들어졌다는 것은 잘 알려진사실이다. 인간의 골격을 이루는 뼈와 원숭이, 박쥐, 물개의 뼈를 비교해보면 모두 비슷하다. 근육, 신경, 혈관 그리고 내장기관들도 마찬가지다. 모든 기관 중에서 가장 중요한 뇌도 헉슬리와 여러 해부학자가 보여주었듯이 동일한 법칙을 따르고 있다." 인간은 지구에서 완벽히 새로운 창조물이 아니었다. 인간의 몸 구석구석은 동물

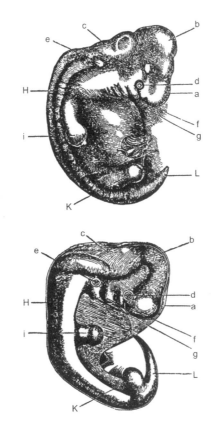

(위) 에커가 그린 인간의 배아 (아래) 비쇼프가 그린 개의 배아

a. 전뇌, 대뇌반구 등 / b. 중뇌, 상구 / c. 후뇌, 소뇌, 연수 / d. 눈 / e. 귀 / f. 제1아가미궁 /

g. 제2아가미궁 / H. 발달 중인 척주와 근육 / I. 팔과 앞다리 / K. 다리와 뒷다리 / L. 꼬리 또는 꼬리뼈

에서 유래했다는 증거를 간직하고 있었다.

　그다음에 다윈은 인간과 동물의 정신능력을 비교했다. 오랫동
안 인간과 동물을 나누는 경계는 마음, 즉 정신이었는데『인간의 유
래』에서 정신의 정체를 밝혀서 인간과 동물의 경계를 허물려고 시
도했다. 인간의 고유한 지적 능력이라고 할 수 있는 감각과 직관,
사랑, 기억, 주의력, 호기심, 모방, 사고력 등은 동물에게서도 발견
된다는 것을 밝혔다. 다윈은 자신이 기르던 개와의 일화를 하나 소
개한다. "내가 키우던 개는 낯선 사람들에게 사나웠고 모든 낯선 사
람을 싫어했다. 나는 5년하고도 2일 동안 그 개를 일부러 멀리한 후
그 개의 기억력을 시험했다. 개가 사는 곳 가까이 다가가서 옛날에
부르던 방식으로 개를 불렀다. 그 개는 기뻐하지는 않았지만 곧 나
를 따라 밖으로 나와서 내 말에 복종하는 것이 마치 30분 전까지 나
와 함께 있었던 것 같았다. 5년 동안 잠자고 있던 옛 추억의 단편들
이 연속적으로 조합되어 즉시 그 개의 마음을 일깨웠던 것이다." 이
렇듯 다윈의 개는 지난날의 기억들을 간직하고 있었으며 아직도 주
인에게 친밀한 감정을 느끼고 있었다. 개와 같은 반려동물은 장난
감 인형이나 컴퓨터처럼 감정이 없는 사물이 아니다. 다윈은 치밀
한 관찰력으로 인간을 대하듯 동물들의 마음속을 탐색하며 동물에
게도 감정과 기억, 지능이 있다는 것을 설명하고 있다.

　그리고 최종적으로 다윈이 하고 싶은 이야기가 나온다. 왜 인
간인가? 인간이 가장 인간일 수 있는 본성은 무엇인가? 다윈은 그
답을 사회적 본능과 도덕에서 찾고 있다. 다른 영장류들과 마찬가
지로 함께 무리지어 생활하는 것은 인간의 생존에 절대적으로 중요

했다. 혼자가 아닌 여럿이 모여 살면서 사회성을 갖게 된 것은 인간의 진화에 큰 영향을 미쳤다. 다윈은 인간의 사회성이 진화하는 과정에서 어떻게 인간다움을 형성했는지에 주목했다. 아프리카 초원에서 살았던 초창기 인류는 다른 사람들의 도움 없이 혼자서는 살수 없었을 것이다. 다른 사람의 마음을 읽고 감정을 느끼며 배려할줄 아는 인간이 살아남는 것은 당연한 일이었다. 그 과정에서 기쁨, 슬픔, 즐거움, 괴로움과 같은 감정이 자연선택에 의해 진화했다. 이러한 감정은 인간에게 무엇이 좋고 나쁜지 느낄 줄 알고, 가치를 판단할 수 있는 능력을 갖게 했다. 결국 사회적 본능은 타인을 이해하는 공감능력을 키웠으며 도덕성의 기초가 되었다. 타인이 고통스러워하는 것은 하지 말아야 한다는 옳고 그름의 규율이 생긴 것이다.

　인간의 삶에서 중요한 것은 생존경쟁이 아니라 타인에 대한 공감과 도덕이었다. 『인간의 유래』에서 다윈은 인간의 도덕성에 대해 이렇게 말하고 있다. "고귀한 인간 본성에 관해서는 생존경쟁보다 더 중요한 작용이 있다. 자연선택의 작용으로 사회적 본능이 일어났고 사회적 본능이 도덕감의 발달을 위한 기초를 제공한 것은 사실이지만, 도덕적 자질은 자연선택보다는 습성의 효과, 추리력, 교육, 종교 등을 통해 직접적으로든 간접적으로든 훨씬 진보했다." 이렇듯 인간의 도덕은 동물들과는 차원이 달랐다. 개미나 벌과 같은 사회적 동물에서 도덕성은 보이지 않는다. 단순히 자연선택과 사회적 본능이 인간의 도덕을 완성했다고 볼 수는 없다. 인간의 도덕은 사회적 본능에 뇌의 지능이 더해지고 교육과 종교 같은 문화적 환경 덕에 더욱 진보했다고 할 수 있다. 그 과정에 대해 다윈은 이렇게 차근차근 설명한다.

　　인간은 하등동물과 마찬가지로 집단의 이익을 위해 사회적 본능을 획득했으며 이것은 의심할 여지가 없다. 이런 사회적 본능 때문에 인간은 처음부터 자신의 동료를 돕고 싶은 소망, 즉 얼마간의 공감을 가졌을 것이다. 그래서 인간은 동료들이 자신에 대해 동의하느냐 그렇지 않으냐에 신경을 쓰게 된 것이다. 이런 충동에 따라 인간은 아주 먼 옛날에 이미 옳고 그름 같은 선악의 규칙을 갖게 되었을 것이다. 그후 인간의 지적 능력은 점진적으로 발달되고 자기 행동이 미래에 미칠 결과까지 생각할 수 있게 되었다. 또 인간은 유해한 풍습이나 미신을 배척할 정도의 충분한 지식을 갖게 되었다. 그리고 인간은 동료의 복지뿐만 아니라 행복까지도 점점 더 고려하게 되었다. 또 유익한 경험과 교육과 모범을 따르는 습성에서 인간의 공감이 더욱 부드러워지고 모든 인종, 바보, 불구자, 쓸모없는 사회 구성원, 그리고 마지막으로 하등동물에까지 널리 확산되었을 것이다. 이 모든 일이 일어나면서 도덕의 기준은 점점 더 높아지게 되었을 것이다.[62]

　　『인간의 유래』에는 도덕, 공감, 연민, 사랑 등의 단어가 수십 번씩 나온다. 다윈이 '고귀한 인간의 본성'으로 꼽는 것이 지적 능력과 도덕성이다. 진화의 과정에서 인간의 뇌에 지능과 도덕적 직관이라는 따뜻한 인간의 마음이 깃들게 되었다는 것이다. 처음에 동료를 걱정하고 배려했던 마음은 "모든 인종, 바보, 불구자, 쓸모없는 사회 구성원, 그리고 마지막으로 하등동물에까지 널리 확산되었을 것이다." 이렇게 다윈은 인간만을 위한 도덕이 아니라 자연과 우주의 관점으로 확대된, 올바르고 객관적인 도덕을 추구했다. 그는 생물학적으로 인간의 본성을 탐구하면서 과학적 토대 위에서 진정한 인간다움을 찾으려고 애썼다.

다윈은 『인간의 유래』를 출간한 이듬해인 1872년에 『인간과 동물의 감정 표현』을 펴냈다. 이 책은 인간이 어떻게 감정을 갖게 되었는지 그 기원을 탐색했다. 인간은 찡그린 얼굴 표정에서 화난 감정을 표현하듯 동일한 표정에 동일한 감정을 나타낸다. 두려움을 느끼면 머리털이 곤두서고 분노하면 이를 드러내는데, 이러한 감정 표현은 인간뿐만 아니라 원숭이와 같은 동물들도 보인다. 고양이가 뱀을 보면 놀라서 피하는 것처럼 인간도 뱀을 보는 즉시 공포에 사로잡힌다. 다윈은 인간의 감정이 동물에서 유래했고 어떤 특정한 시기에 나타난 것이라고 생각했다. 예를 들어 두려움과 공포심이 있으면 위험을 감지할 수 있어서 생존에 유리하게 작용했다. 이러한 감정은 학습된 것이 아니라 진화의 과정에서 뇌에 본능적으로 각인된 것이다. 두려움부터 시작해서 기쁨과 슬픔, 혐오, 분노, 행복 등은 우리의 뇌에 유전자의 형태로 후대에 전해졌다고 할 수 있다.[63]

인간의 감정이 이렇게 진화하는 데 꼭 필요했던 것은 타인의 존재다. 상대의 기쁨을 같이 기뻐하고 상대의 고통에 같이 괴로워하며 공감할 수 있는 능력은 인간의 사회적 본능에서 진화한 것이다. 인간은 혼자서 살 수 없으며 뼛속까지 사회적인 것도 인간의 뇌가 그렇게 진화했기 때문이다. 『인간의 유래』와 『인간과 동물의 감정 표현』을 통해 다윈은 인간의 감정과 마음이 뇌의 활동이고, 뇌가 진화의 산물

행복 Happiness   슬픔 Sadness   놀람 Surprise

분노 Anger   혐오 Disgust   두려움 Fear

인류의 보편적 여섯 가지 감정

임을 분명히 보여주었다. 인간의 마음을 연구하는 심리학이 앞으로 중요한 과학 분야가 될 것이라고 예측했는데 최근 진화심리학과 뇌과학은 이러한 다윈의 주장을 뒷받침하고 있다.

뇌과학자 마이클 가자니가Michael Gazzaniga는 『왜 인간인가Human』라는 책에서 '뇌의 사회성'에 주목했다. 인간다움의 특별함은 다윈이 말한 사회적 본능에서 나왔다는 것이다. 700만 년 전부터 집단생활을 하면서 진화한 인간은 뇌의 회로에 인간적 가치를 축적했다. 누군가가 곤경에 빠졌으면 돕고자 하고, 함께 어울려서 살기를 좋아하며, 서로의 마음을 나누면서 소통했던 과정에서 인간의 뇌가 만들어졌다. 자기 보존의 본능보다는 타인을 이해하고 아끼는 사회적 본능이 인간의 뇌를 최적화시켰다. 인간다움의 특별함은 이러한 '사회적 뇌'에서 나왔다. 다시 말해 인간과 동물의 차이는 사회적 뇌에서 나온 공감과 도덕적 능력에 있다는 것이다. 앞서 카렌 암스트롱의 『축의 시대』에서 보았듯 인류는 "황금률─네가 당하고 싶지 않은 일을 남에게 하지 마라"를 바탕으로 고대 문명을 건설했다. 오늘날에도 인간에게 공감하는 능력이 없다면 고도로 발전한 문명사회를 유지하기는 어려울 것이다.

생명이란 무엇인가?

개미는 무엇인가? 뱀은 무엇인가? 소는 무엇인가? 이런 질문
에는 쉽게 답할 수 있다. 그런데 동물이란 무엇인가? 생명이란 무
엇인가? 인간이란 무엇인가? 이렇게 물으면 답하기 어려워진다. 개
미, 뱀, 소는 실체가 있지만 동물, 생명, 인간은 실체가 없는 개념이
기 때문이다. 특히 생명활동은 물질로는 설명할 수 없는 신비한 현
상으로 보였다. 살아 있는 유기체에는 뭔가 특별한 본질, 예를 들어
'생기력vital force'이라든가 '생명의 불꽃', '맥동하는 따스한 온기' 등
이 있다고 여겨졌다.

그런데 20세기에 들어서 오스트리아의 물리학자 에르빈 슈뢰
딩거Erwin Schrödinger, 1887~1961는 『생명이란 무엇인가』를 통해 대담한
주장을 펼쳤다. "모든 생명현상은 물리학과 화학으로 설명할 수 있
을 것이다." 이렇게 생명현상이 물리학과 화학의 법칙을 따른다는

것은 생명체가 단지 물질들의 복잡한 조직에 불과하다는 것을 뜻한다. 즉 생명과 무생명의 경계가 없다는 것이다. 알다시피 슈뢰딩거는 당대 아인슈타인과 어깨를 나란히 하는 천재 이론물리학자였다. 1926년에 슈뢰딩거의 파동방정식을 발표하고 1933년에 노벨물리학상을 받았다. 그랬던 그가 양자역학의 불확실성에 의심을 품고 1930년대 말부터 아일랜드의 더블린에서 은둔생활을 하며 1944년에 『생명이란 무엇인가』를 펴냈다. 생물학자가 아닌 물리학자가 생명현상에 새로운 화두를 던진 것이다.

한편 다윈의 진화론 이후 서서히 생물학에 기계적이고 물질적인 관점이 나타났다. 대표적으로 '유전자gene'를 들 수 있다. 생명체가 세대를 거듭하면서 진화하는 과정을 유전자라는 물질입자로 설명하기 시작했다. 미국의 생물학자 토머스 모건Thomas H. Morgan, 1866~1945은 초파리 실험을 통해 유전자가 세포 속 염색체에 있다는 것을 발견했다. 1930~1940년대에 이르면 유전자가 생명체의 대사를 관장한다는 것이 실험적으로 입증되었다. 그런데 그 유전자의 정체가 무엇인지는 밝혀지지 않은 상황이었다. 이때 슈뢰딩거는 『생명이란 무엇인가』에서 놀라운 통찰을 제시했다. 유전자는 염색체에 있는 일종의 '암호 대본'이라는 것. 유전자가 생명체의 모든 생명활동을 지시하는 프로그램이나 설계도처럼 '정보'를 제공할 것이라고 예측했다.

슈뢰딩거가 던진 통찰과 암시는 생물학자들을 자극했다. 유전자가 어떤 물질이고 어떻게 생겼기에, 생명활동을 총괄하고 스스로 복제할 수 있는지 궁금할 수밖에 없었다. 대부분의 생물학자는 세포 속 염색체가 있는 단백질이 유전자일 것이라고 생각했다. 에로부터 단백질은 생명활동에 중요한 역할을 하는 물질로 인식되었고, 화학실험을 통해 정교한 사슬구조로 이뤄졌다는 것이 밝혀지면서 단백질에 대한 믿음은 더욱 굳어져갔다. 그런데 미국 록펠러 대학 의학연구소의 오스왈드 에이버리Oswald Avery, 1877~1955가 어떤 병원균에서 단백질이 아닌 물질에서 유전적 특징을 보인다는 사실을 확인했다. 이 화학물질은 오늘날 DNA로 알려진 '디옥시리보핵산Deoxyribo Nucleic Acid'이었다.

그런데 생물학자들은 유전자가 DNA라는 에이버리의 주장을 선뜻 받아들이지 못했다. DNA는 고분자 핵산이었지만 단 네 개의 요소만으로 구성되어 있었다. 염색체 속에 돌돌 말려 있는 긴 끈 모양을 하고 있는데 강한 산酸에 넣고 열을 가하면 네 개의 요소가 가닥가닥 끊어져버렸다. A(아데닌), T(티민), G(구아닌), C(시토신)의 네 가지 염기만으로는 생명체의 정교하고 복잡한 정보를 모두 담아내기에 턱없이 부족해 보였다. 그래서 생물학자들은 세포에 있는 고분자 중에 가장 복잡한 구조를 가진 단백질이 유전자일 것이라고 생각했다.

유전자는 단백질인가? 아니면 DNA인가? 만약 유전자가 DNA라면 DNA는 자기보다 더 복잡한 단백질을 만들 수 있는 정보를 가지고 있어야 한다. 이러한 정보의 벽에 부딪혔던 생물학자들은 네 개 부호의 수수께끼를 풀 수 있는 해결의 실마리를 찾았다. DNA의 네 개 부호는 단백질 하나하나에 대응되는 게 아니었던 것이다. DNA의 네 개 부호를 조합하면 훨씬 많은 정보를 얻을 수 있었다. 예를 들어 A, T, C, G를 두 개씩 순열 조합하는 경우, AA, AT, AG, AC…… 등등 4×4=16이고, 세 개씩 순열 조합하는 경우, ACA, CAC, ATA, AGC…… 등등 4×4×4=64에 이른다. 64개 정도의 정보량이면 단백질의 배열 정보를 충분히 감당할 수 있다. 단순하게 보였던 DNA가 얼마든지 단백질을 합성하고 다른 물질을 복제할 수 있는 정보 고분자였다는 것이 밝혀졌다. 이렇게 DNA가 단순하다 보니 부호열의 작은 변화가 단백질을 바꾸고, 때로는 커다란 변화를 일으킬 수 있었다. pen에서 e가 i로 바뀌면 pin으로 변하듯 DNA 유전 정보의 작은 변화는 돌연변이를 일으키고 진화에 영향을 미칠 수 있다는 것이 드러났다.

그런데 놀랍게도 DNA 부호들의 나열에는 어떤 패턴이 있었다. 이러한 DNA의 구조를 처음으로 발견한 과학자가 바로 제임스 왓슨James Watson, 1928~ 과 프랜시스 크릭Francis Crick, 1916~2004 이었다. 1953년 4월 이들은 학술저널지 『네이처Nature』에 DNA의 구조가 이중나선형이라는 논문을 발표했다. 그 기념비적인 논문 마지막 부분에 그들은 의미심장한 말을 남겼다. "DNA의 대칭 구조가 바로 자기 복제 메커니즘을 암시한다는 것을 우리는 놓치지 않았다." 이 문장은 과학사에서 다윈이 했던 "인간의 기원과 그 역사에 한 줄기 빛이 비칠 것이다"만큼이나 유명한 말로 회자되고 있다.

왓슨과 크릭이 발견한 이중나선이란 DNA가 반드시 대칭 구조로 존재한다는 것을 의미했다. DNA는 한 가닥의 사슬로 이뤄진 것이 아니라 두 가닥의 사슬이 쌍을 이루고 있었다. A는 T와 대응되고 C는 G와 대응되는 규칙은 A와 T, C와 G가 서로 화학적으로 결합되어 있음을 보여준다. DNA는 두 가닥의 사슬이 쌍을 이루면서 나선 모양으로 꼬여 있는데, 여기서 중요한 것은 나선 구조보다 쌍으로 존재한다는 사실이다. 이렇게 DNA가 대칭 구조이기 때문에 두 가닥의 DNA 사슬에서 한 가닥을 잃어버려도 쉽게 복구할 수 있고, DNA가 스스로 전체를 복제하는 역할도 가능하다. 자연세계에서 생명체들은 정보의 안정성을 위해 DNA를 두 가닥으로 만들어놓았던 것이다.

"DNA의 대칭 구조가 바로 자기 복제 메커니즘을 암시한다"는 말에 생명은 '자기 복제 시스템'이라는 정의가 내포되어 있다. 생명체의 정자와 난자가 수정할 때 DNA를 한 쌍씩 나눠 갖고 자손을 탄생시킨다. DNA가 이중나선 구조이기 때문에 새로운 생명의 출현이 가능한 것이다. 생명의 근간을 이루는 유전자 DNA를 이해할 때 핵심 키워드는 '부호'와 '대칭'이다. DNA가 부호로 되어서 복잡하고 많은 정보를 효율적으로 보유할 수 있고, 두 가닥의 사슬이 대칭으로 엮여 있어서 생명이 생명을 만들어내는 복제가 일어날 수 있다. 다음의 그림[64]은 프랜시스 크릭이 DNA 구조를 구상하면서 그린 스케치다. 크릭은 1953년 3월 17일 열두 살짜리 아들 마이클에게 보낸 편지에서 "왓슨과 내가 엄청나게 중요한 발견을 했다"고 흥분하며 DNA의 부호와 대칭의 의미를 이렇게 설명한다.

이제 우리는 DNA가 부호라고 믿는단다. 무슨 말이냐 하면, 한 유전자가 다른 유전자와 다른 이유는 염기(문자)의 순서가 다르기 때문이라는 거야(책의 한쪽이 다른 쪽과 다른 것처럼 말이지). 자연이 어떻게 유전

DNA 구조를 그린 프랜시스 크릭의
1953년 스케치 원본

이중나선

자를 복사하는지, 너도 이제 짐작하겠지. 사슬이 풀려서 두 개의 사슬로 각각 떨어지고, 각 사슬이 그에 어울리는 다른 사슬을 만들어낸다고 가정하면, A는 언제나 T와 붙고 G는 언제나 C와 붙으니까, 결국 처음에 출발했던 사슬들의 복사본이 두 개 만들어지겠지. 다르게 설명하면, 우리는 생명이 생명을 만들어 내는 기본적인 복사 방법을 알아낸 거야. 네 생각에도 우리가 흥분할 만하지?[65]

크릭과 왓슨, 그리고 모리스 윌킨스Maurice Wilkins, 1916~2004는 DNA 이중나선 구조를 밝힌 공로로 1962년에 노벨생리의학상을 받았다. 이들 모두 슈뢰딩거의 『생명이란 무엇인가』를 읽고 영감을 얻었다고 말했다. "살아 있는 생명체는 물질세계를 설명하는 물리학과 화학의 법칙에 기반을 두고 있다"는 슈뢰딩거의 예언이 적중했다. 드디어 분자생물학자들에 의해 생명현상은 베일을 벗고 정체를 드러냈다. 유전자가 DNA 분자라는 화학물질로 밝혀지고 그 구조가 이중나선이라는 것이 규명되었다. 생명은 유전자에 의해 자기복제를 하는 시스템이었던 것이다. 분자생물학자들은 유전자에 있는 정보를 해독하면 이제껏 풀리지 않았던 생명활동을 알 수 있다고 강조한다. '생명이란 무엇인가?'라는 관점이 바뀌면 '인간이란 무엇인가?'에 대한 관점도 바뀌는데 분자생물학이 20세기 후반에 현대 생물학의 주류로 부상하면서 생명과 인간에 대한 철학적 세계관에 엄청난 변화를 가져왔다.

실험실에서 추출한 DNA에는 수만 개의 A, T, C, G가 배열되어 있다. 과학자들이 DNA에 정보가 담겨 있다는 것을 밝혀내기 전까지 DNA는 그저 세포 속에 둘둘 감겨 있는 끈에 불과했다. 그런데 지구의 모든 생물체에서 DNA 분자가 발견되고 그 정보가 해독되기 시작했다. 원숭이 몸속 세포에는 원숭이 DNA가, 물고기에는 물고기 DNA가 있는데 A, T, C, G의 배열만 달랐을 뿐이다. 인간에게도 인간만의 DNA가 있다. 우리의 몸속에 있는 세포 수가 10^{15}개인데 그 세포 속 모두에 DNA 유전 정보가 데이터베이스처럼 빼곡하게 들어 있다. DNA 분자의 명령을 받고 단백질이 만들어져서 근육과 심장, 눈, 뇌가 생성되고 우리가 말하는 인간의 마음과 본성까지 나온 것이다.

다윈은 지구의 모든 생명체가 하나의 공통 조상에서 진화한 것이라고 말했다. 원시 지구에 최초의 생명이 탄생했고 그 생명체로부터 수많은 동식물이 진화했다는 것이다. 분자생물학의 DNA는 이러한 다윈의 진화론이 옳다는 것을 증명하고 있다. 최초의 생명체가 무엇인지는 아직 밝혀지지 않았지만 스스로 복제물을 만드는 분자였던 것은 확실하다. 그런데 생명체가 자손을 낳고 살아가는 과정, 즉 자기 복제자를 생산하는 과정이 완벽하지 않았다. 복제과정에 오류가 발생했고 A, T, C, G 배열에 생긴 약간의 차이는 돌연변이를 출현시켰다. 그 돌연변이 중에서 환경에 적응한 개체가 살아남아 DNA를 자손에게 퍼뜨렸다. 이것이 유전자 관점에서 설명하는 자연선택에 의한 진화다.

그렇다면 생물이나 인간은 지구의 다른 사물들과 마찬가지로 분자들의 집합체인 것이다. 생명의 핵심이라고 할 수 있는 DNA는 복잡한 형태로 배열된 정보, 언어, 지시문이라고 할 수 있다. DNA

분자에는 A, T, C, G의 염기(부호)가 디지털 정보와 같이 암호화된 형태로 저장되어 있다. DNA의 디지털 정보는 수천만 세대를 거치는 동안 스스로 복제할 수 있고 전혀 손상되지 않는다. 그래서 DNA를 '자기 복제자', '불멸의 코일'이라고 하는데 생명체는 바로 이러한 DNA가 프로그램된 존재였던 것이다. 이제 생명체를 이해하려면 10억 개의 불연속적인 부호나 정보 기술을 떠올려야 한다. 이 같은 관점에서 1976년 리처드 도킨스는 『이기적 유전자』에서 도발적인 주장을 한다. 모든 생명체는 유전자의 생존기계survival machine라는 것! 유전자는 오로지 번식과 복제가 목적이고, 생명체는 유전자의 암호 명령을 따라 작동하는 꼭두각시, 로봇, 생존기계에 불과하다는 것이다.

오늘날 자기 복제자는 외부로부터 차단된 로봇 속에 안전하게 거대한 집단으로 떼지어 살면서, 복잡한 간접 경로를 통하여 외계와 연락하고 원격 조정기로 외계를 조작하고 있다. 그것들은 당신 안에도 그리고 내 안에도 있다. 또한 그것은 우리의 몸과 마음을 창조했다. 그리고 그것들의 유지야말로 우리가 존재하는 궁극적인 이론의 근거이기도 하다. 자기 복제자는 기나긴 길을 여기까지 걸어 왔다. 이제 그것들은 유전자라는 이름으로 계속 나아갈 것이며, 우리는 그것들의 생존기계이다.66

생물학자들은 인간이 동물인 것도 모자라 유전자의 생존기계라고 한다. 더구나 번식과 복제에 눈 먼 '이기적 유전자'에 조종당하고 있다고 말이다. 진정 유전자가 이기적인가? 실제 유전자는 이기심과 같은 감정을 가지지 않는다. 유전자는 단백질을 만드는 데 정보를 제공하는 긴 사슬로 된 화학물질일 뿐이다. 이러한 유전자를 이기적이라고 한 것은 유전자가 자신의 복제본을 더 많이 증가시키려는 것을 비유적으로 표현한 것이다. "유전자가 맹목적인 자연선택의 작용에 의해 마치 목적을 가지고 행동하는 존재인 것처럼 만들어져 있다"는 뜻에서 유전자를 의인화한 것이다. 예를 들어 호모 사피엔스 개체군에 있는 유전자는 어떻게든 더 오래 살아남으려고 방책을 강구할 것이다. 언어를 담당하는 뇌의 신경세포를 만드는 유전자를 복제해서 자손에게 퍼뜨리고, 결국 자신을 더 많이 복제해서 확산시키는 목표를 달성한다. 호모 사피엔스 개체군에서 말을 잘하는 유전자를 가진 개체가 점점 증가하는데 이것이 도킨스가 말하는 유전자가 이기적이라는 의미다.

도킨스는 동물행동학자로서 유전자 관점에서 동물과 인간의 행동을 이해하려고 했다. 그의 관심은 다윈이 해결하지 못한 동물과 인간의 이타주의였다. 자기 보존 본능인가? 아니면 사회적 본능인가? 무엇이 이타적인 행동을 하도록 하는 것인가? 동물 개체들 사이에 경쟁하지 않고 서로 돕는 행동을 일관성 있게 적용할 수 있는 이론이 필요했다. 도킨스는 1964년에 나온 윌리엄 해밀턴W. D. Hamilton, 1936~2000의 혈연선택 이론으로 이 문제를 해결하려고 했다.

혈연선택 이론은 유전자를 많이 공유한 관계일수록 서로 돕는다는 것을 밝힌 이론이다. 한마디로 피는 물보다 진하다는 것. 부모는 자신의 유전자 중에 50퍼센트를 가지고 있는 자식을 위해 헌신

한다. 또한 자신의 유전자 중에 50퍼센트를 공유하는 형제자매나 25퍼센트를 공유하는 손자와 조카처럼 가까운 혈연관계일수록 이타주의 성향을 보인다. 서로 생존과 번식에 도움이 되는 이타적인 행동을 하는 것은 자신의 유전자를 다음 세대에 더 많이 전달하기 위해서다. 유전자를 더 증가시키겠다는 이기적인 목적이 각 개체들에게 이타적인 행동을 유발시킨 것이다. 도킨스는 유전자의 관점에서 인간이 서로 배려하고 돕는다는 사실을『이기적 유전자』에서 이론적으로 설명했다. 이기적인 유전자가 인간을 이타적으로 진화시켰다는 것이다.

그런데 도킨스는 인간의 이타적 성향도 유전자의 프로그램에 동원된 결과라고 말한다. 우리가 그토록 생존에 집착하고 더 많은 자식을 낳으려고 욕망하는 것, 이 모든 행위가 우리 몸속에 있는 유전자가 자기 복제를 위해 가장 유리한 방식으로 통제한 것을 의미한다. 38억 년 전 최초의 유전자는 우연히 자기 복제하는 방법을 찾았고, 이 자기 복제자는 거칠고 가혹한 세계에서 자신을 보호하기 위해 세포막을 형성했다. 세포들은 서로 결합하여 더 복잡한 복제자를 생성하고 효과적인 번식방법까지 발견했다. 이렇게 38억 년 동안의 시행착오를 거쳐 수백만 종에 이르는 생존기계가 자연선택에 의해 진화했고, 그중에서 최근에 생겨난 지적 생명체가 우리 인간이라는 것이다. 도킨스는『에덴의 강』에서 세계에 목적이 없다는 깨달음을 이렇게 표현한다.

맹목적인 물리적 힘과 유전적 복제로 이루어진 우주에서 어떤 이는 고통을 받고, 어떤 이는 행운을 얻는다. 거기에서는 어떤 이유나 암시도 찾아볼 수 없으며, 어떤 정의도 찾을 수 없다. 우리가 보고 있는 우주는 그 근저에 어떤 계획도 의도도 선악도 없고, 단지 맹목적이고 무자비한 무관심 외에는 아무것도 없다고 했을 때 우리가 예상할 수 있는 그러한 성질들을 정확하게 가지고 있다. (……) DNA는 알지도 못하고 신경 쓰지도 않는다. DNA는 단지 존재할 뿐이다. 우리는 DNA가 연주하는 음악에 맞춰 춤을 출 뿐이다.67

인정하고 싶지 않지만 우리는 먹고, 살고, 자식을 낳고, 이것 이외에는 목적이 없었던 존재다. 미국의 철학자이며 인지과학자인 대니얼 데닛Daniel Dennett, 1942~은 『다윈의 위험한 생각Darwin's Dangerous Idea』에서 한 장의 재미있는 그림을 제시한다. 최초의 생명체에서 시

작된 진화의 과정에서 동물들은 먹고eat, 살고survive, 낳고reproduce를 반복하다가 드디어 맨 마지막에 인간에 이른다. 그리고 그는 이렇게 말한다. "이 모든 것은 무엇을 위한 것이지?What's it all about?"68 호기심 많은 인간은 당연히 진화의 과정에 의문을 가졌고 마침내 알아낸 사실은 인간이 단지 유전자의 생존기계라는 것이다. 참으로 허무하기 그지없는 결론이다.

그러나 우리는 지구에서 어떤 생명체도 하지 못한 놀라운 일들을 해냈다. 인간이 진화했다는 객관적인 사실을 발견하고 자신의 존재를 인식했다. 진화한 우리의 뇌는 자신의 기원을 알고 그것이 지닌 도덕적 의미까지 깨달았다. 또한 인간의 본성과 욕망을 이해하고 세계에서 벌어지는 불합리한 일들의 근원을 파악했다. 도킨스는『이기적 유전자』에서 인간의 지적 능력이 자기 복제자들이 일으키는 최악의 이기적인 행동을 막을 수 있다고 내다보았다. "이 지구에서는 우리 인간만이 유일하게 이기적인 자기 복제자들의 독재에 대항할 수 있다." 이 말은 우리가 유전자의 생존기계라고 해서 전적으로 유전자의 지배를 받는 것은 아니라는 뜻이다. 비유하자면 유전자는 중력과 같은 것이다. 우리는 중력의 지배를 받고 살고 있지만 중력의 법칙을 발견하고 그것을 이용해서 인공위성을 쏘아올리고 우주 탐사를 하고 있다. 우리는 얼마든지 핵무기 개발이나 환경 파괴와 같이 이기적인 욕망 때문에 벌어지는 세계의 문제를 직시하고 개선할 수 있다는 것이다.

우리는 무엇을 원하는가?

앞서 살펴본 리처드 도킨스의 『이기적 유전자』는 1976년에 나온 책이다. 지금부터 40년 전에 쓰인 것인데 그 당시 도킨스는 철학자들이나 인문학자들이 다윈의 진화론에 관심을 보이지 않는다고 불만을 드러냈다. '생명에 의미가 있는가? 우리는 무엇 때문에 존재하는가? 인간이란 무엇인가?'와 같은 철학적 질문은 당연히 인간의 생물학적 이해를 바탕으로 답을 찾아야 한다는 것이다. 그런데 "철학과 인문학 분야에서는 다윈이 존재조차 한 적이 없었던 것처럼 가르치고 있다." 도킨스는 이렇게 말하면서 언젠가는 인문학자들이 다윈의 진화론이 지닌 철학적 의미를 반영할 날이 올 것이라고 기대했다. 도킨스가 말하는 그 언젠가가 40년이 지난 최근에야 도래한 것 같다. 역사학자가 생물학의 중요성을 인식하고 역사책을 쓰기 시작했으니 말이다.

"생물학은 호모 사피엔스의 행동과 능력의 기본 한계를 결정한다. 모든 역사는 이런 생물학적 영역의 구속 내에서 일어난다." 최근 화제작인『사피엔스』의 저자 유발 하라리는 이렇게 생물학을 토대로 역사책을 쓰겠다고 선언했다.『총, 균, 쇠』와 같은 빅히스토리에 관심이 있었던 그는 7만 년 전 호모 사피엔스의 출현에서부터 "우리 종의 역사"에 주목했다. 하라리는 첫 장에서 우리를 "별로 중요치 않은 동물"이라고 부른다. 우리는 아프리카 초원에서 살았던 영장류의 한 종이었는데 인지혁명과 농업혁명, 과학혁명을 통해 "신이 된 동물"의 위치에 올라섰다는 것이다. "별로 중요치 않은 동물"이었던 우리가 "신이 된 동물"로 환골탈태했다는 것, 이것이 한 문장으로 압축한 하라리의 주장이다.

"별로 중요치 않은 동물"이 어떻게 "신이 된 동물"에까지 이르렀을까? 그 역사적 과정은 뜻하지 않은 우발적 사건의 연속이었다. 농업혁명은 "역사상 최대의 사기"였고 "역사에 정의는 없었다." 재레드 다이아몬드의『총, 균, 쇠』에서 이미 밝힌 것을 재확인하고 있지만 하라리는 과학자가 아닌 역사학자로서 파격적인 역사관을 보여주었다. 대부분의 인문학자는 다윈의 진화론을 인간의 사회와 역사에 적용할 수 없다고 생각한다. 예를 들어 인문학자 도정일과 생물학자 최재천은『대담』에서 이 문제로 팽팽히 맞선다. 과학은 과학일 뿐, 자연세계와 인간 사회는 구분되어야 한다고 도정일은 주장한다. 인간 사회는 윤리나 종교와 같은 비생물학적 토대 위에 있다고 말이다.

생물계의 진화가 무목적적이고 맹목적이고 우연의 결과라는 주장을 우리는 받아들일 수 있습니다. 그러나 그 주장을 인간 사회에 그대로 들이댈 수는 없죠. 인간의 사회적 진화를 우리는 '역사'라고 부르는데, 역사는 인간이 끊임없이 목적과 이상을 세우고 계획을 짜고 계획한 것을 실현시켜보려고 버둥거려온 정치적·윤리적 개입의 역사입니다. 평등이라는 사회적 이상을 세우고 그것의 실천 프로젝트를 계획해온 것이 '근대사'입니다. 법 앞의 평등, 생존권의 평등, 존엄성의 평등, 남녀평등, 기회의 평등 하는 식으로 근대 이후 온갖 평등의 원칙들이 등장합니다. 평등은 정치적 이상이면서 동시에 윤리적 명령이기도 하죠. 진화론자들은 종교를 우습게 아는 경향이 있지만, '이웃을 사랑하라', '자비로워라', '베풀어라' 같은 가르침은 종교적 도그마가 아니라 윤리적 실천 명령입니다. (……) 이런 윤리적 명령과 가르침이 문명의 비생물학적 토대를 만듭니다. 말하자면 인간의 역사는 부단한 윤리적 개입과 목적과 계획의 역사죠. 이 부분을 망각하면 안 됩니다. 인간이 부단히 실패하고 엎어지고 자빠지는 수가 있어도 윤리적·도덕적·정치적 개입이 없다면 인간 사회는 망하니까요. 진화론이 망할 수는 있어도 사회가 망하면 안 되죠.[69]

인문학자들의 생각에 따르면, 역사는 인간이 끊임없이 목적과 이상을 세우고 실현시키려는 과정이었다. 인간은 자유, 인권, 정의, 평등과 같은 가치를 통해 역사와 사회를 이끌고 지탱해왔다. 도정일은 평등과 같은 정치적 이상, '이웃을 사랑하라'는 종교의 가르침, 올바름을 추구하는 윤리가 없었다면 인간 사회는 망할 것이라

고 말한다. 그런데 유발 하라리는 『사피
엔스』에서 인문학자들은 물론 우리가 그
동안 믿어왔던 가치들을 정면으로 반박한
다. 자유, 인권, 정의, 평등은 실재하는 것
이 아니라 허구였다고 말이다. 인간이 만
든 가치들은 결국 생물학적 인간의 뇌에
서 나온 것들이다. 1장에서 살펴보았듯 호
모 사피엔스는 실재하지 않는 것을 상상
할 수 있는 상징추론의 능력이 있다. 이러한 호모 사피엔스의 특별
한 능력은 신화와 종교 같은 허구를 창조했고, 이것을 바탕으로 국
가와 같은 거대 조직을 건설했다. 집단의 상상력으로 제조된 신화
가 인간에게 소속감을 주고 협력관계를 맺게 해주었다는 것이다.

    유발 하라리는 우리 사회의 유교 전통, 민주주의, 자본주의 등
을 "상상의 질서"라고 말한다. 만민평등사상, 천부인권론 등 우리
가 오랫동안 이상적인 사회질서로 믿어왔던 것들이 민주주의나 자
본주의와 같은 "상상의 질서"를 만들었다는 것이다. 하라리는 지금
껏 의심 없이 받아들여온 만민평등사상이나 천부인권론이 과학적
으로 타당한 것인지를 따져 묻는다. 예를 들어 미국의 독립선언문
에 나오는 유명한 구절, "모든 사람은 평등하게 창조되었으며, 이들
은 창조주에게 생명, 자유, 행복의 추구를 포함하는 양도 불가능한
권리를 부여받았다"를 살펴보자. 생물학의 기본 상식으로도 이 문
장이 맞지 않는다는 것을 알 수 있다. 모든 사람은 '창조'되지 않았
고 '진화'했다. 생물학적으로 평등하지도 않다. 또한 사람을 창조한

창조주는 없으며, 창조주로부터 부여받은 것도 없다. "존재하는 것은 오직 맹목적인 진화의 과정뿐이며, 개인은 어떤 목적도 없는 그 과정에서 탄생"했다. 하라리는 미국 독립선언문의 구절을 이렇게 생물학의 용어로 바꾸었다. "모든 사람은 각기 다르게 진화했으며, 이들은 변이가 가능한 모종의 특질을 지니고 태어났고 여기에는 생명과 쾌락의 추구가 포함된다"고 말이다.

1776년 미국인들은 독립선언문에서 모든 사람이 평등하다고 선언했다. 그런데 아메리카의 원주민과 흑인 노예들에게 어떤 짓을 저질렀는가? 미국의 백인, 자유민, 남성, 부자들은 그들의 부류에 속하지 않은 사람들을 착취하고 학대하는 데에 어떤 부당함도 느끼지 않았다. 모든 사람이 평등하다고 했지만 미국 사회는 자유민과 노예, 백인과 흑인, 남성과 여성, 부자와 가난한 자 사이에 차별과 위계질서가 있는 곳이었다. 그 위계질서가 바로 "상상의 질서"이며, 역사에서 자연적이고 필연적인 것처럼 위장하고 있는 허구였던 것이다. 역사적으로 자연스러웠던 인종적 위계질서는 생물학적으로 살펴보면 명백히 잘못된 것이었다. 이렇게 유발 하라리는 인간의 역사에 생물학이라는 칼을 들이대고 있다. 이것은 기존의 틀을 깨고 냉정하고 객관적으로 역사를 다시 봐야 한다는 것을 환기시키기 위해서다. 역사학자로서 왜 생물학의 관점에서 『사피엔스』같은 책을 썼는지, 그의 생각을 들어보자.

그러면 왜 역사를 연구하는가? 물리학이나 경제학과 달리, 역사는 정확한 예측을 하는 수단이 아니다. 역사를 연구하는 것은 미래를 알기 위해서가 아니라 우리의 지평을 넓히기 위해서다. 우리의 현재 상황이 자연스러운 것도 필연적인 것도 아니라는 사실을 이해하기 위해서다. 그 결과 우리 앞에는 우리가 상상하는 것보다 더 많은 가능성이 있다는 것을 이해하기 위해서다. 가령 유럽인이 어떻게 아프리카인을 지배하게 되었을까 연구하면, 인종의 계층은 자연스러운 것도 필연적인 것도 아니며 세계는 달리 배열될 수도 있었다는 사실을 깨달을 수 있다.[70]

우리의 현재 상황은 자연스러운 것도 필연적인 것도 아니다! 역사학자들이 말하듯 진보한 것도 발전한 것도 아니다. 과학을 통해 인간과 역사에 대한 환상에서 벗어나면 실체가 보인다. 호모 사피엔스는 우월하고 아름다우며 도덕적인 종이 아니다. 우리가 살고 있는 세계는 올바르지도 정의롭지도 않다. 우리는 그저 우연찮게 인간이 되었고 지구 환경에서 주어진 우연적인 결과들로 열심히 역사를 꾸려왔다고 자부하고 있을 뿐이다. 그런데 지금 우리는 행복한가? 산업혁명 이후 물질문명이 최고조로 발전했다고 하지만 우리는 행복하지 않다. 『사피엔스』의 한국어판 서문에서 유발 하라리는 한국이 세계에서 자살률이 가장 높은 나라라는 사실을 지적하고 있다.

무엇이 잘못된 것일까? 유발 하라리는 지금껏 우리가 질문을 잘못 해왔다고 진단한다. 과거 우리에게 중요한 질문은 "우리가 무엇을 할 수 있는가?"였다. 우리는 할 수 있는 일들을 찾아내서 세계를 지배하고 역사를 바꾼다고 생각했지만 모두가 불안한 삶을 사는

역사적으로 자연스러웠던 인종적 위계질서는
생물학적으로 살펴보면 명백히 잘못된 것이었다.
유발 하라리는 인간의 역사에
생물학이라는 칼을 들이대고 있다.

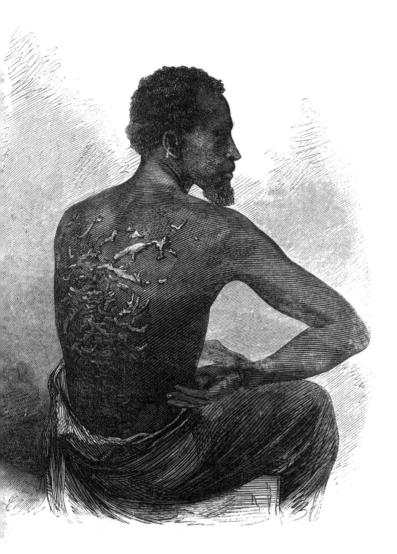

물질문명의 위기에 처하고 말았다. 과학기술의 발전을 제어하지 못하고 민족과 국가, 종교 사이의 분쟁과 갈등은 점점 첨예해지고 있다. 우리는 이제 "우리가 무엇을 할 수 있는가?"라는 질문보다 더 중요한 질문을 해야 한다. 바로 "우리가 무엇을 원하는가?"이다. 우리는 무엇을 할 수 있는지에 매달리느라 정작 우리가 무엇을 원하는지에 대해서는 성찰하지 못했다. 하라리는 『사피엔스』의 맨 마지막에 다음과 같은 의미심장한 말을 남겼다.

더구나 인간의 능력이 놀라울 정도로 커졌음에도 불구하고 여전히 스스로의 목표를 확신하지 못하고 있으며 예나 지금이나 불만족스러워하기는 마찬가지인 듯하다. 우리의 기술은 카누에서 갤리선과 증기선을 거쳐 우주왕복선으로 발전해왔지만, 우리가 어디로 가고 있는지는 아무도 모른다. 과거 어느 때보다 강력한 힘을 떨치고 있지만, 이 힘으로 무엇을 할 것인가에 관해서는 생각이 거의 없다. 이보다 더욱 나쁜 것은 인류가 과거 어느 때보다도 무책임하다는 점이다. 우리는 친구라고는 물리법칙밖에 없는 상태로 스스로를 신으로 만들면서 아무에게도 책임을 느끼지 않는다. 그 결과 우리의 친구인 동물들과 주위 생태계를 황폐하게 만든다. 오로지 자신의 안락함과 즐거움 이외에는 추구하는 것이 거의 없지만, 그럼에도 결코 만족하지 못한다.
　　스스로 무엇을 원하는지도 모르는 채 불만스러워하며 무책임한 신들, 이보다 더 위험한 존재가 또 있을까?[71]

우리는 브레이크 없는 차를 타고 어디로 가는지도 모르는 채

질주하고 있다. "별로 중요치 않은 동물"이었던 우리가 엄청난 과학기술의 발전으로 "신이 된 동물"의 위치에 올라섰는데 스스로 무엇을 원하는지조차 모르고 있다. 하라리는 지금까지 역사가 그랬던 것처럼 인류의 목적과 방향성을 찾지 못하고 우연에 기대서 가다 보면 참혹한 결과를 초래할 것이라고 경고한다. 특히 그가 우려하는 것은 '인간 강화human enhancement'의 문제다. 인간 강화는 과학자들이나 미래학자들이 예견하는 우리 종의 변화를 말한다. 유전공학과 인공지능, 나노기술 등의 신기술이 인간의 뇌와 몸을 바꾸어 새로운 종을 출현시킬 것이라고 전망한다. 하라리는 "인간이 신을 발명했을 때 역사가 시작되었고 인간이 신이 될 때 역사가 끝날 것"이라며 "호모 사피엔스의 종말"을 주장한다. 인간 강화의 문제가 어떤 세계문제보다도 심각하고 위험하다는 것을 강조하면서 이렇게 말한다. 인간 강화와 "비교한다면 각국의 정부나 시민들이 걱정하는 여타의 문제들은 아주 사소하다. 물론 글로벌 경제위기, 테러단체 '이슬람 국가IS', 남중국해의 긴장 등은 매우 중요한 문제이긴 하지만 그 중요성은 '인간 강화'라는 문제와 비교하면 새 발의 피다."

인간 강화는 세계적 물리학자이며 과학저술가인 미치오 가쿠加来道雄의『미래의 물리학』이나『평행우주』와 같은 과학책에서 자주 등장하는 주제다. 과학자들은 미래에 인간이 지구를 탈출해 우주에서 살아가려면 사이보그와 같은 기계 인간이 되어야 한다는 것을 거리낌 없이 말한다.『미래의 물리학』에서도 "21세기 말에 인간이 신과 같은 능력을 갖게 된다면 인류의 문명은 어떻게 달라질 것인가?"를 질문한다. 이에 대한 대답은 인류가 지혜로운 선택을 할 것이라는 낙관적인 견해를 밝히고 있는데 이것이 『사피엔스』의 비관적인 관점하고는 극명하게 대조되는 지점이다. 낙관과 비관, 어느 관점이 옳다고 섣불리 단정할 수 없지만 하라리의 『사피엔스』가 과학자들이 보지 못한 철학적 문제를 제기한 것은 분명하다.

우리는 무엇을 원하는가? 인간의 욕망과 가치는 무엇인가? 유발 하라리는 이러한 인간 본성의 문제가 근본적인 문제라는 것을 간파했다. 더욱이 우리 자신이 무엇을 원하는지도 모른다는 사실을 확인시켰다. 먼저 하라리는 『사피엔스』에서 인간의 역사가 자연스럽고 필연적인 것 같지만 결코 그렇지 않다는 것, 다시 말해 인간의 역사에 목적이 없고 인간의 욕망에 따라 어떤 일도 일어날 수 있음을 시사했다. 핵무기 개발과 생태계 파괴 등 지금 자신이 무슨 일을 저지르는지도 모르는 인간이 매우 위험한 존재라는 것이다.

그다음에 하라리는 "우리는 무엇을 원하고 싶은가?"라는 질문을 던진다. 이 질문은 인간 내면에 있는 생물학적 인간을 초월하려는 욕망을 암시한다. 인간에게 영원한 생명을 주고자 했던 고대 메소포타미아의 전설적인 영웅 길가메시처럼 결국 인간의 욕망은 과학기술을 이용해서 자신의 한계를 초월하려고 들 것이다. 인간이 스스로 마음과 몸을 초월할 수 있는 신의 경지에 이르면 인간을 고통스럽게 하는 전쟁이나 가난과 같은 세계의 문제도 사소하고 하찮은 것에 불과해진다. 총 맞아도 죽지 않고 먹지 않아도 살 수 있는데 전쟁과 가난이 무슨 문제가 되겠는가. 그래서 하라리는 인간 강화에 비하면 다른 문제는 "새 발의 피"라고 단언한 것이다.

그런데 이러한 하라리의 비관적 전망은 논쟁의 여지가 많다.

최근 알파고와 같은 인공지능의 등장으로 하라리의 주장이 주목을 받기는 했지만 "호모 사피엔스의 종말"을 고하기에는 아직 성급하다. 객관적인 근거가 부족할 뿐만 아니라 인간의 본성을 부정적으로만 보는 그의 결론에 선뜻 동의할 수 없다. 『우리 본성의 선한 천사』를 주장하는 스티븐 핑커Steven Pinker, 1954~와 같은 진화심리학자가 있고, 인간의 본성은 과학적으로 더 연구해야 할 주제이기 때문이다. 우리는 지금 행복한가? 우리는 무엇을 원하는가? 미래의 우리 운명을 결정할 중요한 질문인데 이에 대해서는 다음 장 '마음'에서 자세히 살펴볼 것이다. 하라리는 우리가 무엇을 원하는지도 모른다고 질책하지만 뇌과학과 신경과학은 인간의 마음을 규명하고자 노력하고 있다.

어떻든 다윈의 『종의 기원』이 나온 지 150여 년이 지났다. 그런데도 아직까지 인간의 진화를 믿지 않는 수많은 사람이 있다. 역사학을 비롯한 인문학 분야에서는 생물학적으로 인간을 이해하는 것을 여전히 달가워하지 않는다. 이런 시점에 나온 『사피엔스』는 인류학, 사회학, 생물학, 역사학을 넘나들면서 우리의 고정관념을 깨뜨린다는 점에서 선구적인 역작임에 틀림없다. 하라리는 과학자가 아닌 역사학자로서 "우리 종의 역사"를 꿰뚫는 탁월한 질문을 던졌다. 우리는 무엇을 원하는가? 세계에서 일어나는 모든 문제는 그 무엇 탓도 아니고 우리 자신에 의한 것임을 각성하게 한다.

아고스티노 라멜리의 〈기계〉, 1588년 72

"오, 인간이여, 지금부터 여기 이 모든 것이 시간과 자연을 어떻게 분해하는지 알아 두도록 하라. 그 바퀴 위에서 그는 승리를 자랑하며 지배한다."—17세기 조반 레오네 셈프로니오의 〈바퀴 시계, 먼지 시계, 해시계〉 중에서. 기계가 처음 등장했을 때는 기적을 일으키는 경이의 대상으로 여겨졌으나 점차 기계가 인간을 지배할 것이라는 두려움이 확산되었다.

앞으로 뇌과학은 철학이나 인문학에 큰 영향을 미치게 될 것이다. 인간의 뇌를
이해한다는 것은 학문적으로 매우 중요한 의미를 제공한다. 일례로 인문학에서
탐구했던 아름다움과 행복, 옳고 그름이 무엇인지를 생각해보자. 그동안 우리는
아름다움과 행복, 옳고 그름이 미학이나 예술, 도덕을 통해 객관적으로 존재한다고
믿어왔다. 그런데 아름다움과 행복, 올바름이 실재하는 것일까? 다시 말해 이러한
가치들이 인간과 상관없이 외부세계에 독립적으로 존재하는 것일까? 그렇지 않다.
아름다움과 행복, 올바름은 실재하는 것이 아니라 인간의 뇌가 느끼는 것이다.

05
———

마음
뇌의 활동

———

MIND

SAM HARRIS

PAUL THAGARD

FRANCIS CRICK

RODOLFO R. LLINÁS

PRIMO LEVI

프리모 레비의 『이것이 인간인가』

기억의 고통을 넘어서

프리모 레비Primo Levi, 1919~1987는 아우슈비츠 수용소의 생존자
였다. 제2차 세계대전 때 독일 나치는 유대인을 절멸시키기 위해 동
유럽 곳곳에 죽음의 수용소를 세웠다. 20세기 유럽의 한복판에 가
스실과 소각로(화장터)를 갖춘 대규모 인간 학살 공장이 건설되었던
것이다. 우리는 누구인가? 우리는 무엇을 원하는가? 아우슈비츠 수
용소는 진정 인간이라는 존재가 어디까지 잔혹해질 수 있는지를 적
나라하게 보여준 곳이었다. 이탈리아에서 반파시즘 투쟁에 가담했
다가 체포된 프리모 레비는 1944년 1월에 아우슈비츠 제3수용소
로 보내졌다. 대부분의 유대인은 가스실에서 비참하게 죽어갔는데
젊고 건강한 프리모 레비는 합성고무를 만드는 공장에 차출되어 강
제노역에 동원되었다. '노동을 통한 절멸'을 내세운 수용소에서 포
로들은 거의 3개월을 버티지 못하고 죽어나갔다. 1945년 1월, 아우

슈비츠 수용소가 소련군에 의해 해방되었을 때 살아남은 자는 불과 7,000여 명이었다. 그중 한 명이었던 프리모 레비는 기적처럼 생존해서 그해 10월에 고향 이탈리아로 돌아갔다. 그리고 600만 명이 넘는 유대인이 희생된 홀로코스트를 증언하기 위해 1947년 『이것이 인간인가』를 썼다.

"이 책은 이미 수용소 시절부터 구상하고 계획되었다." 작가의 말에서 이렇게 밝히고 있듯 프리모 레비는 자신이 겪은 수용소의 참상을 쓰지 않고서는 견딜 수가 없었다. 그는 아우슈비츠 이후에 인간에 대한 수치심과 환멸에 시달리며 '이것이 인간인가', '인간이 이렇게까지 할 수 있는가' 하는 고뇌에 사로잡혔다. 아우슈비츠 수용소는 분명 인간이 만든 곳이었고, 그곳에서 일어났던 폭행, 강간, 학살은 허구가 아니었다. 아무도 믿지 않을 사실을 어떻게 전달해야 할지 프리모 레비는 고민을 거듭했다. 그리고 분노하고 고발하는 것이 아니라 담담히 증언하는 형식으로 자신의 내적 감정과 경험을 써내려갔다. 인간의 척도가 완전히 무너져버린 곳에서도 소멸할 수 없는 인간성을 보여주는 『이것이 인간인가』는 우리에게 한없는 슬픔과 희망을 동시에 안겨주는 문제작이라고 할 수 있다.

배고픔과 추위, 아우슈비츠에서 겪은 수많은 고통 중에 레비를 가장 괴롭힌 것은 기억의 고통이었다. 의식이 살아 있는 인간으로서 아우슈비츠에 오기 전의 기억들이 떠오를 때마다 그 비참함은 이루 말할 수 없었다. 1944년 11월 겨울, 레비는 따뜻한 화학실험실에서 일하는 행운을 얻었다. 1만여 명의 포로들이 "수레를 밀고, 침목을 나르고, 돌을 부수고, 땅을 파고, 맨손으로 얼음같이 찬 쇳

덩이를 집고" 일할 때 그는 아주 잠시였
지만 따뜻한 실내에서 하루 종일 의자에
앉아 일하는 행운을 누렸다. 그러나 거의
천국과 같은 곳에서 그는 지난날의 기억
때문에 몸서리치는 고통을 느꼈야 했다.

　　코만도(작업반)의 동료들은 나를 부러
워한다. 그러는 게 당연하다. 어떻게 내가
만족하지 않을 수 있겠는가? 하지만 아침에 내가 사나운 바람을 피해
실험실의 문지방을 넘어서는 순간 바로 내 옆에 한 친구가 등장한다.
내가 휴식을 취하는 순간마다, 카베(의무실)에서나 쉬는 일요일마다 나
타나던 친구다. 바로 기억이라는 고통이다. 의식이 어둠을 뚫고 나오
는 순간 사나운 개처럼 내게 달려드는, 내가 인간임을 느끼게 하는 잔
인하고 오래된 고통이다. 그러면 나는 연필과 노트를 들고 아무에게도
말할 수 없는 것을 쓴다.[73]

　　기억은 "내가 인간임을 느끼게 하는 잔인하고 오래된 고통이
다."고된 일에서 벗어나 잠시 휴식을 취하면 친구처럼 기억이 찾아
온다. "우리는 우리가 어디서 왔는지 알고 있다. 바깥 세상에 대한
기억들은 우리의 꿈을, 깨어 있는 시간을 가득 채운다. 놀랍게도 우
리가 아무것도 잊지 않았다는 사실을 깨닫게 된다. 떠오르는 모든
기억이 고통스러울 정도로 선명하게 우리 앞에 모습을 드러낸다."
아우슈비츠에 오기 전, 토리노대학 화학과를 졸업하고 화학연구소

에서 일했던 레비는 실험실에서 풍기는 낯익은 화학약품 냄새에 추억이라는 아픈 이름을 떠올린다. "실험실 냄새 때문에 나는 채찍을 맞은 듯 몸을 떤다. 유기 화학 실험실에서 나던 희미한 냄새다. 대학의 어둑어둑한 큰 강의실, 대학 4학년 5월 이탈리아의 따뜻한 공기가 갑자기 잔인하게 떠올랐다가 곧 사라졌다."

프리모 레비는 인간이었기에 기억을 갖고 있었다. 아우슈비츠에서 아무리 인간 이하의 취급을 받았어도, 자신이 인간이라는 것을 증명하는 수많은 기억의 편린을 간직하고 있었다. 이탈리아의 따뜻한 햇살과 바람, 실험실의 알록달록한 약품들과 시큼한 냄새, 친구 산드로와 함께 갔던 산악자전거 여행, 프리모 레비는 고향 산이 기억날 때는 그리워서 미칠 지경이었다. "멀리 보이는 산들…… 산들…… 아아, 피콜로, 피콜로, 무슨 말이든 좀 해줘, 말을 걸어달라고, 내가 산에 관한 추억에 빠져들지 않게 해줘. 기차가 밀라노에서 토리노로 돌아갈 때, 땅거미 속에 드러났던 저 산들!" 이렇게 고향 산이 그리웠건만 다시 볼 수 없으리라는 예감이 그를 더욱 절망에 빠뜨렸다. "우리는 돌아가지 못하리라. 아무도 여기서 나가선 안 된다. 팔뚝에 새겨진 숫자(문신으로 새긴 수인 번호)를 들이대며, 아우슈비츠에서는 인간이 인간으로 하여금 무슨 짓이든 할 수 있다는 불길한 소식을 세상에 전해서는 안 된다."

기억은 인간의 조건이다. 기억한다는 것은 생물체로서 뇌가 활동하고 있다는 증거다. 인간의 뇌 안에 있는 신경세포는 우리가 경험한 일들과 배운 지식들을 차곡차곡 부호화하여 저장한다. 그것이 기억이다. 기억에는 고유한 한 인간의 이야기가 있다. 언제 얼마나 기쁘고 슬펐는지, 누구를 사랑하고 행복했는지, 그 모든 내면세계의 기록이 기억 속에 담겨 있다. 지금 나라는 사람의 정체성은 엄마의 자궁 안에서 유전자로만 결정되는 것이 아니다. 그때 유전자는 모두 정해졌을지 모르지만 첫사랑의 기억도 없고, 시험에 떨어져 울던 기억도 없다. 우리는 자라면서 끊임없이 새롭게 만들어지는 신경세포에 수많은 기억을 쌓아가며 마침내 우리 자신이 된다. 개별적인 기억들이 모여서 한 사람의 고유한 성격과 인생이 완성되는 것이다.

신경과학자 제럴드 에덜만Gerald M. Edelman, 1929~2014은 '의식'이 있으려면 먼저 '기억'이 있어야 한다고 말한다. 생명체의 신경계는 살아남기 위해 기억의 기능을 만들었다. 예컨대 동물들은 주변에 바스락거리는 소리가 들리고 그림자가 드리우면 호랑이 같은 포식자가 나타났다는 것을 감지하고 도망친다. 과거에 형성된 기억의 조합이 동물들을 도망치게 만든 것이다. 진화의 법칙은 살아남기 위해 기억의 기능을 만들고 이러한 기억들이 모여 의식을 탄생시켰다. 내가 누구인지를 자각하는 의식은 기억이 있어야 가능한 것이다. 만약에 기억을 관장하는 뇌의 해마조직이 손상되면 인간은 장기 기억의 능력을 잃어버린다. 과거의 기억을 재생하지 못할 경우, 내가 나를 기억해내지 못하는 사태가 벌어지고 만다. 이렇게 인간은 기억을 통해 존재한다.

프리모 레비는 아우슈비츠의 고통을 잊지 않으려고 노력했다. 고통과 연관되면 우리의 뇌는 더욱더 잘 기억한다. 독일 나치는 유대인 포로들을 절멸시키고자 했는데 그 이유는 세상에 그들의 만행이 폭로되는 것이 두려워서였다. 프리모 레비는 절망적인 상황에서도 마지막까지 인간으로서 해야 할 일을 찾으려고 애썼다. "우리는 죽음과 유령들의 세계에 누워 있었다. 문명의 마지막 흔적은 우리 주위에서, 우리 내부에서 사라져버렸다. 승승장구하던 독일인들이 시작했던, 인간을 동물로 만들려는 작업은 패배한 독일인들에 의해 완성되었다. 인간을 죽이는 것은 인간이다. 부당한 행동을 하는 것도 부당함을 당하는 것도 인간이다." 그러나 "우리는 동물이 되어서는 안 된다." 청각, 시각, 촉각, 기억, 의식, 인간 감각과 사고로는 단 하루도 견딜 수 없는 고통스러운 날들이었지만 레비는 인간으로 살기 위해 매순간 자신을 일으켜 세웠다. 비인간적인 수용소에서 인간 선언은 오직 살아남는 것, 기억하는 것, 그리고 나치의 잔학상을 세상에 알리는 것이었다.

수용소는 우리를 동물로 격하시키는 거대한 장치이기 때문에, 바로 그렇기 때문에 우리는 동물이 되어서는 안 된다. 이곳에서도 살아남는 것은 가능하다. 그렇기 때문에 나중에 그 이야기를 하기 위해, 똑똑히 목격하기 위해 살아남겠다는 의지를 가져야 한다. 우리의 생존을 위해서는 최소한 문명의 골격, 골조, 틀만이라도 지키기 위해 최선을 다해야 한다. 우리가 노예일지라도, 아무런 권리도 없을지라도, 갖은 수모를 겪고 죽을 것이 확실할지라도, 우리에게 한 가지 능력만은 남아 있다. 마지막 남은 것이기 때문에 온 힘을 다해 지켜내야 한다. 그 능력이란 바로 그들에게 동의하지 않는 것이다.[74]

인간은 생존하기 위해 기억하지만 또 생존하기 위해 망각해야 한다. 아무것도 잊지 못한다면 그것도 생존을 위협하는 것이다. 잘 잊는다는 것은 잘 기억하는 것만큼 중요하다. 그래서 우리는 기억해야 할 일과 잊어야 할 일들 사이에서 번민한다. 목적의식적인 뇌는 살기 위해 기억을 재구성하고 필요한 기억만 남겨둔다. 그런데 기억이란 도서관에 쌓여 있는 책들처럼, 사진기에 찍힌 스냅사진처럼 언제든지 꺼내볼 수 있도록 뇌 속 어딘가에 보존되어 있는 것이 아니다. 기억은 변한다. 장기 기억으로 저장된 기억을 꺼내서 다시 상기할 때마다 기억의 신경세포는 미묘하게 변화한다. 이것을 기억의 재고착화reconsolidation라고 한다. 뇌세포들도 다른 세포와 마찬가지로 끊임없이 죽고 다시 태어난다. 뇌 단백질의 평균 반감기가 14일밖에 되지 않는데도 우리가 기억을 유지하는 것은 의식적으로 기억을 붙잡고 있기 때문이다.

그렇다면 잊어야 할 기억은 무엇이며, 잊지 말아야 할 기억은 무엇인가? 프리모 레비는 죽는 그날까지 아우슈비츠의 기억을 붙잡고 있었다. 다시 생각하고 싶지 않은 그 고통스러운 기억을 되새기고 되새기면서 잊지 않으려고 사투를 벌인 것이다. 그것은 아우슈비츠에서 파괴된 인간성을 재건하고 인간에 대한 희망을 품고 싶어서였다. 그래서 '이것이 인간인가' 하는 문제의식을 던지고, 앞으로 아우슈비츠에서 벌어진 비극이 다시는 일어나지 않도록 하기 위해 기억하고 글을 쓰고 증언했다. 그는 1958년에 『이것이 인간인가』를 재출간한 후 『휴전』(1963), 『주기율표』(1975), 『지금이 아니면 언제?』(1982), 『가라앉은 자와 구조된 자』(1986) 등 평생 동안 14권의

바로 기억이라는 고통이다. 의식이 어둠을 뚫고 나오는 순간
사나운 개처럼 내게 달려드는, 내가 인간임을 느끼게 하는
잔인하고 오래된 고통이다.

소설, 시집, 평론을 발표했다.

본래 화학을 공부한 프리모 레비는 청소년 시절부터 과학의 합리주의에 매료된 과학도였다. 과학은 실재하는 세계를 명료하게 나타내고, 우주와 우리 자신을 이해하는 데 토대가 되는 지식이라는 것. 그는 화학을 전공한 이유에 대해 물질과 세계를 이해하려고 노력한 인간의 고귀함에 충실하기 위해서라고 말한다. "물질에 대항해 이긴다는 것은 그것을 이해하는 것이며, 물질을 이해하기 위해서는 우주와 우리 자신을 이해해야 한다. 때문에 그때 피나는 노력으로 규명하던 멘델레예프의 주기율이야말로 한 편의 시이며, 고등학교 시절 암기해온 어떤 시보다도 장중하고 소중하다."

과학에 대한 이러한 통찰은 파시즘에 맞서 저항하는 무기가 되었다. 대학 시절, 이탈리아 파시즘은 유대인 인종법을 발표해서 유대인 학생들을 차별하고 억압했다. 레비는 친구들 중에 유일하게 마음을 열었던 산드로와 과학을 공부하며, 과학의 눈으로 파시즘을 비판했다. 파시즘이 유대인을 차별하는 논리는 입증되지 않는 독단에 불과하다고 말이다. "우리를 키우고 있던 화학과 물리학이 우리의 생명에 없어서는 안 될 자양분뿐만 아니라 그와 내가 찾고 있었던 파시즘의 해독제가 되어주고 있었다." 과학이 옳고 확실한 지식이라는 믿음은 라디오나 신문에서 떠들어대는 유대인에 대한 비방과 선전을 극복할 수 있게 해주었다.

그로부터 30여 년이 지난 1975년에는 주기율표의 원소를 주제로 자신의 인생을 회고하는 『주기율표』라는 책을 쓰기도 했다. 마지막 장 '탄소'에서 레비는 우유 속의 탄소 원소가 "글을 쓰고 있는 나의 뇌"에 들어와 "내 손을 이끌어 종이 위에 점 하나를 찍게 만든다. 바로 이 마침표를"이라고 글을 끝맺고 있다. 뇌에서 나온 생각이 어떻게 글로 옮겨지는지를 과학적으로 표현한 것이다. 냉철하고 주의 깊게 주변의 사물을 관찰하는 과학적 태도가 변함없이 레비의 생애를 관통하고 있었다. 그런데 아우슈비츠의 생존자로서 인류에게 희망의 메시지를 전하고자 애썼던 그가 스스로 생의 마침표를 찍었다. 1987년 토리노 자택에서 투신자살한 것이다. 세계대전과 대학살을 경험하고 40여 년간 인간이라는 존재에 끊임없이 문제를 제기한 레비의 죽음에 유럽의 지성계와 문학계는 큰 충격을 받았다.

프리모 레비는 왜 자살한 것일까? 그 실마리는 그가 썼던 글 속에 있다. 『이것이 인간인가』에서 레비는 수용소 생활 중에 똑같은 악몽에 자주 시달렸다고 말한다. 악몽은 집으로 돌아가 누이와 친구들을 만나는, 말로 표현할 수 없는 기쁜 순간에 시작된다. 얼마나 기다리던 해후였던가! 그런데 그들의 행동이 이상하다. "청중들이 내 말을 듣고 있지 않다는 게 뻔히 보인다. 그뿐 아니다. 그들은 완전히 무관심하다. 그들은 내가 자리에 없는 것처럼, 자기들끼리 전혀 다른 이야기를 정신없이 나눈다. 누이가 나를 보더니 자리에서 일어나 아무 말 없이 그곳을 떠난다. 마음속에서 황폐한 슬픔이 서서히 자라난다." 레비는 세부 상황들이 거의 바뀌지 않은 이러한 악몽을 반복적으로 꾸는데 놀라운 것은 레비뿐만 아니라 수용소 친구들도 이런 악몽을 자주 꾼다고 털어놓았다는 사실이다. "왜 이런 일이 일어날까? 왜 매일매일의 고통이, 우리가 이야기를 하는데 아무도 들어주지 않는 장면으로 거듭해서 꿈으로 번역되는 걸까?"

그런데 악몽은 현실이 되었다. 레비가 죽기 한 해 전에 쓴 글이다. "점점 젊은이들과 이야기하는 것이 힘들어진다. 우리는 그것을 일종의 의무로 동시에 위기로 본다. 시대착오적으로 보일 위기, 귀 기울여지지 않을 위기, 사람들은 우리의 이야기를 들어야 한다. (……) 과거에 이런 일이 벌어졌다. 그러므로 그런 일은 다시 일어날 수 있다. 바로 이것이 내가 말하고자 하는 핵심이다." 이렇게 레비가 간곡하고도 절박하게 말하고 있으나 우리는 그의 이야기를 진지하게 들으려고 하지 않았다. 우리의 차가운 무관심이 결국 레비를 죽인 것이다. 레비는 증인으로서 마지막 일을 완수하기 위해 차디찬 돌바닥에 자신의 육신을 던졌다. 우리의 마음에 기억으로 남기 위해. 그의 묘비에는 레비의 이름과 생몰연도 이외에 174517이라는 숫자만이 적혀 있다. 174517은 아우슈비츠 수용소에서 왼쪽 팔뚝에 문신으로 새겨진 수인 번호였다. 그것은 전쟁, 파시즘, 인종차별이 초래한 비극을 잊지 말아야 한다는 강렬한 메시지 그 자체다. 아우슈비츠 이후에 인간성은 회복되었는가? 오늘날 전쟁과 인종차별, 종교분쟁이 사라졌는가? 그렇지 않다. 아우슈비츠는 끝나지 않았기에 우리는 레비의 고통과 죽음을 기억해야 한다.

나는 한국과학사를 전공했다. 그중에서 일제 식민지기의 과학기술을 연구했는데 『뉴턴의 무정한 세계』를 통해 독자들과 만남의 기회를 가졌다. 식민지 지배로 인해 왜곡된 한국의 과학기술을 이야기할 때 간혹 독자들이 불편한 기색을 보이기도 한다. 한번은 강연장에서 어떤 독자가 일제 시기의 과학기술을 굳이 우리가 알아야 할 이유가 있느냐, 왜 끝난 이야기를 자꾸 하느냐고 나에게 질문한 적이 있었다. 솔직히 끝난 이야기라는 말에 적잖이 놀랐다. 그리고 그 독자에게 이렇게 되물을 수밖에 없었다. 한국뿐만 아니라 세계사에서 제국주의 침략이 남긴 상처들이 다 치유되었다고 생각하는가? 아프가니스탄, 시리아, 팔레스타인 등 세계 곳곳에서 10대 아이들이 전쟁터에서 총 들고 싸우는데 그런 불행한 아이들이 한 명도 없는 세상을 만들어야겠다고 생각해본 적이 있는가?

나는 과학책을 쓰면서 과학이 지식으로서 가치 있으려면 삶에 의미 있는 영향을 미쳐야 한다고 생각한다. 프리모 레비처럼 과학을 통해 세상의 불합리와 타인의 고통을 이해해야 한다고 말이다. 모든 공부가 그러하듯 과학 공부도 이해하고 기억하는 과정이다. 물질에 대한 이해, 우주에 대한 이해, 인간 자신에 대한 이해를 바탕으로 세계가 직면한 잘못된 문제들을 해결하고자 하는 것이다. 아픈 역사를 왜 자꾸 들춰내느냐고 하지만 그 아픔을 알고 기억해야 바로잡을 수 있다. 기억은 목적지향적인 뇌가 의식적으로 잊지 않으려고 애쓰는 인간적인 행위다. 하루하루 소멸해가는 삶에서 기억은 올바름에 대한 갈망이며 인간됨을 실현하는 과정이다. 그런 의미에서 역사는 누구 한 사람의 기억이 아니라 집단의 기억이다. 그런데 집단적으로 기억상실증을 앓고 끝난 이야기라고 한다면 우리에게 더 나은 미래는 없다. 수많은 사람의 기억이 연대해야 과거에 일어났던 전쟁과 재난으로 고통받는 이들의 마음을 어루만지고 재발을 막을 수 있는 것이다.

생각, 진화적으로 내면화된 운동

『꿈꾸는 기계의 진화』는 가브리엘 가르시아 마르케스Gabriel Garcia Marguez, 1927~2014가 추천사를 썼다. 1982년에 노벨문학상을 받은 마르케스는 라틴아메리카의 문학계를 대표하는 작가다. 『백년 동안의 고독』으로 우리에게 잘 알려진 그는 뇌과학자 로돌포 이나스Rodolfo R. Llinás, 1934~와 같은 콜롬비아 태생이다. 이 둘은 교육개혁을 위해 콜롬비아 학자들이 모인 자리에서 만났다고 한다. 추천사에서 마르케스는 이나스를 만나 할아버지 이야기를 하면서 서로의 삶을 깊이 이해했다고 고백한다. 『백년 동안의 고독』에서 할아버지, 아버지, 아들에 이르는 100년 동안 고독했던 한 가문의 이야기를 풀어놓은 것처럼 이들은 직계조상의 삶을 통해 현재 자신의 모습을 돌아보았다. 그리고 외세의 침략으로 라틴아메리카의 전통과 자유, 주체성을 잃게 된 현실에 가슴 아파한다. "우리의 현실을 타인의 방식으로 해석하는 행위는 갈수록 우리를 이해하지 못하고, 갈수록 우리를 덜 자유스럽게 하며, 갈수록 고독하게 만드는 데 이바지할 뿐"이었다고 말이다.

　작가인 마르케스와 뇌과학자인 이나스는 기억 속의 할아버지들을 반추한다. 할아버지를 즐겁게 한 것은 무엇이고, 화나게 한 것은 무엇일까? 할아버지는 자신을 둘러싼 외부세계로부터 무엇을 터득했을까? 어떤 내면의 수단을 동원해서 인생의 시련과 좌절을 이겨나갔을까? 그리고 죽는 그 순간까지 그의 마음을 사로잡고 있었던 것은 무엇이었을까? 마르케스와 이나스는 이러한 할아버지와의 경험으로부터 공통된 문제의식을 발견했다. 인간의 성격과 경험, 환경 등이 어떻게 고유한 한 인간의 내면세계를 만드는가? 인간의 고독에 천착했던 마르케스는 뇌과학을 통해 인간의 내면세계를 이해해야 한다고 말한다. "우리가 살고 있는 이 세상을 이해하는 유일한 방법은 우리가 우리 자신을 이해하기 시작하는 것에 있다."

　인간은 어떻게 외부세계를 내면화했을까?『꿈꾸는 기계의 진화』에서 이나스가 말하려는 핵심적인 질문이다. 뇌과학자는 지금껏 수많은 철학자와 작가 등이 말한 것과는 완전히 다른 방식으로 인간에 대해 말하고 있다. 진화론, 분자생물학, 전자기학, 신경과학으로 분석한 결과, 인간을 비롯한 동물은 자기 밖의 세계를 안으로 연결하는 장치를 개발했는데 그것이 바로 뇌라는 것이다. 뇌가 어떻게 생겨났는지 추적해보면 동물의 운동성과 지향성이라는 궁극적인 본성에 맞닿는다. 동물이란 방향과 목적을 가지고 움직이는 생물체이기 때문에 외부세계의 환경변화를 예측하고 스스로 움직일 수 있는 신경계가 필요했다. 이나스는 『꿈꾸는 기계의 진화』에서 외부세계와 내부세계의 상호작용이 진화의 과정에서 동물의 뇌를 출현시켰다는 논지를 펼친다. 그리고 인간의 뇌에서 나온 생각 또한 그 진화적 뿌리는 단세포의 운동성이며, 인간의 생각은 진화적으로 내면화된 신경세포의 운동이라고 정의한다.

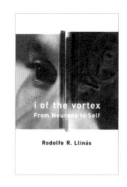

　　뇌의 탄생을 역사적으로 거슬러 올라가면 단세포 생명체의 출현에서부터 시작된다. 46억 년 된 지구의 역사에서 생명은 35억 년 전 세포라는 독립된 생명체를 만들었다. 그리고 25억 년이 더 흘러서 지금부터 10억 년 전쯤에 단세포는 다세포 생명체로 진화한다. 생명체가 나타난 것보다 더 오랜 시간이 걸려서 다세포 생명체가 출현했다. 이나스는 이에 대해 "진화적으로 보기에는 최초의 단세포 생명을 만드는 일보다 단세포들에게 의사소통 능력을 불어넣어 생물학적으로 의미 있게 정보를 교환하도록 하는 작업이 훨씬 더 복잡했다!"고 말한다. 다세포 생명체는 세포들이 모여서 감각, 운동, 생식 등으로 역할 분담을 하고 생존이라는 하나의 목표를 향해 살아간다. 이 과정에서 세포들 사이의 의사소통이 중요한데 그 역할을 하는 특별한 세포가 진화하게 되었다. 바로 신경세포, 뉴런 neuron 이다. 다세포 동물에서 자극을 받아들이는 감각세포와 받아들인 자극을 수행하는 운동세포, 그 사이에서 두 세포를 연결하는 신경세포가 나온 것이다.

　잠깐, 뉴런이 어떻게 생겼는지 살펴보자. 신경세포도 하나의 세포이기 때문에 세포막이 있고 가운데 핵이 있다. 그런데 그 세포막이 변형되어 신경돌기 가지가 사방팔방으로 뻗어 나왔다. 다음의 그림과 같이 뉴런은 핵이 있는 신경세포체가 있고, 여기에서 잔가지처럼 나온 수상돌기와 길고 굵다란 신경섬유인 축삭돌기가 있다. 수상돌기에서 자극을 받아들이고, 축삭돌기를 통해 다른 신경세포로 신호를 전달한다. 수상돌기는 입력부이고 축삭돌기는 출력부인

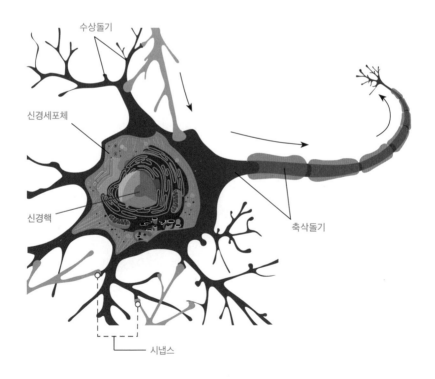

뉴런

동물 뇌의 진화 76
동물의 뇌가 안쪽에서 바깥쪽으로 진화하는 과정

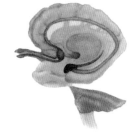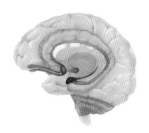

본능의 파충류 뇌   기억과 감정의 포유동물의 뇌   통합적 사고의 신피질 뇌

데 이러한 수상돌기와 축삭돌기가 접촉한 부분, 즉 두 개의 뉴런이 연결되는 부분을 시냅스라고 한다. 앞으로 우리는 시냅스가 얼마나 중요한 일을 하는지 보게 될 것이다.

이러한 신경세포는 고등동물의 신경시스템으로 진화한다. 감각세포와 운동세포를 연결하는 신경세포들이 통합되는 과정에서 척추동물이 출현했다. 척추동물의 척추, 등뼈 안에는 온 몸의 신경세포가 연결된 척수신경 다발이 있다. 그 척수신경이 발달하여 위로 올라가 뇌를 만들고 중추신경계가 완성되었다. 이렇게 뇌는 척수를 통해 유입되는 신경세포들의 거대한 연결망을 형성한다. 그런데 뇌와 척수는 근육처럼 뼈 밖에 붙어 있는 것이 아니라 머리뼈와 척추뼈 안에 감춰져 있다. 동물 몸에서 매우 중요한 기관이기 때문에 손상되는 것을 막기 위해 이렇게 진화한 것이다. 그래서 이나스는 머리뼈 속에 있는 뇌를 '닫힌계'라고 정의했다. "뇌는 그 본성과 작용에 있어서 근본적으로 닫혀 있다. 어떤 감각으로도 뇌는 직접 관찰할 수 없다. 뇌는 보이지도 소리를 내지도 콩닥거리지도 않으며, 부풀었다 줄어들었다 하지도 않고, 맞아도 아픔을 느끼지도 못한다." 이렇게 외부와 차단되어 있는 뇌는 신체 표면에 있는 감각기관을 통해 외부환경의 정보를 얻을 수밖에 없다.

진화과정에서 동물들은 외부세계와 뇌 사이를 중계할 수 있는 감각기관을 발명했다. 눈, 코, 입, 귀는 시각, 후각, 미각, 청각의 정보를 받아들이기 위해 뇌의 도구로 진화한 기관이다. 예를 들어 눈의 진화를 살펴보자. 초기 생명체들은 지구 표면에 쏟아지는 태양에너지인 빛을 이용하기 시작했다. 빛이 있는지, 없는지를 느끼는 것이 살아남는 데 중요한 관건이 되었다. 빛, 광자는 앞서 살펴보았듯이 직진, 반사, 굴절되는 성질이 있다. 전자기파의 한 종류인 가시광선은 파장의 길고 짧음으로 전자기 신호를 보내는 파동이면서 입자다. 이러한 빛의 성질에 적응한 동물의 피부조각은 눈이라는 하나의 기관으로 진화했다. 처음에는 빛을 민감하게 흡수하는 광수용체에서 둥근 수정체를 가진 눈으로, 렌즈에서 초점을 모으고 망막에 상이 맺히는 눈으로 오랜 시간에 걸쳐 진화하게 된 것이다. 이나스는 이러한 눈을 '동물의 광합성'이라고 부른다. 광합성을 하지 않는 동물이 눈을 통해 먹이를 찾고 생존했다는 뜻이다.

식물과 동물의 차이를 보면 식물은 움직이지 않는데 동물은 움직인다. 식물은 뇌가 없는데 동물은 뇌가 있다. 여기에서 우리는 동물의 뇌가 움직임을 위한 기관이라는 것을 알 수 있다. 동물은 뇌라는 신경계를 만들어 스스로 외부세계의 변화를 예측하고 움직일 수 있도록 진화했다. 뇌와 같은 신경계의 목표는 예측이다! 동물은 살면서 부딪히는 문제를 해결하기 위해, 다시 말해 발생할 수 있는 고통을 최대한 줄이기 위해 기억하고 예측한다. 이렇게 움직임이라는 지향성을 갖고 있는 동물의 뇌는 언제나 목적지향적으로 작동한다. 이나스는 동물들이 어떻게 전략적으로 진화했는지에 대해 다음과 같이 말한다.

모든 눈은 태양으로부터 에너지를 얻는 유기체와 함께 시작되었다. 태양 에너지는 생명에 절대적으로 필요한 존재이다. 우리는 최초의 숭배 집단인 채소 왕국 덕분에 지구상에 존재한다. 풀과 나무와 녹조류는 직접적인 길을 택한 결과 빛 또는 태양 에너지를 먹이로 바꾸도록 진화했다. 이것이 바로 광합성photosynthesis이다. 광합성은 식물에게 탄수화물, 단백질, 지방을 만들 수 있는 방법을 제공한다. 따라서 풀과 나무와 녹조류는 스스로 먹이를 만든다. 아주 영리한 해결책이다. 반면 동물은 더 교활하다. 빛 에너지를 뉴런에서 '볼 수' 있는 활동 패턴으로 바꾼 다음 식물을 먹는 것이다.[77]

영리하고 교활한 동물은 빛 에너지를 신경세포에서 볼 수 있는 활동 패턴으로 바꾸었다. 지구에서 활용할 수 있는 에너지의 99퍼센트를 차지하는 빛을 이용하도록 동물이 진화한 것이다. 지구에 공짜로 널려 있는 빛을 붙잡는 과정에서 식물은 빛으로 스스로 먹이를 만들었고, 동물은 외부세계의 상을 볼 수 있는 피부조각을 만들었다. 동물의 눈은 빛을 흡수해서 뇌에서 자기만의 감각 이미지를 만든 것이다. 이나스는 우리 눈앞에 파란색 책이 보이는 것을 이렇게 설명한다. "파란 빛을 흡수하고 있는 것은 앞에 있는 동료의 파란 책일까, 아니면 내 눈일까? 파란 빛을 붙잡고 있는 것은 눈이다. 파란 빛을 흡수한 게 책이라면, 파랑의 정보가 어떻게 나의 뇌에 도달하겠는가? 그 책 표지에 든 색소는 파랑 이외에 다른 색깔 진동수들을 흡수해서 멈추거나 붙잡은 것이다. 파랑은 반사되었다. 그것도 직선으로. 이 진동수의 광자가 눈에 도달한 것이다. 그러나 파랑이라는 개념은 외부세계에 존재하지 않는다는 것을 명심하라. 파랑이라는 개념은 특정한 파장 영역에 대한 뇌의 해석일 뿐이다."

애초에 파랑은 없다. 우리가 파란색이라고 말하는 그런 것은 이 세상에 존재하지 않는다. 우리의 뇌가 특정 진동수의 파장을 파란색이라는 '내부 이미지'로 만든 것이다. 우리 눈으로 보이는 외부세계의 상은 실재가 아니라 실재를 단순화시킨 것이다. 인간의 뇌는 중력을 느끼지 못하고 빛으로 사물을 보는데 이 모든 감각은 외부세계의 성질을 단순화시켜 내면화하는 과정이었다. 복잡한 정보를 다 취할 수 없어서 살아가는 데 유용한 정보만을 받아들이도록 진화한 것이다. 그래서 이나스는 인간을 "현실세계의 가상 모형을 꿈꾸는 기계"라고 말한다. 우리는 외부로부터 감각을 받아들이지 않는 수면상태에서도 머릿속에서 가상 실재를 그리면서 꿈을 꾼다. 인간의 뇌가 그런 식으로 작동하는 가상 머신, 꿈꾸는 기계라는 뜻이다. 외부세계와 차단되어 있는 뇌가 할 수 있는 최선은 감각기관을 통해 입력된 정보로 내부에 '감각운동 이미지'를 만들어내는 것이다. 만약 등에 통증을 느낀다면 뇌는 등을 볼 수 없지만 아프다는 감각운동 이미지를 만들어서 다음에 취할 행동을 생각한다. 이렇게 우리가 실제로 보고 듣고 느끼고 생각하는 것은 모두 뇌의 활동이다.

그렇다면 뇌는 어떻게 작동할까? 뇌가 어떻게 실재를 묘사하고 마음의 상태를 만들어낼까? 우리의 마음에서 일어나는 다양한 감정과 정교한 사고를 생각하면 복잡할 것 같지만 뇌의 신경세포 사이에 일어나는 물리적 작용은 매우 간단하다. 한마디로 '진동'이다. 신경세포들은 전기적으로 진동하면서 서로 신호를 주고받는다. 우리가 생각하고 말하는 것은 모두 신경세포의 진동으로 이루어졌다. 그래서 이나스는 생각을 내면화된 운동이라고 말하는 것이다. 빛을 이용해서 진화한 신경세포는 자연의 형태를 모방했다. 신경세포로 구성된 뇌는 외부 실재로부터 빛의 작동원리를 그대로 가져왔다. 빛은 원자 속의 원자핵과 전자 사이를 오가며 전자기력이라는 에너지를 전달하는 광자다. 또한 원자 속의 전자를 진동시키는 파동, 전자기파다. 원자로 구성된 우리 몸은 당연히 전기적 작용으로 움직인다.

신경세포의 전기적 작용은 1963년에 노벨생리의학상을 받은 영국의 앨런 호지킨Alan Hodgkin과 앤드루 헉슬리Andrew Huxley에 의해 밝혀졌다. 이들은 연필심만큼 굵었던 오징어의 신경에서 축삭돌기를 꺼냈다. 그리고 축삭돌기의 세포막 바깥 면에 나트륨 이온이 쌓여 있는 것을 발견했다. 원자는 원래 가지고 있는 전자의 개수가 정해져 있는데 이온은 그 전자의 개수보다 더 갖거나 덜 갖고 있는 것을 말한다. 전자를 버린 나트륨 원자는 나트륨 이온이 되고, 전기적으로 중성이었던 나트륨은 양전하를 띠게 된다. 호지킨과 헉슬리가 발견한 것은 이러한 나트륨 이온이 신경세포의 전기적 작용을 일으키는 과정이었다.

시냅스는 신경세포와 신경세포가 만나는 연결부위다. 우리 신경계에는 860억 개의 신경세포와 약 1,000조 개의 시냅스가 있다. 또한 각각 시냅스마다 수천 개의 축삭돌기와 수상돌기가 붙어 있다. 다음의 그림과 같이 시냅스에는 축삭돌기와 수상돌기가 세포막을 경계로 만난다. 이때 나트륨 이온이나 칼륨 이온이 양이나 음의 전하로 분리되어 전압을 발생시킨다. 이 전압의 차이를 막전위 membrane potential 또는 활동 전위action potential라고 하는데 이러한 전위차가 생기는 것은 신경세포막이 '반투과성'이기 때문이다. 신경세포막에는 특정한 이온만을 선택적으로 통과시키는 작은 통로들이 있다. 어떤 통로는 일시적으로만 열려서 특정한 이온을 세포 안으로 들여보내고 다른 이온을 세포 밖으로 내보내는 작용을 한다. 양이나 음으로 대전된 이온은 전기적으로 중성을 향해 움직이고 '전기화학적 기울기'라는 전위차가 전기적 작용을 일으킨다. 이렇게 이온이 펌프질을 하는 것처럼 신경세포 사이를 이동할 때 전기적 신호의 파동인 펄스pulse가 생긴다. 펄스는 디지털 회로에서 0과 1의 신호가 있는 것처럼 극히 짧은 시간에 전류가 흘렀다 끊겼다를 반복하며 진동한다. 그 전위차는 약 0.1볼트로 1,000분의 1초보다 짧게 지속된다.

뇌의 신경세포는 시냅스를 통해 우리가 보고 듣고 느끼는 모든 행위의 정보를 전달한다. 신경세포 사이를 연결하는 시냅스는 틈새가 비어 있다. 그 시냅스의 틈새를 통해 신경전달물질과 이온

축삭과 수상돌기 사이에 형성된 시냅스 구조

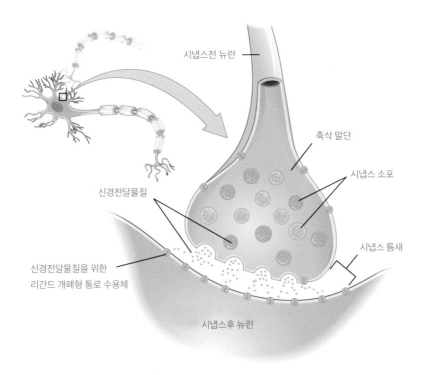

시냅스전 뉴런

축삭 말단

시냅스 소포

신경전달물질

시냅스 틈새

신경전달물질을 위한
리간드 개폐형 통로 수용체

시냅스후 뉴런

이 나오고 전압을 발생시켜 전기화학적 신호가 전달된다. 어느 날 길을 걷다가 추억의 노래가 흘러나와 오래전에 잊었던 사람을 떠올린다면 장기 기억을 관장하는 뇌의 신경세포에 불이 켜진 것이다. 신경세포의 축삭돌기에서 나온 펄스(진동)가 다른 신경세포의 수상돌기로 전해지면서 마치 크리스마스트리처럼 수많은 시냅스를 건드리고 자극할 것이다. 인간의 정신현상이라고 하는 의식, 자아, 느낌, 감정, 생각, 기억, 추론, 예측의 서식지가 바로 이곳 시냅스다. 이나스는 진동하는 뇌의 전기적 성질이 뇌과학의 핵심이라고 말한다. 실험실에서 뇌를 연구하면 실제로 신경세포(뉴런)와 시냅스를 이렇게 관찰할 수 있다.

물리적인 뉴런 하나는 밀리미터의 10분의 1이라는 낮은 배율에서 가장 잘 관찰된다. 좋은 돋보기와 핀을 사용하면 손으로 해부할 수 있을 정도로 크다. 마이크로미터 수준으로 두 자리만 내려가면 시냅스 전달의 단위로 도달하게 된다. 물론 이 단계에서는 더 배율이 높은 현미경이 필요하다. 여기서는 신경과 근육의 연합체에서 시냅스들이 관찰될 것이다. 두 자리를 더 내려가면, 수십 나노미터 수준에서 전자 현미경의 도움을 받아 단일 이온 통로의 영역과 신호 변환 및 분자 생물학의 영역을 볼 수 있다.[78]

마음은 뇌의 활동이다! 실험실에 신경세포와 시냅스만큼 이 굉장한 진리를 증명하는 것은 없을 것이다. 평생 뇌를 연구한 이나스는 "마음mind, 혹은 내가 '마음상태mindness state'라고 부르는 것은 활발하게 움직이는 생물들이 원시적인 것에서 고도로 진화된 것으로 발달하는 과정을 통해 뇌 안에 생겨난 진화의 산물"이라고 말한다. 우리의 뇌는 수억 년 동안 진화하는 과정에서 사전에 고안된 '고정행위패턴fixed action pattern'을 갖게 되었다. 고정행위패턴이란 미리 만들어진 운동 테이프처럼 스위치를 켜면 반사적으로 걷고 뛰고 말하는 행위를 할 수 있는 것을 말한다. 우리 뇌의 활동에서 의식은

5퍼센트를 차지하고 그 나머지 95퍼센트는 무의식이다. 이렇게 우리가 무의식적으로 걸으면서 음악을 듣고 숨을 쉬고 동시에 껌을 씹을 수 있는 것은 뇌에 고정행위패턴을 장착하고 태어났기 때문이다.

뇌의 유전자에는 고정행위패턴과 같이 인간이라는 종의 기억을 저장하고 있다. 똑바로 걷고 말하고 생각하며 어떤 위험한 상황에서도 본능적으로 살아갈 수 있도록 말이다. "진화적으로 태동되는 순간부터 마음은 운동이 내면화한 것으로 감각적인 경험도 유전자에 이미 새겨져 있다." 인간은 꿈을 꿀 때에 똑같은 감각 경험을 하며 학습하지 않아도 빨간색과 파란색을 구별할 수 있다. 인간의 뇌는 유전적으로 엄청난 양의 지식과 기억을 지니고 태어난다. 다시 말해 뇌는 태어날 때 아무것도 쓰여 있지 않은 백지, 빈 서판blank slate이 아니다. 상당 부분 잘 구조화된 우리의 뇌는 작은 크기와 적은 에너지로도 놀랄 만큼 훌륭하게 작동한다.

우리는 우리의 뇌다! 이렇게 선언할 만큼 인간이란 존재를 규정하는 데 뇌의 역할은 절대적이다. 그런데 뇌는 무계획적이고 우연적인 진화의 과정에서 시행착오적으로 형성된 것이다. 이는 뇌가 합리적이거나 도덕적으로 진화한 것이 아니라는 뜻이다. 뇌는 불완전하고 균일하지 않다. 사람마다 뇌의 지능에 있어서 격차가 크고 태어난 후에도 뇌는 끊임없이 변한다. 구조적으로 타고난 기억에 학습과 경험을 통해 체득한 새로운 기억이 더해져 한 인간의 마음과 성격이 형성된다. 인간은 이렇다고 한마디로 규정할 수 없는 것, 수많은 문학작품에서 인물들의 성격이 다르게 묘사되는 것, 인간의 욕망을 모두 충족할 수 있는 합리적인 방법을 찾기 어려운 것, 아직도 인류의 목표를 정하지 못하고 표류하고 있는 것은 우리의 뇌가 그렇게 생겨먹었기 때문이다.

　　박문호의 『그림으로 읽는 뇌과학의 모든 것』에는 동물과 인간의 차이에 대한 유명한 경구가 나온다. "동물은 감각장에 구속되어 있고 인간은 의미장에 구속되어 있다." 인간은 한순간도 의미로부터 벗어나지 못한다는 뜻이다. 목적지향적인 뇌는 "끊임없이 의미를 만들고 의미를 가지고 주변 환경을 해석한다." 목적 없는 행동이 허용되지 않기 때문에 인간은 자신이 만들어놓은 의미, 가치, 목적에 구속된다. 우리의 머릿속은 항상 목적의 결과를 예측하면서 움직이고 있다. 또한 인간의 뇌는 실재를 단순하게 받아들이는 가상머신, 꿈꾸는 기계다. 우리의 뇌는 주관적인 가상현실을 만들고 그 안에서 안주하길 원한다. 객관적 사실보다는 인간중심주의적 해석에 치우쳐서 사고하는 경향이 있다. 따라서 인간은 결코 객관적일 수 없다. 우리가 주관적이고 자기중심적인 것은 생물학적으로 당연한 결과다. 뇌과학은 이러한 인간의 주관성에서 벗어나기 위해 우리의 '뇌'가 자신의 '뇌'를 객관적으로 이해하려고 노력하는 학문이다. 다시 마르케스의 말을 상기해보자. "우리가 살고 있는 이 세상을 이해하는 유일한 방법은 우리가 우리 자신을 이해하기 시작하는 것에 있다."

인간은 한 다발의 뉴런이다!

"나는 뇌가 싫어요. 나는 뇌를 싫어합니다!" 어떤 철학자가 한 말이라고 하는데 뇌과학은 철학자들뿐만 아니라 많은 사람의 심기를 불편하게 만든다. 마음은 뇌의 활동이라는 것이 결국 마음=뇌=영혼=의식을 뜻하기 때문이다. 마음은 엄밀한 과학 용어로 말하면 의식consciousness이다. 도대체 '나'라고 느껴지는 이 의식의 정체는 무엇인가? 의식은 어떤 역할을 하는가? 의식은 왜 진화하게 되었는가? 과거 철학자들이 관념적이고 직관적인 언어로 설명했던 의식을 과학적으로 탐구하기 시작했는데 그러기 위해서는 새로운 패러다임의 전환이 필요했다. 그 선구적인 역할을 한 과학자는 DNA 이중나선 구조를 규명한 프랜시스 크릭이었다.

프랜시스 크릭은 그의 나이 예순 살이 되던 1976년에 분자생물학에서 신경생물학으로 학문적 관심을 바꿨다. 유전자의 실체를 밝히고 신비한 생명현상의 첫 번째 관문을 열었던 그가 이번에는 마음과 의식의 수수께끼를 파헤치고자 한 것이다. 당시 몸-마음, 의식이라는 주제는 과학자들이 연구하기를 꺼리는 분야였다. 의식을 물질적으로 다루고 생물학적 근거를 밝힌다는 것에 의구심을 갖고 있었기 때문이다. 그런데 프랜시스 크릭은 인간의 마음을 규명하는 신경생물학이 앞으로 모든 학문 연구에 핵심적인 이슈가 될 것이라고 생각했다. 신경생물학이 철학이나 인문학은 물론 일상생활에까지 영향을 미치는 뇌혁명의 시대가 올 것이라고 예감한 것이다. 그는 인간의 마음과 의식을 최종 탐구주제로 삼고 신경과학을 연구하는 데 자신의 인생 마지막 30년을 바쳤다.

1990년에 프랜시스 크릭은 젊은 동료 신경과학자 크리스토프 코흐Christof Koch, 1956~와 함께 「의식의 신경생물학 이론을 향하여」라는 논문을 발표하고 학계의 주목을 받기 시작했다. 그리고 1994년에 과학자들은 물론 모두를 긴장시킨 『놀라운 가설-영혼에 관한 과학적 탐구』를 출간했다. 책 제목 그대로 '놀라운 가설'이었다. 크릭은 부제에서 '영혼에 관한 과학적 탐구'라고 밝혔지만 영혼을 탐구하기보다 영혼을 없애버리려고 시도한 듯했다. 영혼을 믿는 사람들이 전 세계의 거의 대다수인 90퍼센트를 넘는다고 하니 그들의 거부감을 생각하면 '놀라운 가설'이고 '우울한 가설'이며 '위험하고 치명적인 아이디어'인 것이 분명했다. 이 책은 "로마 가톨릭 교리문답집"의 문구에서 시작한다. "문: 영혼이란 무엇입니까? 답: 영혼이

란 육신 없이 살아 있는 것living being, 이성
과 자유의지를 가지는 것입니다." 그러
고는 첫 문단에서 '여러분'이라는 단어를
강조하며 다음과 같이 놀라운 가설의 포
문을 열었다.

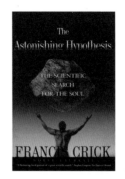

놀라운 가설이란 바로 '여러분', 당신
의 즐거움, 슬픔, 소중한 기억, 야망, 자존
감, 자유의지 이 모든 것들이 실제로는 신경세포의 거대한 집합 또는
그 신경세포들과 연관된 분자들의 작용에 불과하다는 것이다. 루이
스 캐럴의 소설에 나오는 주인공 앨리스라면 이렇게 표현했을지도 모
른다. "당신들은 뉴런(신경세포를 지칭하는 과학적 용어) 덩어리에 불과해
요." 이 가설은 오늘을 살아가는 대다수의 사람들에게는 너무나 생소
한 것이어서 '놀라운'이라는 수식어가 붙을 만하다.[79]

크릭은 "당신들은 뉴런 덩어리에 불과하다"고 말한다. 인간은
한 다발의 신경세포에 지나지 않는다는 것. 인간의 감정과 기억, 야
망, 자존감, 자유의지는 모두 뇌 속의 전기화학적 신호가 변환된 신
경활동의 부산물이다. 우리는 영혼이 육체와 상관없이 존재한다고
생각하지만 그것은 불가능하다고 못 박는다. 영혼은 없다! 『놀라
운 가설』은 이러한 주장을 뒷받침할 수 있는 논의를 체계적으로 전
개한다. 먼저 철학적 문제와 연결해 신경과학에서 중요하게 다루는
논점을 제시한다. 철학에서 중요한 문제는 존재론과 인식론이다.

크릭은 "당신들은 뉴런 덩어리에 불과하다"고 말한다.
인간은 한 다발의 신경세포에 지나지 않는다는 것.
인간의 감정과 기억, 야망, 자존감, 자유의지는 모두 뇌 속의
전기화학적 신호가 변환된 신경활동의 부산물이라는 것이다.

실재는 무엇이고 인간은 실재를 어떻게 아는가? 크릭의 말을 직접 들어보자.

우리 두뇌는 주로 우리의 신체와 우리를 에워싸고 있는 세계와의 상호작용을 다루기 위해 진화해 왔다. 그 세계는 실재하는 것일까? 이것은 오랜 역사를 가진 유서 깊은 철학적 주제이다. 나는 그와 연관된 골치 아픈 입씨름에 말려들고 싶은 마음은 추호도 없다. 나는 단지 나 자신의 가설을 이야기하고자 할 따름이다. 그것은 외부 세계는 실제로 존재하며, 그 세계는 우리의 관찰로부터 거의 무관하게 독립적으로 존재한다는 가설이다. 우리는 결코 이 외부 세계를 완전히 알 수 없다. 그러나 우리 감각과 두뇌 활동을 이용해 그 성질의 일부에 대한 근사를 얻을 수는 있다.[80]

크릭의 주장은 세 문장으로 요약할 수 있다. 외부세계는 인간과 독립적으로 존재하며, 인간의 뇌는 외부세계와 상호작용하면서 진화했고, 인간은 뇌를 통해 외부세계를 부분적으로 안다. 크릭은 이러한 실재론적 관점을 토대로 자신의 뇌 연구를 수행했다. 크릭의 연구는 인간의 뇌가 실재를 어떻게 아는가의 인식론에서 '본다'는 행위에 초점을 맞췄다. "보는 것이 믿는 것이다"라고 하듯, 보는 것은 인간의 앎, 정신작용에 지대한 영향을 미친다. 그런데 "당신이 보는 것은 '실제로' 그곳에 존재하는 것이 아니다. 그것은 단지 당신의 두뇌가 그곳에 있다고 '믿는' 것이다." 우리는 파란색이 있다고 믿는데 파란색은 진동수가 다른 파장이고 우리 눈에 파란색으로 보이는 것이다. 뇌는 시각정보를 구성하고 최상의 해석을 내릴 뿐이다. 다시 말해 우리가 보고 아는 것은 뇌의 작용이라는 것이다.

크릭은 우리 뇌에 있는 뉴런이 시각 정보를 어떻게 처리하는지 그 방식에 대해 설명하고자 했다. 그 이유는 육체에서 분리된 영혼으로 세계를 볼 수 있다는 이원론자들의 주장을 반박하기 위해서다. 예를 들어 텔레비전 드라마를 보다가 리모콘으로 일시정지나 음소거 버튼을 눌렀다고 하자. 그러면 즉시 텔레비전 화면에서 영상이 멈추거나 소리가 들리지 않을 것이다. 그런데 물질과 정신, 육체와 영혼을 분리시키는 이원론자라면 영혼을 통해 기계적 작용으로 보이지 않는 텔레비전 드라마를 얼마든지 보거나 들을 수 있다고 생각한다. 영혼은 뇌의 작용이나 물질적인 세계를 뛰어넘어 존재하니까. 크릭은 이런 생각이 잘못되었다는 것을 보여주려고 우리의 뇌가 어떻게 보고 듣는지, 그 메커니즘을 밝히려고 한 것이다.

우리가 '본다'는 것을 통해 '안다'고 믿었던 그 모든 과정은 신경세포에 의해 이루어진다! 크릭은 『놀라운 가설』에서 이러한 주장을 실험적으로 증명하려고 노력했다. 그리고 결론에서 "나는 시각 지각을 가능하게 하는 뉴런적 토대에 대한 몇 가지 개념들을 소개하고, 그 메커니즘을 짜맞추는 데 도움이 될 만한 실험들도 개괄적으로 설명했다. 아직 우리에게 요구되는 문제들을 모두 해결하지 못한 것은 분명하다"고 밝혔다. 그는 신경생물학이라는 새로운 과학의 연구방법을 제시하고자 고군분투하면서 연구의 한계를 솔직히 인정했다. "나는 의식을 개념화하는 올바른 방식이 아직 발견되지 않았으며, 그 길을 찾기 위해 암중모색을 하고 있을 뿐이라고 생각한다"고 말하며 선구적인 연구를 마무리했다.

『놀라운 가설』이 나오고 20여 년이 지난 오늘날, 뇌과학 분야는 급속도로 발전하고 있다. 아직까지 의식이 무엇인지는 명료하게 정의하지 못했지만 기능적 자기공명영상functional magnetic resonance imaging, fMRI과 같은 장치가 개발되면서 뇌 연구에 탄력이 붙었다. fMRI는 뇌에 강력한 자기장 전파와 약한 전자기파를 통과시켜 안전하게 시각적인 뇌영상을 관찰하는 것이다. 이외에도 양자-방사능 단층 촬영Positron-Emission Tomography, PET Scanner 등이 있는데 이러한 촬영기법들을 활용해서 아래의 그림[81]과 같이 뇌에서 감정과 의식에 관련된 부분들을─배내측전두엽, 안와전두엽, 배외측전두엽, 편

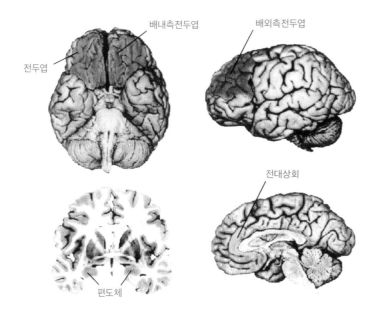

감정과 의식에 관련된 뇌의 주요 영역들

도체, 전대상회—찾아낼 수 있었다. 점차 뇌공학, 인지심리학, 신경경제학, 신경철학 등등 신경과학의 다양한 학문 분야가 파생되었고, 과학계에서는 크릭의 놀라운 가설이 놀랍지 않은 기정사실이 되었다.

크릭의 동료였던 크리스토퍼 코흐는 최근 『의식』이라는 자서전을 펴냈다. 자신의 연구와 삶을 고백하는 형식으로 쓰였는데 이중 크릭에 관한 이야기가 참 인상적이다. 크릭은 대장암 선고를 받은 뒤 암 투병생활을 하고 다시 재발되는 과정, 그리고 2004년 7월 28일 죽는 그날까지 병원에서 의식에 관한 논문을 교정했다고 한다. 또 병세가 악화되어 정신이 혼미해진 크릭은 "뉴런과 의식과의 관계에 대해" 논쟁을 벌이는 환각증세를 보이기도 했다. 코흐는 크릭의 죽음을 안타까워하며 "그는 나의 멘토이자 지적 동료였으며, 쇠약해지고 죽어가는 것에 위축되지 않는 모습을 보여준 나의 영웅이었다"고 회고한다. 크릭은 『놀라운 가설』의 마지막 구절에서 진리가 밝혀질 때까지 한순간도 노력을 멈추지 않을 것이라고 말했는데 정말로 그렇게 살았다.

크릭의 『놀라운 가설』 이후 인간의 의식은 과학적 탐구의 대상이 되었다. 그런데 과학계가 아닌 인문학이나 대중문화에서 크릭의 놀라운 가설은 환영받지 못하는 실정이다. 소설이나 영화, 드라마를 보더라도 귀신과 영혼, 유령, 초자연적인 미스터리가 얼마나 성행하고 있는가. '마음은 뇌의 활동이다'라는 사실은 여전히 보통 사람들의 상식에 위배되는 '위험한 생각'이다. 뇌는 마음이고 영혼이라는 주장은 철학적이고 윤리적인 문제를 포함해서 근본적인 사고

방식의 변화를 촉구하기 때문이다. 뇌가 영혼이라는 것은 우리의 수명이 다해 뇌가 죽으면 영혼도 없어지고 존재가 완벽하게 소멸하는 것을 뜻한다. 패트리샤 처칠랜드Patricia S. Churchland는 『신경 건드려보기』에서 이렇게 설명한다. "뇌세포가 죽고 퇴보하면서, 거대한 정보 손실도 일어난다. 각종 여러 정보들을 담고 있는 뉴런들이 사라지면, 기억 역시 사라지며, 개성도 변화되고, 여러 기술적 능력도 소멸하며, 여러 의욕들 역시 흩어져 버린다. 그런데 내가 죽고 나서 남는 것은 무엇일까? 남는 무엇이 있기는 할까? 기억이나 개성이 없이, 의욕과 느낌이 없이 무엇이 남을 수 있는가? 남는다고 하더라도 결코 그것은 나일 수 없다. 그리고 결국 죽음으로 모든 것은 끝난다."

　대다수의 사람은 자신의 존재가 소멸하는 것을 원치 않기에 뇌과학을 받아들이기 싫어한다. 이러한 현실을 잘 알고 있던 크릭은 "놀라운 가설이 사실임이 밝혀진다고 해도, 사람들의 상상력에 호소할 수 있고 일반인들이 쉽게 이해할 만한 개념이 될 때까지는 보편적으로 인정되기 힘들 것"이라고 우려했다. 그리고 과학자들은 물론 철학자들도 뇌를 연구해서 우리 삶과 뇌과학이 어떻게 연결되는지를 이해시켜주길 바란다고 말했다. 이러한 크릭의 기대에 부응한 책이 패트리샤 처칠랜드의 『신경 건드려보기』라고 할 수 있다.

　패트리샤 처칠랜드는 남편 폴 처칠랜드Paul Churchland와 함께 신경과학과 철학을 접목한 신경철학neurophilosophy이라는 새로운 분야를 개척했다. 1986년에 『신경철학-마음-뇌의 통합과학을 향해서』와 2002년에 『뇌처럼 현명하게-신경철학연구』 등을 출간하고 학술적인 연구에 전념하다가, 최근 2013년에 일반 대중을 위한 『신경 건드려보기―자아는 뇌라고』를 저술했다. 『신경 건드려보기』는 저자가 살아온 경험을 바탕으로 뇌를 대하는 삶의 태도와 철학적 관점을 이야기 식으로 풀어쓴 책이다. '신경 건드려보기'라는 책 제목을 보면 누구의 신경을 건드리겠다는 것인지 궁금해지는데 아마 과학에 무신경한 우리를 두고 하는 말일 것이다. 뇌에 대해 무관심한 우리는 우리 자신에 대해 모르고 살아가는 사람들이기 때문이다. 패트리샤 처칠랜드는 우리의 신경을 자극하기 위해 이렇게 말한다.

뇌를 이해하기 시작하면 필히 우리는 자신에 대해서 다른 방식으로 생각하게 된다. 예를 들어, 그것은 다음과 같은 것들을 깨우쳐 우리를 놀라게 할 것이다. 우리는 바로 그런 생물학적 존재이며, 우리의 심리적 과정 역시 그러한 생물학적 존재이며, 따라서 그러한 심리적 과정은 호르몬과 신경전달물질에 의해 영향 받는다. 모든 포유류들이 우리 인간의 심장과 아주 유사한 심장을 갖는 것처럼, 모든 포유류들이 인간 뇌와 상당히 유사한 기관과 해부학적 뇌를 갖는다. 심장이 살덩이 펌프라는 발견에 대한 17세기의 저항을 우리가 지금 바라보는 입장과 동일하게, 지금부터 수백 년 후 지금 시대를 역사로 공부하게 될 학생들은 지금 우리 시대의 뇌과학에 대한 저항을 어이없어 하며 바라볼 것이다.[82]

과거 우리는 세계를 올바르게 인식하지 못했다. 태양을 '신이 몰고 다니는 황금마차'로 생각했고 심장을 '영혼을 넣어 조리하는

가마솥'으로 보았다. 마찬가지로 우리 자신을 신이 창조한 만물의 영장이라고 생각했는데 이제는 영장류의 한 종이라는 것이 밝혀졌다. 실재하는 세계는 우리가 생각하고 원하는 대로 존재하지 않는다는 사실을 알게 된 것이다. 여전히 "나는 진화론이 싫어요", "나는 뇌가 싫어요"와 같은 심리적인 저항이 만만치 않지만 과학은 점차 인간에 대한 개념을 바꾸고 확장하고 있다.

　신경철학은 진화생물학과 뇌과학, 심리학의 접점에서 인간에 대한 철학적 탐구를 시도하는 학문이다. 철학의 중요한 문제를 생각해보자. 세계는 무엇이고(사실) 인간은 어떻게 살아야 하는가(가치)이다. 뇌과학은 이러한 사실과 가치의 두 영역에 발을 한 쪽씩 담그고 있다. 뇌가 어떻게 작동하는가의 문제는 사실의 영역이다. 그런데 목적지향적인 인간의 뇌는 작동하면서 언제나 의도, 목적, 가치를 만든다. 인간의 뇌가 어떻게 작동하는가는 인간이 어떻게 가치를 갖게 되었는지를 탐구하는 것과 같다. 인간이 옳다고 생각하는 가치인 도덕은 생물학적 뇌에서 나온다는 점에서 사실과 가치는 연결되어 있다. 지난날 비트겐슈타인과 같은 철학자들은 사실과 가치를 분리하고 인간의 가치에 대해 말할 수 없다고 주장했지만 오늘날 신경과학자들은 그렇게 생각하지 않는다. 그들은 유발 하라리가 『사피엔스』에서 물었던 질문―우리는 무엇을 원하는가? 인간의 욕망과 가치는 무엇인가?―을 뇌과학이 답할 수 있다고 생각한다.

　신경철학의 목표는 과학적 사실을 토대로 인간의 본성과 도덕성을 찾는 것이다. 도덕은 성인의 경전에 있는 것이 아니라 우리의 뇌, 마음에 있다. 그런데 대부분의 사람은 뇌과학에서 인간 존재의 철학적 의미를 찾는 것을 원치 않는다. 이러한 뇌과학에 대한 거부감을 완화시키기 위해 패트리샤 처칠랜드는 뇌가 어떻게 작동하는지를 알아내기가 왜 그리 어려웠는지에 대해 설명하고 있다.

뇌가 어떻게 생겼는지는 누구나 알 것이다. 주름투성이의 1.4킬로그램짜리 회색 물질을 보고 있으면 "이것이 정말 나를 나로 만들어주는 것인가?" 하는 의구심마저 든다. 뇌의 작동방식과 메커니즘은 스스로 본성을 드러내지 않기 때문이다. 뇌의 대뇌피질에서 감정과 기억, 추론 등이 나온다고 누가 상상할 수 있겠는가! 머리뼈 속에 꽁꽁 숨어 있는 뇌의 움직임은 전혀 보이지 않는다. 우리는 팔이나 다리 근육이 움직이는 것을 볼 수 있지만 신경세포의 전달과정을 확인할 길이 없다. 뇌는 실험적으로도 관찰하기 곤란한 기관이다. 뉴런을 탐구하려면 뉴런이 살아 있는 상태에서 분리시켜야한다. 또한 뉴런은 너무 작아서 광학 현미경이나 전자 현미경으로 봐야 하는데 이러한 기술은 20세기에 들어와서야 개발된 것이다.

앞서 『꿈꾸는 기계의 진화』에서 살펴봤듯이 뉴런의 작동을 이해하려면 전기에 대한 지식이 있어야 한다. 18세기 이탈리아의 갈바니Luigi Galvani, 1737~1798는 전기충격으로 개구리 다리 근육을 움직였지만 전기와 신경 사이의 관계를 전혀 이해할 수 없었다. 당시에는 전기에 대해 알려진 것이 없었기 때문이다. 20세기 초반 아인슈타인이 등장한 이후에나 전기 에너지, 빛의 이중성, 원자의 구조에 대해 밝혀졌다. 영국의 앨런 호지킨과 앤드루 헉슬리가 뉴런의 전기화학적 신호를 규명한 것도 1950년대에 이르러서다. 그 후 분자생물학의 발전으로 시냅스의 신경전달물질을 설명할 수 있었고

1990년대에 기능적 자기공명영상 장치의 개발로 머리뼈를 갈라내지 않고도 뇌를 연구할 수 있는 길이 열렸다. 그런데 이러한 뇌과학의 발전은 과학자들이나 공유할 수 있는 정도지, 일반 사람들이 쉽게 이해할 수 있을 정도는 아니다. 심장 하면 펌프, 신장 하면 걸름막(필터)이 연상되는데 뇌 하면 떠오르는 개념이 없다. 결론적으로 말해 뇌과학은 아직 걸음마 단계이고 앞으로 대중의 이해를 얻기 위해 노력해야 할 분야라는 것이다.

하지만 앞으로 뇌과학은 철학이나 인문학에 큰 영향을 미치게 될 것이다. 인간의 뇌를 이해한다는 것은 학문적으로 매우 중요한 의미를 제공한다. 일례로 인문학에서 탐구했던 아름다움과 행복, 옳고 그름이 무엇인지를 생각해보자. 그동안 우리는 아름다움과 행복, 옳고 그름이 미학이나 예술, 도덕을 통해 객관적으로 존재한다고 믿어왔다. 그런데 아름다움과 행복, 올바름이 실재하는 것일까? 다시 말해 이러한 가치들이 인간과 상관없이 외부세계에 독립적으로 존재하는 것일까? 그렇지 않다. 아름다움과 행복, 올바름은 실재하는 것이 아니라 인간의 뇌가 느끼는 것이다. 뇌에서 나오는 이러한 가치들은 감각과 인지 능력이 진화하는 과정에서 인간의 본성으로 축적된 것이다. 그렇다고 해서 우리가 개인적으로 느끼고 깨닫는 가치들이 주관적이거나 임의적인 것만은 아니다. 많은 사람이 공통적으로 느끼는 아름다움과 행복, 올바름이 있다.

따라서 뇌과학은 올바름을 다루는 도덕에 대해 그동안 인문학에서 말했던 것과는 완전히 다른 관점으로 설명한다. 도덕은 어떻게 등장하게 되었나? 처칠랜드는 도덕의 출발점을 포유류의 뇌가 진화하는 과정에서 찾는다. 본래 이기적 유전자를 지닌 생명체는 자기 본위로 생존하고 번식하는데 포유류부터 다른 개체를 위하고 배려하는 가치가 나왔다는 것이다. 포유류의 뇌는 파충류와 달리 전략적으로 자식을 적게 낳고 잘 보살피도록 조직되었다. 어미의 뇌는 신경전달물질 옥시토신을 분비하며 자식에게 애정을 쏟는다. 뇌가 여섯 개 층의 대뇌피질로 두텁게 진화한 포유류는 자기희생적으로 자식을 돌보는 데 성공하고 생태계에서 우월한 지위에 올라섰다. 이때 자식을 돌보는 따뜻한 마음은 배우자에서 친족, 그리고 친구로 확대되었다. 무리를 짓고 살아가는 사회적 포유류는 자식 이외에 남에게도 친밀감을 느끼고 돌보는 성향을 갖게 된 것이다.

우리는 포유류이고 혼자서는 살 수 없는 사회적 뇌를 갖고 태어났다. 그래서 사랑하는 사람들과 함께할 때 행복하고 그들이 부당하게 고통당할 때 분노하고 눈물을 흘린다. 이렇게 인간이 느끼는 행복감과 분노, 슬픔의 감정은 옳고 그름을 나누는 가치판단 능력이 되었다. 타인을 배려하는 이타주의와 같은 도덕적 직관과 가치가 인간의 뇌에 각인된 것이다. 무엇이 올바르고 타당한가? 그것을 알고 있는 것은 인간의 뇌다. 뇌과학을 탐구하지 않고서는 인간의 도덕적 가치를 세우기 어렵게 되었다. 그동안 철학과 윤리학은 인간의 생물학적 특성을 무시하고 논의되어왔는데 이것은 모래성 위에 집을 짓는 것과 같다고 할 수 있다. 이제 "도덕에 대한 설명은 신경생물학적이며, 인류학적이며, 심리학적으로 설득력이 있어야 한다"는 처칠랜드의 주장에 진지하게 귀 기울여야 한다.

도덕적 직관을 타고났으므로

PAUL THAGARD

리들리 스콧Ridley Scott, 1937~ 감독의 〈블레이드 러너Blade Runner〉는 공상과학영화의 고전으로 평가받는 명작이다. 1982년에 미국에서 개봉했을 때는 혹평을 받았지만 1992년에 감독판으로 재편집되어 대중과 평단으로부터 호응과 격찬을 이끌어냈다. 영화는 2019년 미래의 도시 미국 로스앤젤레스를 배경으로 하고 있다. 지구는 파괴되었고 인간은 복제인간을 만들어 다른 행성을 식민화하는 데 이용하고 있었다. 영화의 제목 '블레이드 러너'는 복제인간을 없애는 사냥꾼들이다. 복제인간은 쓰레기처럼 폐기시키거나 제거할 수 있는 인공지능 로봇과 같은 기계였다. 그러나 이 영화에서 복제인간은 진짜 인간보다도 더 인간적인 존재로 그려진다. 과학자들에 의해 기억이 주입된 복제인간은 스스로 감정을 느끼는 존재가 되었다. 그리고 영화의 마지막 장면에서 인간의 정체성에 대한 철학적 질문을 던졌다.

복제인간은 빗속에서 비둘기를 손에 쥔 채 죽어가고 있었다. 그런데 그의 눈에서 눈물이 주르르 흘러내렸고 그의 입에서는 처연하게 아름다운 말이 나온다. "이 모든 기억이 곧 사라지겠지, 빗속의 눈물처럼, 이제 죽을 시간이야……." 그러고는 힘없이 고개를 떨어뜨렸고 그의 손에 있었던 비둘기가 날아오른다. 그는 죽어가며 기억이 사라지리라는 것도, 죽을 시간이 임박했다는 것도 의식했으며, 이토록 애잔하게 삶이 유한하다는 것도 알고 있었다. 영화 〈블레이드 러너〉는 의식, 지각, 기억, 감정이 있는 복제인간을 통해 인간다움이 무엇인지를 묻고 있다. 도저히 기계가 흘렸다고는 믿기지 않는 그의 눈물이 오래도록 기억에 남는 영화다.

인간과 기계를 구별하는 것은 감정이다. 만약 세탁기나 청소기가 감정을 느낀다면 우리처럼 빨래나 청소가 하기 싫어질 것이다. 〈블레이드 러너〉의 복제인간처럼 청소의 고단함을 호소하면서 눈물을 흘릴지도 모르고, 지루한 청소보다 더 창의적인 일을 할 수 있도록 요구할지도 모른다. 이렇듯 감정은 하기 싫다는 가치판단과 그다음의 행동을 유발시킨다. 〈블레이드 러너〉뿐만 아니라 〈바이센테니얼 맨Bicentennial Man〉, 〈A.I.〉 등의 영화에서는 감정을 지닌 인공지능 로봇이 나오는데 엄밀히 말해 그들은 기계라고 하기보다는 인간에 더 가까운 존재다.

인간의 뇌가 의식하고 생각하는 것은 감정을 느끼는 것과 동일한 작용이다. 예를 들어 우리가 강아지나 노트북 등 어떤 동물이

이 모든 기억이 곧 사라지겠지,
빗속의 눈물처럼, 이제 죽을 시간이야…….

나 사물을 생각할 때면 언제나 감정이 묻어나온다는 것을 알 수 있다. 느낌이나 감정이 없이는 생각이나 의식조차 일어나지 않는데, 이것은 진화과정에서 만들어진 것이다. 뇌의 진화에서 느낌과 감정은 움직이는 동물이 외부세계를 예측하기 위한 반응이었다. 외부로부터 자극이 들어오면 신경세포 하나하나에는 쾌락이나 통증 같은 느낌이 생겨난다. 이러한 느낌이 뇌의 특정 부위에서 기쁨, 분노, 불안, 공포, 불쾌 등의 감정으로 통합된다. 뇌의 편도체에서 불쾌와 공포, 시상하부에서 불안과 분노가 느껴지는 것처럼 말이다. 결국 뇌는 느낌과 감정을 통해 외부에서 들어오는 정보를 인지하고 다음에 어떻게 행동할지를 예측, 판단한다.

인간의 감정은 철학의 근본적인 문제를 탐구하는 데도 중요한 역할을 한다. 그런데 그동안 플라톤이나 칸트 같은 철학자들은 변덕스러운 감정보다는 냉철한 이성으로 진리를 탐구해야 한다고 생각했다. 칸트의 『순수이성비판』에서 인간의 앎으로 간주한 것은 감정이 아니라 이성이었다. 이렇게 인간의 사고 영역에서 이성이 감정보다 우월한 것으로 생각되었으나 최근 뇌를 연구하다 보니 그렇지 않다는 것이 밝혀졌다. 뇌에는 감정을 일으키는 특정 부위가 있지만 이성은 실체가 없는 것이었다. 인지과학자 폴 새가드 Paul Thagard, 1950~는 『뇌와 삶의 의미 The Brain and The Meaning of Life』에서 뇌과학으로 철학적 문제를 설명하면서, 인간의 뇌가 실재를 알고 삶에서 중요한 문제를 깨닫고 어떻게 살 것인가를 결정하는 과정에서 감정이 매우 중요하다고 강조한다. 만약에 감정을 잃어버린다면 어떤 일이 일어나는지 새가드의 설명을 들어보자.

만일 당신이 자신의 감정을 제거하는 수술을 할 수 있다면, 거기에는 엄청난 비용이 들 것이다. 다양한 고통의 영향은 크게 줄어들겠지만, 당신에게 뭔가를 할 이유를 주던 것도 대부분 잃어버릴 것이다. 지적인 연구조차도 발견의 즐거움, 실패의 두려움, 적당한 발전의 만족감이 없다면 아무 소용도 없어질 것이다. 개념, 믿음, 목표의 표상을 가치 평가에 묶어주는 뇌의 감정적 과정들이 없으면, 무엇을 추구할 것인가에 관한 지침을 제공하는 상황과 선택권의 끊임없는 평가를 잃게 될 것이다. 모든 사실과 이론이 똑같이 사소해질 것이고, 행위의 모든 과정이 똑같이 무의미해질 것이다. 사고와 행위가 똑같이 동기를 빼앗기게 될 것이다. 자신이 켜져 있는지 꺼져 있는지 신경 쓸 능력 없는 컴퓨터처럼, 뇌는 생각하거나 행동할 가치가 있는 것이 무엇인지 결정할 수 없을 것이다.[83]

뇌가 느끼는 감정은 가치판단과 예측을 하기 위해 진화한 것임을 상기해보라. 감정이 있어야 가치를 판단할 수 있다. 감정이 없다면 "당신에게 뭔가를 할 이유를 주던 것도 대부분 잃어버릴 것이다." 중요한 것, 소중한 것, 행복한 것은 없어지고 세상만사가 다 하찮고 사소해질 것이다. 이것을 먹든, 저것을 입든, 무엇을 하든 다 똑같고 상관없어질 것이다. 무언가가 궁금하거나 알고 싶은 것도 없고, 추구하고자 하는 삶의 목표나 의미도 사라질 것이다. 감정이 없는 인간은 청소기나 세탁기, 노트북 같은 기계와 별반 다를 것이 없다.

과학은 지각과 추론을 통해 실재하는 세계가 무엇인지 알려준다. 삶에서 과학과 같은 지식이 중요한데 그것보다 더 중요한 것이 있다. 바로 과학이 왜 중요한지를 느끼는 것이다. 이렇게 자신이 공부하는 지식이 왜 중요한지를 느낄 수 있는 것은 감정이 있어서다. 앎에 감정적인 변화가 일어나야 진정한 앎이라고 할 수 있다. 예를 들어 사랑을 하면서 사랑의 중요성과 가치를 느끼는 순간이 온다. "아, 사랑이 이런 것이구나!"와 같은 이해의 빛이 가슴에 스며들 때 사랑하는 사람과 함께하는 이 시간이 무엇보다 소중하다는 것을 깨닫게 된다. 지식을 공부하는 것도 이와 같다고 할 수 있다.

우리 뇌는 지각과 추론, 감정, 기억이 따로따로 일어나는 것이 아니라 통합적으로 작동한다. 실재를 알면서 동시에 실재를 아는 것이 중요함을 직관적으로 느낀다. 실재를 아는 것과 그것의 중요성을 느끼는 것은 서로 연결되어 있다. 다시 말해 뇌에서는 실재가 무엇인지를 아는 앎과 앎의 중요성을 깨닫고 어떻게 살 것인가를 결정하는 과정이 서로 영향을 주고받는다. 앎은 삶을 바꾼다! 앎으로부터 일어난 감정의 변화가 삶의 의미를 찾게 한다는 것이다.

그렇다면 삶의 의미는 무엇인가? 이 질문에 대해 흔히 삶의 의미는 사람마다 모두 다르고 정답이 없는 것이라고 생각하는데, 폴 새가드는 그렇지 않다고 말한다. 우리의 뇌가 느끼고 인식하는 보편적이고 객관적인 삶의 의미가 있다는 것이다. 누구나 행복이 삶의 의미라고 말하지만 행복 자체는 삶의 의미가 아니다. 행복감은 삶의 목표가 달성되었을 때 느껴지는 감정일 뿐이다. 인간의 뇌는 주관적인 행복보다 객관적으로 가치가 있는 삶을 원한다. "의미 있는 삶은 단지 목표 달성을 통해 행복을 얻는 삶이 아니라, 추구할 가치가 있는 목표들이 있는 삶이다." 인간은 개인적인 행복을 넘어서 수많은 사람이 공유할 수 있는 가치, 즉 규범과 도덕을 추구한다는 것이다.

그 이유는 우리가 똑같은 뇌 신경구조를 가지고 있기 때문이다. 인간은 신체 지각이나 만족도에서 거의 비슷한 기본적인 인간적 욕구가 있다. 그래서 '좋은 삶'과 같은 보편적인 삶의 목표를 공유하며 공통된 도덕적 평가를 내린다. 쉽게 말해 인간적 욕구가 충족되면 옳은 것이고 인간적 욕구를 해치면 그른 것이다. 그런 면에서 우리는 어떤 것이 옳고, 어떤 것이 그르다는 도덕적 직관을 타고났다고 할 수 있다. 인간의 뇌는 학습하지 않아도 옳거나 그르다는 느낌을 자각한다. 아이들이 굶주리는 광경을 보면 불편하고 안타까운 감정을 즉시 느낄 수 있다. 이러한 인간의 도덕성에 대해 폴 새가드는 다음과 같이 설명한다.

도덕성의 기초는 사람들에게 삶에 필수적인 객관적 욕구들이 있고 그것이 없으면 인간으로서 제 기능을 하는 능력에 해를 입게 된다는 것이다. 행위에는 사람들의 욕구에 영향을 미치는 결과가 뒤따른다. 그러한 욕구를 잘 충족하는 행위는 그만큼 옳은 것이며, 욕구를 해치는 행위는 그만큼 그른 것이다. 우리는 옳다고 여기는 것에 동감을 느끼고, 그르다고 여기는 것에 불만을 느낀다. 그런 점에서 도덕적 판단은 본래 감정적이다. (……) 도덕적으로 진보하려면 우리는 타인의 욕구를 머리로 이해하고 또 감정적으로 염려할 필요가 있다.[84]

도덕은 인간 삶의 기본적인 욕구에서 나온 것이다. 자신의 욕구만큼 타인의 욕구를 인정하고 배려하는 것이 바로 도덕이다. 도덕의 진보가 그리 어려운 것이 아니다. 타인의 고통을 이해하고 염려하면 되는 것이다. 그렇다면 우리는 어떻게 자기와 아무 상관없는 타인을 염려할 수 있게 된 것일까? 우리의 뇌와 신경계에는 타인의 행동과 감정을 그대로 비추는 거울과 같은 신경세포가 있다. 일명 '거울신경세포' 또는 '공감 뉴런'이라고 하는데 1990년대 이탈리아의 신경생리학자 자코모 리촐라티Giacomo Rizzolatti, 1937~와 그의 동료들이 발견했다. 원숭이가 손으로 쥐는 행동의 신경과정을 연구하던 중, 뇌의 피질에 있는 신경세포가 특이하게 반응하는 것이 확인되었다. 한 원숭이가 포도알을 쥐고 있을 때 발화했던 신경세포가 다른 원숭이가 포도알을 쥐고 있는 것을 볼 때도 똑같이 발화했던 것이다. 원숭이들은 거울신경세포를 통해 다른 원숭이의 행동을 이해하고 그 행동을 흉내 낼 수 있었다. 인간에게도 이러한 거울신경세포가 있다는 것이 기능적 자기공명영상 장치 등 많은 종류의 뇌실험에서 증명되었다.[85]

　　인간은 또한 다른 사람의 행동뿐만 아니라 감정까지도 이해할 수 있는 '거울반사 시스템'을 갖고 있다. 뇌섬엽에 있는 거울반사조직은 타인의 감정을 이해하는 것과 관련해서 내장의 운동반응을 조절한다. 예를 들어 텔레비전 드라마에서 주인공이 활짝 웃고 있으면 어느덧 텔레비전을 보는 자신도 따라서 웃고 있는 것을 발견한다. 드라마 주인공의 표정을 거울처럼 반사해서 똑같이 웃고 똑같이 내장의 운동반응이 나타나는 것이다. 이렇게 인간의 뇌와 신경

거울신경과 변연계

뇌에는 자신이 했던 행동을 다른 사람이 할 때도 발화하는 거울신경세포가 퍼져 있다.
이러한 거울신경세포는 감정을 담당하는 변연계를 자극해서 다른 사람의 감정까지 느끼게 한다.

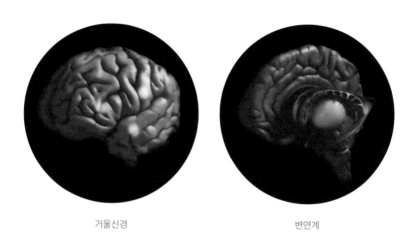

거울신경   변연계

계는 다른 사람의 얼굴 표정, 목소리, 몸짓을 모방하고 그의 기분이
나 감정까지 이해할 수 있다. 한 사람의 감정이 다른 사람의 감정에
옮겨오는 '감정 전염' 현상이 일어나는 것이다. 이렇게 서로 연결되
어 있는 신경계는 우리가 도덕적일 수 있는 근거를 제공한다.

　　인간은 왜 도덕적인가? 도덕적 직관은 무엇인가? 지금까지 도
덕적 직관을 말로 설명하지 못했지만 신경과학을 통해 도덕의 기원
을 찾을 수 있다. 인간이 도덕적인 것은 도덕의 논리 때문이 아니다.
인간이 생물학적으로 타인의 고통을 느낄 수 있기 때문에 도덕적인
것이다. 우리는 거울신경세포는 물론 뇌섬엽, 편도체, 내장기관에
이르기까지 온몸으로 도덕적 직관을 느낀다. 이러한 인간의 신경계

는 함께 모여서 무리지어 살았던 진화의 과정에서 구조화된 것이다. 우리의 뇌는 그 기원에서부터 사회적이고 도덕적이었다. 그래서 '사회적인 뇌', '윤리적인 뇌'라고 말하는 것이다. 우리의 뇌는 오랜 진화를 거치면서 생존에 필요한 사회적 가치를 신경회로에 내장했다. 둘 이상의 뇌가 모였을 때 인간관계라는 예측할 수 없는 상황이 생겨나고, 이것에 대비하기 위해 도덕적 직관을 갖게 된 것이다. 따라서 우리의 뇌를 하나의 개별적인 뇌로 생각해서는 안 된다. 하나의 뇌에서는 결코 발견할 수 없는 사회적 가치가 우리의 뇌에 있다. 바로 우리는 올바르고 도덕적이어야 행복할 수 있는 존재다!

폴 새가드는 뇌과학을 바탕으로 객관적 도덕론을 개발해야 한다고 주장한다. 과학적 증거를 기반으로 생물학적 인간에 적합한 도덕을 추론할 수 있다는 것이다. 그런데 지금껏 철학자들은 도덕에 객관성이란 있을 수 없다는 태도를 보여왔다. 도덕에 옳고 그름을 나누는 절대적 기준은 없으며 도덕은 개인, 상황, 문화에 따라 상대적이라는 것이다. 철학자들은 이구동성으로 "도덕적 법칙은 없다"고 말한다. 이미 18세기 스코틀랜드의 철학자 데이비드 흄 David Hume, 1711~1776은 세계가 존재하는 방식(사실)이 우리가 어떻게 살아야 하는지(가치)에 대해 어떤 것도 알려주지 않는다고 말했다. 누구나 알다시피 사실로부터 가치나 당위를 도출할 수 없다. 폴 새가드는 이러한 흄의 생각이 옳다고 인정한다. '이것이 사실이다'로부터 '이것이 해야 하는 당위다'로 간단히 도약할 수 있는 방법이 없다고 말이다. 그런데도 객관적 도덕론을 주장하는 새가드의 입장을 직접 들어보자.

나의 목표는 증거 기반의 일반적인 자연주의 접근법, 특히 뇌의 사고방식에 관한 특정 연구 결과들과 잘 들어맞는 객관적인 도덕론을 개발하는 것이다. 많은 철학자들이 이것을 가망 없는 과제라고 본다. 사실로부터 당위를 유도할 수 없다는 흄의 유명한 지령 때문이다. 내가 그러한 유도를 해냈다고 주장하는 것이 아니다. 세계에 관한 경험적 사실에서 출발해 특정하거나 일반적인 도덕적 판단을 인정할 수 있는 견실한 연역적 논증 따위는 없다는 흄의 생각은 의심할 여지가 없이 옳았기 때문이다. 나는 뇌가 도덕적 결정을 내리는 방식에 관해 알려진 것, 그리고 기타 심리적, 사회적 사실들과 잘 합치되는 도덕론을 향해 나아갈 것이다.[86]

　그렇다, 새가드는 사실로부터 가치를 도출하겠다는 것이 아니었다. 그는 사실과 가치를 분리시키는 철학자들에 반대해서 사실과 가치의 연결을 주장하고 있다. 과학과 철학이 연결된다는 것, 다시 말해 인지과학, 철학, 심리학, 신경과학, 언어학, 인류학, 사회학이 서로 융합해서 인간에게 의미 있는 지식을 만들어야 한다고 말하고 싶었던 것이다. 새가드는 비트겐슈타인이 "윤리학은 초월적이고 사실에 의존하지 않는다"고 단언한 것을 비판한다. 도덕이나 삶의 의미는 어떤 초월적 영역이 아니라 생물학과 심리학 등의 사실을 토대로 찾아야 한다는 것이다. 철학자들은 인간의 도덕성을 초월적 신학이나 선험적 진리, 도덕적 보편문법에서 구하는데 이것이 잘못되었다는 것이다.

　새가드는 '세계는 이러하다는 사실'과 '인간은 이렇게 살아야

우리는 어떻게 자기와 아무 상관없는
타인을 염려할 수 있게 된 것일까?
우리의 뇌와 신경계에는 타인의 행동과 감정을
그대로 비추는 거울과 같은 신경세포가 있다.

파블로 피카소의 〈울고 있는 여인〉 87

한다는 당위' 사이에서 인간의 생물학적 욕구가 있다는 것에 주목했다. 식욕, 성욕, 수면욕 등을 비롯해 모두가 행복한 삶을 살고 싶은 욕구가 있다는 것. 세계의 중요한 문제들은 처음부터 중요했던 것이 아니라 우리가 인간이기 때문에 중요하다고 느꼈던 것들이다. 뇌과학은 사람들이 어떻게 실재를 알고, 감정을 느끼고, 결정을 내리고, 도덕적으로 행동하고, 의미 있는 삶을 사는지 그 과정들을 추적할 수 있다. 뇌에서 느끼는 이러한 인간의 욕구와 가치들을 과학적으로 분석해서 올바른 삶의 방향성을 세우는 것이 바로 철학과 윤리학의 역할이라는 것이다.

오늘날 우리는 인류의 목표를 찾지 못하고 있다. 우리가 어디로 가는지 아무도 모른다고 하고, "호모 사피엔스의 종말"을 참으로 쉽게 말한다. 유발 하라리는 『사피엔스』에서 자신의 욕망조차 주체하지 못하는 인간을 비극적 서사의 주인공으로 그려내고 있다. 일 년에 한 달은 위파사나 명상을 하면서 보낸다는 하라리는 인간의 욕망을 없애야 고통과 번민에서 벗어날 수 있다고 주장한다. "부처가 권하는 것은 우리가 외적 성취의 추구뿐만 아니라 내 내면의 느낌에 대한 추구 역시 중단하는 것이다." 그런데 뇌과학에 따르면 우리가 느낌과 감정, 욕망에서 벗어나는 것은 불가능하다. 인간에게서 욕망과 감정을 없애려면 뇌를 바꿔야 한다. 불교와 같은 종교는 초월적인 인간을 지향하지만 이것은 현실에서 이루어질 수 없는 꿈이다. 뇌를 다 바꾸면 어찌 인간이라고 할 수 있겠는가!

폴 새가드나 패트리샤 처칠랜드는 종교나 철학이 생물학적 인간의 존재를 무시하는 것을 비판하는 것이다. 우리는 무엇을 원하는가? 그 인간의 본성에 이기심과 탐욕만 있는 것은 아니다. 우리의 뇌에는 거울신경세포가 있어서 남의 아픔까지 내 것으로 아파할 줄 안다. 타고난 도덕적 직관 때문에 우리는 도덕적으로 진보할 수 있다. 앞서 물리학자 리처드 파인만이 "삶의 의미가 무엇인지, 올바른 도덕적 가치가 과연 어떤 것인지에 대해 우리가 아직 그 해답을 모르고 있다"고 했는데 이제 우리는 인류의 목표와 올바른 도덕적 가치를 찾을 수 있다는 희망을 발견했다. 폴 새가드는 『뇌와 삶의 의미』의 마지막 부분에서 이렇게 전망한다. "뇌혁명은 우리가 생각하고, 느끼고, 결정하는 방식에 대한 통찰을 계속 내놓을 것이고, 거기에는 도덕적 행위와 의미 있는 삶으로 가는 타당한 방향에 관한 통찰이 포함될 것이다."

가치 없는 사실은 없다

　　"잘못된 사회에서 올바른 삶이란 있을 수 없다." 독일의 철학자이며 사회학자였던 테오도르 아도르노Theodor W. Adorno, 1903~1969의 말이다. 우리에게 '프랑크푸르트학파' 또는 '비판 이론'의 사상가로 알려진 아도르노는 유럽에서 벌어진 두 차례의 세계대전을 거치면서 인간의 야만성을 목도했다. 유대인 지식인으로서 독일 나치에 의해 추방되어 미국에서 망명생활을 했고, 그 사이에 발터 베냐민Walter Benjamin, 1892~1940과 같은 유대인 동료들이 죽어가는 것을 봐야 했다. "아우슈비츠 이후에도 시를 쓴다는 것은 야만이다." 아도르노는 아우슈비츠 이후에 과연 인간이 무엇을 하고 살 수 있는지 의심할 만큼 절망했다. "왜 인류는 진정한 인간적 상태에 들어서는 대신에 새로운 종류의 야만 상태에 빠졌는가?" 1944년에 호르크하이머Marx Horkheimer, 1895~1973와 함께 집필한『계몽의 변증법』은 이러한 문제의식에서 출발한다.

17세기의 계몽시대를 거쳐 18세기에 산업혁명을 달성한 뒤 19세기에 이르자 역사는 진보하는 듯 보였다. 유럽인들은 그 누구도 과학과 기술, 이성, 합리성, 계몽, 문명, 진보를 의심하지 않았다. 그런데 20세기에 들어 유럽 문명은 역사적 파국을 맞이했다. 어쩌다 20세기에 인류는 파시즘과 대량학살이라는 파멸의 길로 접어든 것일까? 아도르노는『계몽의 변증법』에서 유럽의 발전에 견인차라고 여겨왔던 '이성'과 '계몽'을 비판의 도마 위에 올려놓았다. 근대의 이성과 계몽이 중세의 종교적 무지와 속박에서 벗어나게 한 줄 알았는데 그것이 착각이었다는 것이다. 아도르노는 계몽이 억압에서 깨어나게 한 것이 아니라 억압의 사슬이 되었다며 "계몽의 역사는 퇴보의 역사"라고 말하고 있다. 이성을 통해 자연을 지배하고 스스로 계몽된 자가 되어 만든 세계는 폭력과 파괴가 난무하는 잔혹한 곳이 되었다. 과학과 기술의 발전이 인간 스스로를 파멸시키는 지경에 이르렀음을 통렬하게 비판한 것이다.

칸트 철학에서 추앙했던 이성과 계몽이 이렇게 한순간에 추락했다. 아도르노가 발견한 이성은 자연과 사회, 인간을 지배하는 도구적 이성이었다. 인간에 의한 인간의 지배를 합리화시키는 이데올로기적 이성이었다. 인간적 가치를 상실한 도구적 이성은 과학기술을 자기통제와 지배의 도구로 활용했다. 사실과 가치가 분리되고, 과학과 철학이 분리되었다는 생각에서 어떤 도덕적 책임도 지려고 하지 않는 과학기술은 도구적 과학기술을 낳았다. 과학은 가치중립

적이며 어떻게 활용해도 상관없다는 태
도가 핵폭탄 같은 파괴적인 무기를 만들
어 인류의 삶을 시시각각 위협하게 된 것
이다.

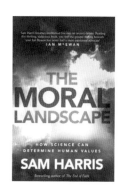

　　진정 사실과 가치는 분리되는가?
18세기 흄 이래로 철학자들과 과학자들
사이에서 사실과 가치의 분리는 철칙이
나 다름없었다. 누구도 거역할 수 없는
원리라는 점에서 과학자들은 과학기술의 전문성과 순수성을 내세
우며 안주했고, 인문학자나 철학자들은 도구적 과학기술의 참담한
결과 앞에서 무력할 수밖에 없었다. 그런데 최근 뇌과학과 신경과
학이 발전하면서 이 문제에 대한 새로운 대안을 내놓고 있다. 앞서
살펴본 폴 새가드의『뇌와 삶의 의미』는 사실과 가치의 연결이라
는 해결책을 제시하면서 과학과 철학이 타협할 수 있는 여지를 모
색했다. 신경과학자이며 철학자인 샘 해리스는 폴 새가드의 주장에
서 한 발 더 나아갔다.『신이 절대로 답할 수 없는 몇 가지』에서 그
는 사실과 가치를 구분하는 것은 우리의 착각에 불과하다고 주장한
다. 요지는 간단하다. 세계에 가치가 없고 과학이 어떤 가치를 말하
지 않는다고 해도, 다시 말해 과학이 가치중립적일지라도 인간이라
는 존재 자체가 가치중립적이지 않다는 것이다.

　　우리는『꿈꾸는 기계의 진화』에서 인간의 뇌가 가치지향적이
고 목적지향적이라는 것을 확인했다. 인간의 뇌와 신경계는 어떤
순간에도 놓치지 않고 느낌과 감정을 체감하고, 이러한 느낌과 감

정을 통해 가치판단과 예측을 하도록 진화했다. 그래서 "인간은 의미장에 갇혀 있다"는 말이 나온 것이다. 결코 우리는 생물학적으로 가치중립적이고 객관적일 수 없다. "과학은 가치중립적이다"라는 문장조차 감정이나 가치판단 없이 받아들일 수 없다는 것이다. 오히려 우리는 "과학은 가치중립적이다", "이것은 객관적 사실이다"라는 언명에 엄청난 긍정적 가치를 부여한다. 사실로부터 가치가 도출되지 않는다는 것은 논리일 뿐이다. 인간은 사실이라는 점에서 옳고, 중요하며, 믿어야 한다는 감정을 느끼고 가치판단을 한다. 우리는 만유인력의 법칙이 과학적 사실이라는 이유에서 믿는다. 이렇게 믿음과 가치판단이 동반되어야 무엇을 '안다'는 것도 가능하다.

그렇다면 인간의 뇌는 사실과 가치를 어떻게 받아들일까? '지구는 돈다'와 같은 사실이나 '생명은 존엄하다'는 가치를 '참'으로 수용하기 위해서는 믿음이 작용한다. 샘 해리스는 이러한 뇌의 메커니즘을 이해하기 위해 뇌에서 믿음을 찾는 실험을 시도했다. 기능적 자기공명영상 장치로 뇌를 스캔하며 믿음과 불신, 불확실성에 대한 뇌의 반응을 조사했다. 결과적으로 우리 뇌에서 믿음만 따로 관장하는 영역을 찾을 수는 없었다. 인간의 뇌가 광범위하게 상호연결되어 있다는 사실을 고려하면 이런 결과는 당연한 것이다. 그렇지만 샘 해리스는 믿음과 관련해서 전두엽의 내측전전두피질이 가장 활성화된다는 것을 확인했고 다음과 같은 놀라운 사실을 추론했다. 우리의 뇌는 기능적으로 사실과 가치를 처리하는 방식에 차이가 없었다.

믿음에 MPFCmedial prefrontal cortex, 내측전전두피질가 관여한다는 점은 믿음과 감정/보상의 순전히 인지적 측면 사이에 해부학적 관련성이 있음을 암시한다. 심지어 감정적으로 중립적인 명제의 진위를 판단할 때도, 긍정적 감정과 부정적 감정을 지배하는 변연계와 단단히 연결된 뇌 영역이 관여한다. 실제로 수학적 믿음(2+6+8=16)은 윤리적 믿음(당신이 아이들에게 사랑한다는 사실을 알려주는 게 좋다)과 유사한 패턴을 보였는데, 이 두 믿음은 우리가 실험에 사용한 자극들 중에 가장 상반된 것이었다. 이런 사실은 믿음의 생리학이 명제의 내용에 관계없이 동일할 것임을 시사한다. 또한 사실과 가치의 구별도 기본적인 뇌 기능 면에서는 큰 의미가 없음을 시사한다.[88]

인간의 뇌는 사실과 가치의 양쪽 영역에서 참과 거짓을 판단하는 시스템을 공유하고 있다. 즉, 인간의 뇌는 사실과 가치를 구분하지 않는다. 예를 들어 뇌는 아리스토텔레스가 'A는 B이고 B는 C이므로 A는 C이다'와 같은 삼단논법처럼 논리적·단계적·순차적으로 작동하지 않는다. 인간이 지각하고 추론하는 과정은 수백만의 신경세포가 동시다발적으로 발화하는 병렬parallel 처리과정이다. 우리는 철학적으로 중요한 문제인 세계는 무엇인가(사실)와 우리는 어떻게 살아야 하는가(가치)를 서로 연결해서 생각한다. 다시 말해 사실과 가치 사이에서 언제나 믿음과 감정을 매개로, 사실을 토대로 가치판단을 한다. 도덕적 판단은 물론 사실적 추론도 감정적인 가치판단의 과정인 것이다.

샘 해리스는 과학자들이 과학적 사실을 발견할 때에도 사실에 대한 믿음에 크게 의존한다고 말한다. "과학적 타당성은 가치판단을 삼가는 과학자들로부터 나오는 것이 아니다. 과학적 타당성은 일련의 믿을 만한 증거와 논증을 통해 믿음을 실재와 연결시키는 원칙이 '가치를 평가하는 일'에 최선을 다한 과학자들의 노력에 힘입은 것이다." 이렇듯 과학자들은 연구실과 실험실에서 증거와 논증을 토대로 옳다는 가치판단을 한다. "세상에 대한 우리의 이해에 관한 한 '가치 없는 사실은 없다.'"

　이제 더 이상 사실과 가치의 이분법은 무의미하다. 인간이 가치지향적인 생물학적 존재라는 것을 인정할 때, 인간이 다루는 과학기술을 가치중립적이라고 말할 수는 없다. 그렇다면 과학기술을 어떻게 발전시키고 어떻게 활용할 것인가? 과학기술이 도구적으로 이용되는 것을 막기 위해서는 올바른 과학기술의 방향성을 찾아야 한다. 이것은 과학기술에 대한 철학적·윤리적 문제이고 궁극적으로 인간의 도덕에 관한 문제다. 과학기술을 어떻게 활용하는 것이 옳은 것인가? 옳고 그름을 나누는 기준은 무엇인가? 이에 대해 샘 해리스는 뇌과학이 도덕적 질문에 답할 수 있다고 주장한다. 과학기술의 방향성뿐만 아니라 인간의 삶에서 발생하는 모든 도덕적 문제에 명확한 답을 제시할 수 있다는 것이다.

　샘 해리스는 객관적 도덕을 주장하는 폴 새가드와 생각이 비슷하다. 폴 새가드가 객관적 도덕의 근거를 인간의 기본적 욕구에서 찾는 것처럼 샘 해리스도 "의식 있는 존재의 안녕과 행복"을 도덕의 기준으로 제시하고 있다. 인간의 기본적 욕구를 충족시키는 것이 올바름이고 도덕이라는 것이다. 인간의 뇌에서 느끼는 욕구와 가치를 뇌과학으로 설명할 수 있다는 점에서 샘 해리스는 "가치는 특정한 사실이다"라고 주장한다. 선악이나 행복은 자연적 현상이고 과학은 얼마든지 이에 대해 말할 수 있다. 인간의 기본적 욕구를 기준으로 옳고 그름을 나눌 수 있다는 것이다. 그의 말에 따르면 "물리학 문제에 정답과 오답이 있듯이 도덕 문제에도 옳고 그른 답이 있다."

샘 해리스의 TED 강연을 보면 그의 주장이 무엇인지 쉽게 이해할 수 있다. 강연장에서 그는 '좋은 삶'과 '나쁜 삶'에 해당하는 두 장의 사진을 보여준다. 하나는 전쟁터에서 죽은 아이를 안고 울부짖는 엄마의 사진이고, 또 하나는 바닷가에서 아이와 함께 즐겁게 웃고 있는 엄마의 사진이다. 이 둘 중에서 우리는 어떤 삶을 원하는가? 당연히 평화롭고 행복한 삶이다. 이렇듯 도덕은 인간의 안녕과 행복이라는 보편적 기준을 갖고 있다. 한국에서는 『신이 절대로 답할 수 없는 몇 가지』로 번역되었지만 원제는 'The Moral Landscape'다. 샘 해리스가 말하는 '도덕의 풍경'은 다음의 그림[89]과 같이 산봉우리와 계곡이 펼쳐져 있는 곳이다. 높은 산봉우리는 행복이고 깊은 계곡은 고통을 뜻한다. 수많은 산봉우리는 좋은 삶의 방식이 하나가 아님을 표현하고 있다. 각 나라와 민족, 인종, 문화의 차이를 바탕으로 균형적이고 조화로운 도덕의 진보가 가능하다는 것을 말이다.

왜 이렇게 신경과학자가 도덕의 진보에 관심을 기울이는가? 과학기술의 발전이 중요한가, 아니면 도덕의 진보가 중요한가? 오늘날 세계에서 벌어지는 종교전쟁과 테러, 핵확산, 에너지 고갈, 기

샘 해리스가 말하는 '도덕의 풍경'은
산봉우리와 계곡이 펼쳐져 있는 곳이다.
높은 산봉우리는 행복이고 깊은 계곡은 고통을 뜻한다.
수많은 산봉우리는 좋은 삶의 방식이
하나가 아님을 표현하고 있다.

샘 해리스의 〈도덕의 풍경〉

후변화, 빈곤문제 등을 보면 알 수 있다. 이러한 문제들은 과학기술의 발전으로 해결될 수 있는 게 아니다. 샘 해리스는 "사람들의 윤리적 믿음을 변화시키는 일이 21세기에 인류가 직면한 가장 중요한 과제"라고 말하고 있다. 무엇이 옳고 그르냐는 도덕의 문제가 해결되어야 세계의 문제도 해결된다는 것이다. 이에 대해 샘 해리스가 제시한 해결책은 간단명료하다. 우리는 사실을 근거로 믿음을 가져야 한다는 것. 다시 말해 사실을 믿어라! 종교, 관습, 문화, 전통, 철학에 얽매일 것이 아니라 과학에서 새로운 돌파구를 찾아야 한다는 것이다. 현재 우리의 문제점에 대해 비판하는 그의 이야기를 들어보자.

이 책이 품고 있는 희망은, 과학이 발전함에 따라 인간 존재의 가장 절박한 문제에 관해 과학을 적용할 방법을 식별할 수 있게 되는 것이다. 거의 한 세기 동안 과학의 도덕적 상대주의는 신앙에 기반한 종교가 무지와 편협성의 가장 큰 엔진으로 작동함으로써, 도덕적 지혜의 유일한 보편적 기틀로서 거의 전횡하다시피 해왔다. 그 결과, 지구상 가장 강력한 사회들은 핵확산, 집단학살, 에너지 안보, 기후변화, 빈곤, 그리고 실패하는 학교 등의 문제에 더 중점을 두어야 하는데도 불구하고, [종교계는―인용자] 동성애자 결혼과 같은 논쟁에 더 많은 시간을 쓰고 있다.[90]

세계는 절박한 상황에 처해 있는데 우리는 서로 옳다고 다투기만 하고 있는 것이 아닌가!『신이 절대로 답할 수 없는 몇 가지』

는 이러한 샘 해리스의 문제의식이 돋보이는 책이다. 원제가 '도덕의 풍경'이듯 "과학이 도덕적 질문에 답할 수 있다"는 도발적인 주장을 통해 옳고 그름의 문제, 도덕의 중요성을 상기시키고 있다. 사람들은 과학이 종교나 도덕의 영역까지 넘보는 것이 아닌지 우려하기도 하는데 과학자들이 왜 이런 주장을 하는지는 우리 삶을 돌아보면 쉽게 알 수 있다. 뇌과학자들은 왜 인간의 행복과 고통을 과학적으로 이해하려고 하는가? 뇌 차원에서 인간이 느끼는 기본적 욕구와 가치를 연구하는 것이 세상을 바꾸는 데 과연 어떤 도움을 주는가?

예를 들어 독일 나치의 경우를 살펴보자. 나치는 아우슈비츠 수용소에서 유대인들을 고문하고 학살하다가 집에 돌아오면 아이를 사랑하는 다정한 아버지가 되었다. 어떻게 한 인간에게서 이토록 분열적인 모습이 나타날 수 있을까? 우리로서는 도저히 이해할 수 없지만 분명한 것은 있다. 그들은 가스실에서 죽어가는 유대인을 도덕적 관심의 대상으로 보지 않았다는 사실이다. 나치에게도 사랑하는 부모, 아내, 자식, 친구들이 있었을 테고, 안녕과 행복을 바라는 사람들의 공동체가 있었을 것이다. 이들에게는 한없이 자애롭던 사람이 유대인에게는 차마 말로 할 수 없을 만큼 무자비하고 가혹했다. 이렇게 자기 관심 밖의 사람들에게 얼마든지 얼굴을 바꾸고 잔혹할 수 있는 존재가 바로 인간이다. 결국 인간의 도덕이란 자신과 일체감을 느끼는 사람들에게만 국한되는 것이다.

우리가 누군가를 도덕적으로 대한다는 것은 그들의 행복과 고통에 관심을 가진다는 것과 같은 말이다. "네가 당하고 싶지 않은 일을 남에게 하지 마라"라는 황금률이 적용되려면 다른 사람들의 행복과 고통에 관심을 가져야 한다.『실천이성비판』에서 칸트가 말하는 도덕의 지침, "인간은 자기 자신과 다른 이성적 존재자를 단순히 수단으로서만이 아니라 항상 목적 자체로 취급해야 한다"는 것도 마찬가지다. 다른 사람을 목적으로 대하려면 그들의 고통과 행복을 느끼고 이해해야 가능한 것이다. 이처럼 인간에게는 어떤 도덕적 지침보다 다른 사람이 행복하기를 바라는 마음, '사랑'이 더 중요하다.

오늘날 우리는 뉴스에서 고통받는 수많은 사람의 소식을 듣는다. 자살폭탄 테러의 희생자들, 방글라데시와 아이티의 가난한 노동자들, 아프리카의 굶주리고 병든 아이들, 작은 보트에 목숨을 걸고 탈출하는 전쟁 난민들, 경쟁적이고 비인간적인 교육현실에 내몰리는 한국의 청소년들 등등……. 이런 소식을 접할 때마다 아도르노의 말, "잘못된 사회에서 올바른 삶이란 있을 수 없다"가 떠오른다. 잘못된 사회, 올바르지 않은 삶, 고통받는 사람들에 둘러싸여 있는데도 우리가 무심하게 살아가는 것은 세계의 고통이 나의 문제가 되지 않기 때문이다. 인류의 운명이 당신 손에 달려 있다고 해도 누구도 책임지려 하지 않는 것이 현실이다. 그런데 우리가 마음을 바꿔 지금보다 더 타인의 고통에 관심을 갖는다면, 올바른 삶을 살려고 애쓴다면, 도덕의 공동체를 확장시켜나간다면 세계는 살기 좋은 곳이 될 것이다.

이 때문에 샘 해리스나 폴 새가드와 같은 뇌과학자들이 과학적으로 인간의 마음을 이해하려는 것이다. 앞으로 인간의 행복이나 도덕적 판단을 뇌 차원에서 이해할 날이 올 것이다. 이렇게 인간의 다양한 감정과 행위패턴들을 연구하다 보면 인간의 마음에서 부정적인 부분을 억제하고 긍정적인 부분을 활성화시키는 과학적 방법을 찾을 수 있다. 예를 들어 공감이나 연민과 같은 긍정적인 사회적 감정을 확산하는 프로그램이나 좋은 대화법 등을 개발하는 것이다. 나아가 인간의 기본적 욕구에 맞는 사회제도, 교육방식, 경제체제의 혁신까지 기대할 수 있을 것이다. 이렇게 우리는 자신의 마음을 이해하는 것으로부터 세계를 변화시킬 수 있다.

인간은 사실을 토대로 가치판단을 한다! 사실상 모든 가치판단의 영역은 과학적 사실들과 결부되어 있다. 지금까지 우주, 인간, 마음에 대한 과학책들을 읽고 내린 '과학적 통찰'이다. 앎(사실)과 판단(가치)은 유기적으로 연결되어 있고, 올바른 가치판단을 하기 위해서는 과학적 사실에 근거해야 한다. 왜 과학 공부를 해야 하는지, 과학과 인문학이 왜 융합되어야 하는지를 묻는다면 이보다 더 좋은 대답은 없을 것이다. 우리 삶에서 중요한 것은 과학적 사실과 올바른 가치판단이다. 우리는 과학을 공부하면 할수록 인간다움이 무엇인지를 이해하게 되는 놀라운 경험에 도달한다. 가령 인간에게 '사랑'이 얼마나 소중한 감정인지를 알게 되는 것처럼 말이다. 이렇듯 어떻게 살 것인가, 올바른 삶이 무엇인가를 고민하는 모든 이에게 과학은 꼭 알아야 할 가치 있는 지식인 것이다.

한국에서 '과학기술하기'

이 책의 주장을 한 문장으로 말할 수 있다. 사실과 가치는 연결되어 있다! 나는 처음 뇌과학 책에서 이것을 깨닫는 순간, 진정 기뻤다. 객관성, 보편성, 가치중립성이라는 이름의 과학주의에서 벗어날 수 있다는 생각에서였다. 과학은 객관적·가치중립적이라는 이유로 칭송받지만 또 그것 때문에 도구로 이용되고 있다. 우리는 과학과 기술을 실컷 이용하고 난 다음에, 과학과 기술이 문제라고 비난한다. 『사피엔스』에서 인간을 "신이 된 동물"이라고 하는데 이것은 "별로 중요치 않은 동물"이었던 호모 사피엔스가 과학기술의 발전으로 신의 경지에 이르렀음을 비꼬는 말이다. 우리가 "신이 된 동물"이라는 것을 자각하기까지는 인공지능이나 유전공학과 같이 경계심을 갖게 하는 과학기술도 있지만, 인간이 동물이었다는 사실을 알려준 다윈의 진화론도 있다는 것을 간과해서는 안 된다. 과학은 도구이기 이전에 실재하는 세계를 설명하는 '앎'이다. 우리는 이러한 과학적 사실을 바탕으로 가치판단을 한다는 점에서 사실과 가치는 연결되어 있다. 따라서 우리가 과학과 기술을 알고 이용함에 있어서 어떤 도덕적 책임도 피할 길은 없다.

칼 세이건의 『코스모스』나 재레드 다이아몬드의 『문명의 붕괴』는 과학책이면서 인문학책이다. 이 책들은 '세계가 무엇인가'라는 과학적 사실만 이야기하는 것이 아니라 '우리는 어떻게 살아야 하는가'에 대해서도 말하고 있다. 과학적 개념과 내용을 설명하면서 동시에 지식(앎)의 가치, 과학기술의 방향성, 올바른 사회, 삶의 의미에 대해 답을 제시하고 있다. 이들 과학저술가는 잘못된 사회를 바꾸고 더 나은 세계를 만들기 위해 정치적·사회적 글쓰기를 하고 있는 것이다. 나는 이러한 책들이 과학책으로 분류되어 한정된 독자들에게만 읽히는 것이 안타까울 뿐이다. 한국에서 '과학기술하기'는 과학과 과학책에 대한 인식을 바꾸는 것에서부터 시작되어야 한다고 생각한다. 과학책 읽기는 여느 인문학책 읽기와 마찬가지로 우리가 살고 있는 사회와 자신의 삶을 성찰하는 것이 주요 목적이다. 그런데 일선 학교에서 권장되고 있는 과학책 읽기에 이러한 의미가 전달되는지는 의문이 든다.

우리는 뉴스를 통해 고등학생이나 대학생들이 공개적으로 자퇴하는 소식을 종종 접한다. 학교에서는 자신들이 원하는 공부를 할 수 없다는 것이 그들의 자퇴 이유다. 작년에 경상남도 진주의 한 여고생은 "내가 누군지, 왜 사는지에 대해 공부하고 싶은데 학교에서는 이런 것을 가르쳐주지 않았다"는 말을 남기고 학교를 떠났다.

참으로 가슴 아픈 우리의 교육현실이 아닐 수 없다. 나는 고등학교에 강연을 갈 때마다 학생들에게 과학을 통해 우리 자신과 세계를 이해할 수 있는 길을 열어주려고 노력한다. 강연 후에 학생들과 소통을 하다 보면 이렇게 솔직한 이야기를 들을 때가 있다. "우리나라에는 좋은 어른들이 별로 없는 것 같아요. 그래도 강연을 듣고 조금은 힘이 났어요"와 같은 말을. 그리고 집으로 돌아오는 길에 어린 학생들의 눈망울이 떠올라 가슴이 먹먹해진다. 이 책에 담긴 대부분의 이야기는 내 삶에 자극과 영감을 준 그들을 생각하며 쓴 것이다. 나는 과학책 읽기가 삶에 지친 사람들의 마음을 단단하게 잡아줄 수 있다고 믿는다.

여기에서 고려대 대학원 학생들과의 수업을 일부 공개하려고 한다. '누구나 과학을 통찰하는 법'에 관한 하나의 사례를 보여주는 것이 좋을 듯해서다. 과학적 통찰이 대단한 것이 아니라 우리 삶의 작은 변화로부터 일어난다는 것에 의미를 두려는 것이다. 대학원 수업이라는 점에서 학문적으로 어려운 내용을 다룰 것이라는 오해가 없길 바란다. 앞서 '시작하며'에서 잠깐 소개한 대로 이 책에 나온 과학책들을 대학원생 아홉 명과 함께 읽었다. 수업방식은 강의, 발제, 토론, 에세이 쓰기였다. 책을 읽고 질문하고 자유롭게 토론하며, 에세이 과제도 학생들이 원하는 주제를 쓰도록 했다. 수업 첫날 나는 학생들에게 "최근 자신의 삶에서 가장 고민되는 문제가 무엇인지"를 물어보았다. 누구에게나 삶의 문제가 가장 중요하고 지식은 삶에 도움이 되어야 한다는 생각에서 질문한 것이다. 그런데 학생들은 이러한 수업방식에 자못 놀란 눈치였다.

첫 수업은 내게 당혹스러움 그 자체였다. 진행방식은 가히 파격적이기까지 했다. 처음 보는 사람들 앞에서 내 삶의 고민을 말하라니. "과학학 과제 연구"라는 강의 제목에서 당연히 과학사, 과학철학 등 '과학학'으로 통칭되는 학문들의 기초를 배울 것이라는 나의 예상은 산산조각 났다. 그러면서 나는 굉장한 혼란에 빠졌다. 꾸준히 학문적 역량을 쌓아서 얼른 더 높은 곳으로 올라가고 싶다는 내 욕구와는 달리 '왜'라는 질문을 던지는 수업이었기 때문이다. 과연 이 수업을 들어야 할 것인지, 혹은 목요일에 편성된 학문적으로 빡빡한 통계수업을 들어야 할 것인지 고민되기 시작했다.

학기의 중반부가 지난 지금은 이 수업을 선택한 데 일말의 후회는 없다. 오히려 수업으로부터 많은 도움을 받고 있다. 인류의 기원부터 철학에 이르기까지 방대한 부분을 다루면서 나는 과학학을 왜 배워야 하는지, 나아가 내 자신에 대해 생각하게 되었다. (남경민)

처음 이 수업을 들었을 때, 나에게 가장 큰 문제는 향후 구직문제였다. 수업 첫날, 30분 남짓 늦은 내가 자리에 앉자마자 교수님에게 받은 질문은 '최근 내 삶의 가장 큰 문제는 무엇인가'였다. 사람은 자신에게 정말로 심각하거나 중요한 문제에 대해서는 숨기거나 돌려 말하기 마련이다. 하지만 당시 나는 지각하느라(?) 그럴싸한 삶의 문제를 지어낼 정신이 없어서 교수님의 물음에 솔직한 답변을 뱉어버렸다. 현재 나의 최대 문제는 구직이라고 말이다. (……) 과학학 과제 수업이 끝난 지금 학기 초의 문제가 해결되었느냐고 묻는다면 대답은 '아니다'이다. 그렇지만 과학학 과제 연구 수업을 들으면서 인간에 대한 이해를 통해 나에 대해 좀더 이해함으로써 위안과 용기를 얻을 수 있었다. (이윤하)

나는 학생들과 수업 첫날 이후에도 개인적인 삶의 문제에 대해 많은 이야기를 나눴다. 학생들은 석·박사 학위, 직장생활, 가족 관계, 취업, 결혼, 연애 등의 고민거리가 많았다. 이들은 바쁘고 힘겹게 살아가는 한국의 20대, 30대들처럼 녹녹지 않은 삶을 살고 있었다. 과학책 읽기가 각자의 삶에 어떤 의미를 줄지 의구심마저 들었는데 수업을 진행해본 결과, 학생들은 스스로 질문하고 자기만의 방식으로 책을 읽는다는 것을 확인할 수 있었다. "과학의 의미, 과학을 통한 '나' 자신에 대한 이해, 더 나아가 삶의 가치로 연결시키는 본질적인 질문을 한 적이 있었던가에 대해 자문해보았다." 기회가 없어서 그렇지, 판을 깔아주면 누구든 열린 마음으로 책을 읽을 준비가 되어 있었다.

　　어떤 학생은 폴 새가드의 『뇌와 삶의 의미』를 읽고 감정의 중요성을 인식하면서 취업의 불안감을 떨쳐냈고, 스티븐 호킹의 『위대한 설계』에서 자신의 물리학 공부에 방향 감각을 되찾았다. 과학 교사를 하고 있는 학생은 현행 과학교육을 비판적으로 바라보고 교사로서 해야 할 일을 떠올렸고, 칼 세이건의 『코스모스』를 감동적으로 읽은 학생은 우주적 관점에서 자신의 존재를 이해했다. 재레드 다이아몬드의 『문명의 붕괴』를 읽고서는 우리가 세계의 문제에 얼마나 무관심한지를 자각했다. 그리고 사실과 가치가 연결된다는 철학적 관점을 앎으로써 자신의 삶과 행동을 성찰하는 학생도 있었다.

　　더 나은 세상으로 나아간다는 것은 무엇을 말하는 것인가? 기술의 발전으로 효율적이고 편리하고 안전한 삶에 대한 연구들이 이루어지는데,

지구 한편에서는 생존과 직결되는 다급한 문제(자원고갈, 환경파괴, 집단학살, 핵전쟁, 빈곤, 전쟁, 기근 등)에 직면한 사람들도 있다. 왜 과학기술은 이러한 문제를 해결하지 않는가? 재레드 다이아몬드의 『문명의 붕괴』에서는 세계는 불평등하면서 지속 불가능하다고 이야기한다. 불평등하지만 지속 가능한 것이 아니기에 우리는 지구를 살펴야 할 의무가 있는 것이다. 가장 큰 문제는 우리가 이를 인식하지 못하는 것이며 무관심하고 사소한 다른 문제들에 매달린다는 것이다. (김재은)

　내가 왜 고전역학Classical Mechanics을 공부해야 했고 어떻게 현대 물리학Modern physics으로 넘어오게 되었고, 왜 양자역학Quantum physics을 공부해야 했는지를 깨닫게(?) 해주는 수업이었다. 그리고 과학이란 것이 단순히 수학적인 의미와 물리적 현상만을 추구하는 것이 아니고 지식의 관점, 도덕적 관점, 철학적 관점, 앎의 관점 그리고 삶의 관점에서 왜 중요한지에 대해 생각해보고 고민할 수 있는 기회를 주었다. (김진하)

　과학을 학생 수준에서나 대중을 상대로 보편화된 개념으로 정의를 하고자 한다면 우주의 탄생에서부터 물질의 진화, 생명의 진화 그리고 마음(정신)의 진화라는 대명제로 서로의 연결관계를 이해하는 과정이 포함되어야 할 것이다. 다시 말해 장님이 코끼리를 묘사하듯이 모두에게 지엽적이고 분절적인 경험을 제공하는 방법보다는 포괄적이고 종합적인 능력을 키우는 것이 과학교육의 본질이라 생각한다. (김영미)

　나는 최근 며칠간 밤하늘의 별을 바라보며 마치 칼 세이건이 『코스모스』에서 기술한 글처럼 과거에도 있었고, 현재에도 있으며, 미래에도 있을 코스모스의 광활한 시공간에서 티끌보다 작은 존재로서 "나는 누구이고, 어디에서 왔는가?"에 대해 생각해보았다.

　1,000억 개 넘는 은하로 이루어진 우주 공간, 우리 은하수 은하 내 4,000억 개의 별들 중에서 하나인 태양의 행성, '창백한 푸른 점—지구'에 존재하는 나. 우주는 어떻게 탄생한 것인가? 태초의 팽창의 열에너지가 현재에도 복사열로서 감지되고, 지금도 팽창을 계속하고 있는 우주. 무한대의 코스모스적 관점에서 나는 아주 우연히 탄생한 별에서 무기물의 화학적 결합을 통해 만들어진 미세한 유기물질이 우연에 우연을 거듭하여 DNA라는 유전자로 현재까지 진화한 존재임을 자각한다. 이 찰나의 순간에 나의 뇌는 신경세포의 전자기적 자극에 의한 몸의 떨림으로 전해져오는 전율을 느끼며, 거듭 과학적 앎으로 나의 존재를 되새기고 있다. (서윤교)

　사실을 알게 되면 가치에 영향을 주고, 사실과 가치 사이에 믿음이 있으며, 믿음은 뇌의 고차원적 기능으로 만들어지며, 뇌에서는 사실과 가치로 구분되어지는 것이 아니라 믿음이 행동으로 옮겨지는 것을 말한다. 또한 앎은 참이라고 믿는 것으로 실재성이 있기 때문에 방향성을 제대로 봐야 의미가 있다고 볼 수 있다. 앎을 통해 믿고, 그 믿음을 바탕으로 올바른 방향성을 가지고 행동으로 옮기며 사는 삶을 (보여주는 것이 아니라) 작은 부분이라도 잘 살아내고 싶다. (전미현)

　학생들은 과학책에서 '나의 이야기'를 발견했다. "나에 대해 생각하기 시작했다." "나를 좀더 이해하게 되었다." 책 읽기에서 가장 중요한 과정이라고 할 수 있다. 이렇듯 진솔한 나의 이야기를 서로 주고받다 보면 '우리의 이야기'가 만들어진다. 토론시간에는 과학책의 내용과는 무관한 여러 가지 이야기가 쏟아져 나왔다. 경주 방폐장과 행정가들의 탁상공론, 과학교육 현장에서 이루어지는 논술교육, 연구소에서 진행되는 기술 선정과정, 이공계 대학생들의 진로와 취업, 과학관의 전시와 운영 프로그램, 과학과 인문학의 학제 간 연구 등등 한국 사회의 과학기술에 대한 진지한 성찰이 이루어진 셈이다.

어떻게 하면 과학이 남의 이야기가 아니라 나의 이야기가 될 수 있을까? 아직도 과학은 낯설고 우리 곁에 겉돌고 있다는 느낌을 지울 수 없는데 과학책 읽기를 통해 과학이 우리 삶에 좀더 가까워지길 바란다. 나는 『과학을 읽다』에 소개된 과학책들이 과학과 여러분 사이에 놓여 있는 징검다리라고 생각한다. 때때로 징검다리를 건널 때 중심을 잃고 휘청거리는 것처럼 새로운 과학적 진리를 대면할 때 당혹스럽기도 할 것이다. 그렇지만 저 멀리 우주 끝까지 갔다가 내 뇌의 신경세포까지 헤집어본 뒤에는 마음이 단단해지고 홀가분해지는 지적 해방감을 맛볼 수 있을 것이다. 이렇게 가슴 설레며 과학책들을 읽다 보면 여러분과 과학과의 거리는 점차 좁혀질 것이다. 그리고 자신도 모르는 사이에 세계를 보는 관점이 확장되고 삶의 독해력도 향상될 것이다. 현대 사회는 무엇보다 과학기술에 대한 철학적·윤리적 성찰이 필요하다. 여러분이 과학책을 읽고 느끼는 단상들이 모여서 '우리의 이야기'가 만들어지고, 이것이 우리 사회를 바꾸는 데 밑거름이 된다는 것을 잊지 말자.

| 미주 |

1. 최인훈 지음, 『바다의 편지』, 삼인, 2012, 490~491쪽.
2. 롤랑 바르트 지음, 김진영 옮김, 『애도일기』, 이순, 2012, 48~49쪽, 103쪽, 119쪽, 245쪽.
3. *The Human Story*, Natural History Museum, London, 2007, 66쪽.
4. 로저 르윈, 리차드 리키 공저, 김광억 옮김, 『오리진』, 학원사, 1983, 12쪽.
5. 도널드 조핸슨 지음, 진주현 해제, 이충호 옮김, 『루시, 최초의 인류』, 김영사, 2011, 37~38쪽.
6. 같은 책, 83쪽.
7. *The Human Story*, Natural History Museum, London, 2007, 27쪽.
8. 도널드 조핸슨 지음, 위의 책, 107쪽.
9. 칩 월터 지음, 이시은 옮김, 『사람의 아버지』, 어마어마, 2014, 19~20쪽.
10. 같은 책, 47~48쪽.
11. 스티븐 미슨 지음, 윤소영 옮김, 『마음의 역사』, 영림카디널, 2001, 14쪽.
12. 스티븐 미슨 지음, 김명주 옮김, 『노래하는 네안데르탈인』, 뿌리와이파리, 2008, 178~355쪽.
13. 같은 책, 319~320쪽.
14. *The Human Story*, Natural History Museum, London, 2007, 99쪽.
15. 재레드 다이아몬드 지음, 김진준 옮김, 『총, 균, 쇠』, 문학사상사, 2006, 23쪽.
16. 같은 책, 160쪽.
17. 같은 책, 37쪽.
18. 재레드 다이아몬드 지음, 강주헌 옮김, 『문명의 붕괴』, 김영사, 2005, 705쪽.
19. 같은 책, 717쪽.
20. 같은 책, 708쪽.
21. 같은 책, 709~710쪽.
22. 카렌 암스트롱 지음, 정영목 옮김, 『축의 시대』, 교양인, 2010, 6쪽.
23. 강상중 지음, 송태욱 옮김, 『살아야 하는 이유』, 사계절, 2012, 142쪽.
24. 재레드 다이아몬드 지음, 강주헌 옮김, 『어제까지의 세계』, 김영사, 2013, 521쪽.
25. 로빈 애리앤로드 지음, 김승욱 옮김, 『물리의 언어로 세상을 읽다』, 해냄, 2011, 16쪽.
26. 아리스토텔레스 지음, 한석환 옮김, 『형이상학』, 지만지(지식을 만드는 지식), 2011, 142~143쪽.
27. 같은 책, 29쪽.
28. 존 랭곤 지음, 정영목 옮김, 『내셔널지오그래픽의 과학, 우주에서 마음까지』, 지호, 2008, 52쪽.
29. Isaac Newton, Translated by I. Bernard Cohen and Anne Whitman, *The Principia: Mathematical Principles of Natural Philosophy*, University of California Press, 1999, p. 944.
30. 임마누엘 칸트 지음, 백종현 옮김, 『순수이성비판 1』, 아카넷, 2006, 182쪽.
31. *The Philosophy Book*, DK, 2011, 170쪽.

32. 같은 책, 250쪽.

33. 루트비히 비트겐슈타인 지음, 이영철 옮김, 『논리-철학 논고』, 책세상, 2006, 112~115쪽.

34. 이탈로 칼비노 지음, 이현경 옮김, 『우주만화』, 민음사, 2014, 22쪽.

35. 같은 책, 24쪽.

36. 같은 책, 22~24쪽.

37. 리처드 파인만 강연, 정무광·정재승 옮김, 『파인만의 과학이란 무엇인가?』, 승산, 2008, 53쪽.

38. 줄리언 반스 지음, 최세희 옮김, 『사랑은 그렇게 끝나지 않는다』, 다산책방, 2014, 47~48쪽.

39. 갈릴레오 갈릴레이 지음, 앨버트 반 헬덴 역해, 장현영 옮김, 『갈릴레오가 들려주는 별 이야기—시데레우스 눈치우스』, 승산, 2004, 73쪽, 75쪽.

40. 같은 책, 171~172쪽.

41. 마트 스트랜드 지음, 박상미 옮김, 『빈방의 빛』, 한길아트, 2007, 101쪽.

42. 존 캐리 편저, 이광렬 외 옮김, 『지식의 원전』, 바다출판사, 2007, 77~78쪽.

43. 같은 책, 78쪽.

44. EBS 다큐프라임 〈빛의 물리학〉 제작팀 지음, 『빛의 물리학』, 해나무, 2014, 49쪽.

45. 에른스트 피셔 지음, 김재영 옮김, 『또 다른 교양』, 이레, 2006, 530쪽.

46. 칼 세이건 지음, 홍승수 옮김, 『코스모스』, 사이언스북스, 2004, 314쪽.

47. 같은 책, 556쪽.

48. 스티븐 호킹 지음, 전대호 옮김, 『나, 스티븐 호킹의 역사』, 까치, 2013, 82~83쪽.

49. 같은 책, 121쪽.

50. 스티븐 호킹 지음, 김동광 옮김, 『호두껍질 속의 우주』, 까치, 2001, 74~75쪽.

51. 스티븐 호킹, 레오나르드 믈로디노프 지음, 전대호 옮김, 『위대한 설계』, 까치, 2010, 9쪽.

52. 같은 책, 184쪽.

53. 조지 오웰 지음, 이한중 옮김, 「교수형」, 『나는 왜 쓰는가』, 한겨레출판, 2010, 26쪽.

54. 에이드리언 데스먼드·제임스 무어 지음, 김명주 옮김, 『다윈 평전』, 뿌리와이파리, 2009, 452쪽.

55. 같은 책, 459쪽.

56. 에른스트 마이어 지음, 임지원 옮김, 『진화란 무엇인가』, 사이언스북스, 2008, 158쪽.

57. 리처드 도킨스 지음, 이한음 옮김, 『조상 이야기』, 까치, 2011, 120쪽.

58. 찰스 다윈 지음, 권혜련 외 옮김, 『찰스 다윈의 비글호 항해기』, 샘터, 2006, 674쪽.

59. 같은 책, 675~676쪽.

60. 찰스 다윈 지음, 이한중 옮김, 『나의 삶은 서서히 진화해왔다』, 갈라파고스, 2003, 319~320쪽.

61. 찰스 다윈 지음, 김관선 옮김, 『인간의 유래 1』, 한길사, 2006, 51쪽.

62. 같은 책, 204쪽.

63. 찰스 다윈 지음, 김홍표 옮김, 『인간과 동물의 감정 표현』, 지식을 만드는 지식, 2014, 114쪽, 127쪽, 345쪽; EBS, 『감각의 제국』, 생각의 길, 2016, 218쪽.

64. 빌 브라이슨 편집, 이덕환 옮김, 『거인들의 생각과 힘』, 까치, 2010, 233쪽; 존 랭곤 지음, 정영목 옮김, 위의 책, 342쪽.

65. 매트 리들리 지음, 김명남 옮김, 『프랜시스 크릭』, 을유문화사, 2011, 112~113쪽.

66. 리처드 도킨스 지음, 홍영남 옮김, 『이기적 유전자』, 을유문화사, 2002, 48쪽.

67. 리처드 도킨스 지음, 이용철 옮김, 『에덴의 강』, 사이언스북스, 2005, 214~215쪽.

68. Daniel C. Dennett, *Darwin's Dangerous Idea*, Simon & Schuster, 1996, p. 330.

69. 도정일, 최재천 지음, 『대담』, 휴머니스트, 2005, 132~133쪽.

70. 유발 하라리 지음, 조현욱 옮김, 『사피엔스』, 김영사, 2015, 342쪽.

71. 같은 책, 588쪽.

72. 움베르토 에코 지음, 이현경 옮김, 『미의 역사』, 열린책들, 2005, 391쪽.

73. 프리모 레비 지음, 이현경 옮김, 『이것이 인간인가』, 돌베개, 2011, 216쪽.

74. 같은 책, 57~58쪽.

75. 이주헌 지음, 『지식의 미술관』, 아트북스, 2010, 21쪽.

76. 박문호 지음, 『뇌, 생각의 출현』, 휴머니스트, 2009, 377쪽.

77. 로돌포 R. 이나스 지음, 김미선 옮김, 『꿈꾸는 기계의 진화』, 북센스, 2007, 147~148쪽.

78. 같은 책, 375쪽.

79. 프랜시스 크릭 지음, 김동광 옮김, 『놀라운 가설』, 궁리, 2015, 19쪽.

80. 같은 책, 35쪽.

81. 박문호 지음, 위의 책, 194쪽.

82. 패트리샤 처칠랜드 지음, 박제윤 옮김, 『신경 건드려보기』, 철학과현실사, 2014, 27쪽.

83. 폴 새가드 지음, 김미선 옮김, 『뇌와 삶의 의미』, 필로소픽, 2011, 184쪽.

84. 같은 책, 323~325쪽.

85. EBS, 『감각의 제국』, 생각의길, 2016, 203쪽.

86. 폴 새가드 지음, 위의 책, 289쪽.

87. 전원경 지음, 『런던 미술관 산책』, 시공아트, 2011, 368쪽.

88. 샘 해리스 지음, 강명신 옮김, 『신이 절대로 답할 수 없는 몇 가지』, 시공사, 2013, 226~227쪽.

89. 샘 해리스의 TED 강연 중 〈도덕의 풍경〉.

90. 샘 해리스 지음, 위의 책, 372쪽.